高职高专教育"十二五"规划教材

# 计算机应用基础

主　编　付景叶
副主编　吴翠鸿　李　佩　王红霞
主　审　李振兴

U0235742

黄河水利出版社
·郑州·

## 内 容 提 要

本书结合全国计算机等级考试(一级 MS Office)考试大纲,基于工作过程,巧妙设计教学任务,将考点融于任务之中。全书设计了计算机基础知识、Windows XP 的使用、Word 2003 的使用、Excel 2003 的使用、PowerPoint 2003 的使用、网络应用与安全 6 个学习项目,共 26 个学习任务。精选的任务遵循由浅入深、循序渐进、可操作性强的原则进行组织。

本书为高职高专教育应用型、技能型人才培养的教学用书,也可供各类培训、计算机从业人员和爱好者参考使用,特别适合高职类参加全国计算机等级考试的学生使用。

**图书在版编目(CIP)数据**

计算机应用基础/付景叶主编. —郑州:黄河水利出版社,2012.6

高职高专教育"十二五"规划教材

ISBN 978 - 7 - 5509 - 0287 - 9

Ⅰ.①计⋯ Ⅱ.①付⋯ Ⅲ.①电子计算机 – 基本知识 Ⅳ.①TP3

中国版本图书馆 CIP 数据核字(2012)第 122226 号

组稿编辑:王路平 电话:0371 - 66022212 E-mail:hhslwlp@ 126. com

出 版 社:黄河水利出版社
　　　　　地址:河南省郑州市顺河路黄委会综合楼 14 层 邮政编码:450003
发行单位:黄河水利出版社
　　　　　发行部电话:0371 - 66026940、66020550、66028024、66022620(传真)
　　　　　E-mail:hhslcbs@ 126. com
承印单位:河南地质彩色印刷厂
开本:787 mm ×1 092 mm 1/16
印张:16. 25
字数:380 千字　　　　　　　　　　　　　印数:1—4 100
版次:2012 年 6 月第 1 版　　　　　　　　印次:2012 年 6 月第 1 次印刷
定价:38. 00 元

# 前 言

随着计算机技术的飞速发展以及计算机的普及应用,计算机已成为信息社会不可缺少的工具。为适应职业技术教育对教学改革和教材建设的要求,编者按教育部提出的大中专院校学生计算机应用能力培养目标,根据全国计算机等级考试(一级 MS Office)考试大纲,结合多年从事计算机教学的工作经验,编写了这本《计算机应用基础》。

本书具有以下特点:

(1)基于工作过程,将工作任务转化为学习型项目,从分析工作岗位到业务范围,再到工作领域,然后根据工作领域,分解应该完成的任务,分析应具有的职业能力,由此确定教学内容。采用项目导向、任务驱动的编排方式,让知识点为任务服务,体现"做中学、做中教、做中练"的教学理念。

(2)典型任务与软件功能紧密结合。本书精选的任务遵循由浅入深、循序渐进、可操作性强的原则进行组织,并将知识点融入各个任务中。

(3)适合教学与自学。对教师而言,本书安排好了课时,组织好了课前备课内容,理清了上课的思路,为每个知识点准备好了任务。对学生而言,本书各任务后设计的"练一练"是针对等级考试题型而准备的,可提前熟悉考试题型。

(4)打破了传统学科体系,以职业岗位为目标,构建"课、岗、证"相融合的课程体系。为使学生学习后能顺利通过全国计算机等级考试,本书紧扣全国计算机等级考试(一级 MS Office)考试大纲,基于工作过程,巧妙设计教学任务,将考点全部融于任务之中。全书一共设计了 6 个学习项目,26 个学习任务。

(5)本书配有助教系统光盘,每一个项目都配有教学 PPT 课件及"练一练"的参考答案,另外配有计算机等级考试模拟软件。

本书由山西水利职业技术学院承担编写工作,编写人员及分工如下:项目 1 由聂芬编写,项目 2 由秦志新编写,项目 3 由吴翠鸿和付景叶编写,项目 4 由吕冠艳和王红霞编写,项目 5 由李佩编写,项目 6 由赵志华编写。全书由付景叶担任主编,吴翠鸿、李佩、王红霞担任副主编,李振兴担任主审。本书在编写过程中,范敏、张红、张鹏、杨虎生、岳延兵、王伟福等同志提出了很多宝贵意见,山西水利职业技术学院专业建设团队的老师做了大量工作,学院领导和老师给予了大力支持,在此表示最诚挚的感谢。

由于编者水平有限,不妥之处在所难免,恳求广大师生和读者对书中的缺点和不足提出批评和建议,编者不胜感激。联系方式:sxfjylyr@163.com。

编 者

2012 年 3 月

# 目 录

# 项目 1　计算机基础知识

## 任务 1　认识计算机

### 1.1.1　教学目标

通过本次任务主要了解计算机的概念及发展、分类、应用等。

### 1.1.2　主要知识点

(1)电子计算机的概念及发展。

(2)计算机的分类。

(3)计算机的发展趋势。

(4)计算机的应用领域。

### 1.1.3　教学内容

#### 1.1.3.1　电子计算机的概念及发展

电脑的学名为电子计算机,简称计算机,是一种能够按照指令对各种数据和信息进行自动加工与处理的电子设备,是由早期的电动计算器发展而来的。

电子计算机的发展阶段通常以构成计算机的电子器件来划分,至今已经历了四代,目前正在向第五代过渡。每一个发展阶段在技术上都是一次新的突破,在性能上都是一次质的飞跃。

1. 第一代(1946～1957 年),电子管计算机

1946 年,美国科学家发明了世界上第一台计算机。它是一台电子数字积分计算机,取名为 ENIAC(如图 1-1-1 所示)。这台计算机是个庞然大物,共用了 18 000 多个电子管、1 500 个继电器,重达 30 t,占地 170 $m^2$,每小时耗电 140 kW,计算速度为每秒5 000次加法运算。尽管它的功能远不如今天的计算机,但 ENIAC 作为计算机大家族的鼻祖,开辟了人类科学技术领域的先河,使信息处理技术进入了一个崭新的时代。其主要特征如下:

(1)电子管元件多,体积庞大,耗电量高,可靠性差,维护困难。

(2)运 算 速 度 慢,一 般 为 每 秒

图 1-1-1　ENIAC

1 000～10 000 次。

（3）使用机器语言，没有系统软件。

（4）采用磁鼓、小磁芯作为存储器，存储空间有限。

（5）输入/输出设备简单，采用穿孔纸带或卡片。

（6）主要用于科学计算。

2. 第二代（1958～1964 年），晶体管计算机

晶体管的发明给计算机技术带来了革命性的变化。第二代计算机采用的主要元件是晶体管，称为晶体管计算机。计算机软件有了较大发展，采用了监控程序，这是操作系统的雏形。第二代计算机具有如下特征：

（1）采用晶体管元件作为计算机的器件，体积大大缩小，可靠性增强，寿命延长。

（2）运算速度加快，达到每秒几万次到几十万次。

（3）提出了操作系统的概念，开始出现了汇编语言，产生了如 FORTRAN 和 COBOL 等高级程序设计语言和批处理系统。

（4）普遍采用磁芯作为内存储器，磁盘、磁带作为外存储器，容量大大提高。

（5）计算机应用领域扩大，从军事研究、科学计算领域扩大到数据处理和实时过程控制等领域，并开始进入商业市场。

3. 第三代（1965～1970 年），中小规模集成电路计算机

20 世纪 60 年代中期，随着半导体工艺的发展，已制造出了集成电路元件。集成电路可在几平方毫米的单晶硅片上集成十几个甚至上百个电子元件。第三代计算机开始采用中小规模的集成电路元件，这一代计算机比晶体管计算机体积更小，耗电更少，功能更强，寿命更长，综合性能也得到了进一步提高。第三代计算机具有如下主要特征：

（1）采用中小规模集成电路元件，体积进一步缩小，寿命更长。

（2）内存储器使用半导体存储器，性能优越，运算速度加快，每秒可达几百万次。

（3）外围设备开始出现多样化。

（4）高级语言进一步发展，出现了操作系统，使计算机功能更强，提出了结构化程序的设计思想。

（5）计算机应用范围扩大到企业管理和辅助设计等领域。

4. 第四代（1971 年至今），大规模、超大规模集成电路计算机

随着 20 世纪 70 年代初集成电路制造技术的飞速发展，产生了大规模集成电路元件，使计算机进入了一个新的时代，即大规模、超大规模集成电路计算机时代。这一时期计算机的体积、重量、功耗进一步减小，运算速度、存储容量、可靠性有了大幅度的提高。其主要特征如下：

（1）采用大规模和超大规模集成电路逻辑元件，体积与第三代相比进一步缩小，可靠性更高，寿命更长。

（2）运算速度加快，每秒可达几千万次到几十亿次。

（3）系统软件和应用软件获得了巨大的发展，软件配置丰富，程序设计部分自动化。

（4）计算机网络技术、多媒体技术、分布式处理技术有了很大的发展，微型计算机大量进入家庭，产品更新速度加快。

（5）计算机在办公自动化、数据库管理、图像处理、语言识别和专家系统等各个领域得到应用，电子商务已开始进入家庭，计算机的发展进入到了一个新的历史时期。

各阶段电子计算机的主要电子器件如图1-1-2所示。

电子管　　　　　晶体管　　　　　中规模集成电路　　　　超大规模集成电路

**图1-1-2　各阶段电子计算机主要电子器件**

我国于1958年8月研制成功第一台电子管数字计算机"103机"，它在我国第一颗原子弹的研制以及人工合成胰岛素等生产、科研项目中发挥了重要的作用；20世纪60年代中期，我国研制了"109乙"型晶体管计算机；进入20世纪70年代以后，我国先后研制成功"TQ－16"、"DJS－100"系列、"DJ－S200"系列集成电路计算机，并形成了批量生产的能力；1983年，我国研制出了"757"大型计算机和每秒进行亿次运算的"银河－Ⅰ"巨型计算机；1992年10月，我国研制出了每秒能进行10亿次运算的"银河－Ⅱ"巨型计算机；1997年，我国又研制成功了每秒能进行100亿次以上运算的"银河－Ⅲ"巨型计算机。2008年，上海超级计算机中心研发的曙光5000A计算机，速度已达每秒174.9万亿次，标志着我国的计算机科学技术已跻身世界前列。2009年10月29日，我国研制的每秒可进行1 206万亿次峰值速度计算的超级计算机"天河一号"，使我国成为继美国之后世界上第二个能够研制每秒进行千万亿次计算的超级计算机的国家。

### 1.1.3.2　计算机的分类

一般情况下，电子计算机有多种分类方法，但在通常情况下采用三种分类标准。

**1. 按处理的对象分类**

电子计算机按处理的对象可分为电子模拟计算机、电子数字计算机和混合计算机。

电子模拟计算机所处理的电信号在时间上是连续的（称为模拟量），采用的是模拟技术。

电子数字计算机所处理的电信号在时间上是离散的（称为数字量），采用的是数字技术。计算机将信息数字化之后，具有易保存、易表示、易计算、方便硬件实现等优点，所以电子数字计算机已成为信息处理的主流。通常所说的计算机都是指电子数字计算机。

混合计算机是将数字技术和模拟技术相结合的计算机。

**2. 按性能规模分类**

计算机按性能规模可分为巨型机、大型机、中型机、小型机、微型机和工作站。

**1）巨型机**

研究巨型机是现代科学技术，尤其是国防尖端技术发展的需要。巨型机的特点是运算速度快、存储容量大。目前世界上只有少数几个国家能生产巨型机。我国自主研发的

银河 - Ⅰ型亿次机和银河 - Ⅱ型 10 亿次机都是巨型机。巨型机主要用于核武器、空间技术、大范围天气预报、石油勘探等领域。

2）大型机

大型机的特点表现在通用性强、具有很强的综合处理能力、性能覆盖面广等，主要应用在公司、银行、政府部门、社会管理机构和制造厂家等，通常人们称大型机为企业计算机。大型机在未来将被赋予更多的使命，如大型事务处理、企业内部的信息管理与安全保护、科学计算等。

3）中型机

中型机是介于大型机和小型机之间的一种机型。

4）小型机

小型机规模小，成本低，结构简单，设计周期短，便于及时采用先进工艺。这类机器由于可靠性高，对运行环境要求低，易于操作且便于维护。小型机符合部门性的要求，为中小型企事业单位所常用。

5）微型机

微型机又称个人计算机（Personal Computer，PC），它是日常生活中使用最多、最普遍的计算机，具有价格低廉、性能强、体积小、功耗低等特点。现在微型计算机已进入到了千家万户，成为人们工作、生活的重要工具。

6）工作站

工作站是一种高档微机系统。它具有较高的运算速度，具有大、小型机的多任务、多用户功能，且兼具微型机的操作便利和良好的人机界面。它可以连接到多种输入/输出（I/O）设备。它具有易于联网、处理功能强等特点。其应用领域也已从最初的计算机辅助设计扩展到商业、金融、办公领域，并充当网络服务器的角色。

3．按功能和用途分类

计算机按功能和用途可分为通用计算机和专用计算机。

通用计算机具有功能强、兼容性强、应用面广、操作方便等优点，通常使用的计算机都是通用计算机。

专用计算机一般功能单一，操作复杂，用于完成特定的工作任务。

### 1.1.3.3　计算机的发展趋势

计算机正朝着巨型化、微型化、网络化、智能化方向发展。

巨型化是指发展高速度、大存储容量和强功能的超级巨型计算机。这既是诸如天文、气象、原子、核反应等尖端科技的需要，也是为了让计算机具有人脑学习、推理的复杂功能。现在的超级巨型计算机，其运算速度每秒有的超过百亿次，有的已达到万亿次。

由于超大规模集成电路技术的发展，计算机的体积越来越小、功耗越来越低、性能越来越强，微型计算机已广泛应用到社会各个领域。除台式微型计算机外，还有笔记本型、掌上型微型计算机。

计算机网络就是将分布在不同地点的计算机，由通信线路连接而组成一个规模大、功能强的网络系统，可灵活方便地收集、传递信息，共享相互的硬件、软件、数据等计算机资源。

智能化是指发展具有人类智能的计算机。智能计算机是能够模拟人的感觉、行为和思维的计算机。

### 1.1.3.4 计算机的应用领域

进入 20 世纪 90 年代以来，计算机技术作为科技的先导技术之一得到了飞跃发展，超级并行计算机技术、高速网络技术、多媒体技术、人工智能技术等相互渗透，改变了人们使用计算机的方式，从而使计算机几乎渗透到人类生产和生活的各个领域，对工业和农业都有极其重要的影响。计算机的应用领域归纳起来主要有以下六个方面。

**1. 科学计算**

科学计算亦称数值计算，是指用计算机完成科学研究和工程技术中所提出的数学问题。计算机作为一种计算工具，科学计算是它最早的应用领域，也是最重要的应用之一。在科学技术和工程设计中存在着大量的各类数字计算，如求解几百乃至上千阶的线性方程组、大型矩阵运算等。这些问题广泛出现在导弹试验、卫星发射、灾情预测等领域，其特点是数据量大、计算工作复杂。在数学、物理、化学、天文等众多学科的科学研究中，经常遇到许多数学问题，这些问题用传统的计算工具是难以完成的，人工计算需要几个月甚至几年，而且不能保证计算准确，而使用计算机则只需要几天、几小时甚至几分钟就可以精确地解决。所以，计算机是发展现代尖端科学技术必不可少的重要工具。

**2. 数据处理**

数据处理又称信息处理，是信息的收集、分类、整理、加工、存储等一系列活动的总称。所谓信息，是指可被人类感受的声音、图像、文字、符号、语言等。数据处理还可以在计算机上加工那些非科技工程方面的计算，管理和操纵任何形式的数据资料。其特点是要处理的原始数据量大，而运算比较简单，有大量的逻辑与判断运算。

据统计，目前在计算机应用中，数据处理所占的比重最大。其应用领域十分广泛，如人口统计、办公自动化、企业管理、邮政业务、机票订购、情报检索、图书管理、医疗诊断等。

**3. 计算机辅助技术**

(1) 计算机辅助设计 (Computer Aided Design, CAD) 是指使用计算机的计算、逻辑判断等功能，帮助人们进行产品和工程设计。它能使设计过程自动化，设计合理化、科学化、标准化，大大缩短设计周期，以增强产品在市场上的竞争力。CAD 技术已广泛应用于建筑工程设计、服装设计、机械制造设计、船舶设计等行业。使用 CAD 技术可以提高设计质量，缩短设计周期，提高设计自动化水平。

(2) 计算机辅助制造 (Computer Aided Manufacturing, CAM) 是指利用计算机通过各种数值控制生产设备，完成产品的加工、装配、检测、包装等生产过程的技术。将 CAM 进一步集成，形成了计算机集成制造系统 CIMS，从而实现设计生产自动化。利用 CAM 可提高产品质量，降低生产成本和劳动强度。

(3) 计算机辅助教学 (Computer Aided Instruction, CAI) 是指将教学内容、教学方法以及学生的学习情况等存储在计算机中，帮助学生轻松地学习所需要的知识。它在现代教育技术中起着相当重要的作用。

除上述计算机辅助技术外，还有其他的辅助功能，如计算机辅助出版、辅助管理、辅助绘制和辅助排版等。

**4. 过程控制**

过程控制亦称实时控制,是用计算机及时采集数据,按最佳值迅速对控制对象进行自动控制或自动调节。利用计算机进行过程控制,不仅大大提高了控制的自动化水平,而且大大提高了控制的及时性和准确性。

过程控制的特点是及时收集并检测数据,按最佳值调节控制对象。在电力、机械制造、化工、冶金、交通等部门采用过程控制,可以提高劳动生产效率、产品质量、自动化水平和控制精确度,降低生产成本和劳动强度。在军事上,可使用计算机实时控制导弹,根据目标的移动情况修正飞行姿态,以准确击中目标。

**5. 人工智能**

人工智能(Artificial Intelligence,AI)是用计算机模拟人类的智能活动,如判断、理解、学习、图像识别、问题求解等。它涉及计算机科学、信息论、仿生学、神经学和心理学等诸多学科。在人工智能中,最具代表性、应用最成功的两个领域是专家系统和机器人。

计算机专家系统是一个具有大量专门知识的计算机程序系统。它总结了某个领域的专家知识,构建了知识库。根据这些知识,系统可以对输入的原始数据进行推理,作出判断和决策,以回答用户的咨询。这是人工智能一个成功的例子。

机器人是人工智能技术的另一个重要应用。目前,世界上有许多机器人工作在各种恶劣环境下,如高温、高辐射、剧毒等。机器人的应用前景非常广阔,现在有很多国家都在研制新型的机器人。

**6. 计算机网络**

把计算机的超级处理能力与通信技术结合起来就形成了计算机网络。人们熟悉的全球信息查询、邮件传送、电子商务等都是依靠计算机网络来实现的。计算机网络已进入到了千家万户,给人们的生活带来了极大的方便。

## 练一练

1. 下列不属于第二代计算机特点的一项是(　　　)。
  A)采用电子管作为逻辑元件
  B)运算速度为每秒几万至几十万条指令
  C)内存储器主要采用磁芯
  D)外存储器主要采用磁盘和磁带
2. 计算机的发展趋势是(　　　)、微型化、网络化和智能化。
  A)大型化　　　B)小型化　　　C)精巧化　　　D)巨型化
3. 计算机采用的主机电子器件的发展顺序是(　　　)。
  A)晶体管、电子管、中小规模集成电路、大规模和超大规模集成电路
  B)电子管、晶体管、中小规模集成电路、大规模和超大规模集成电路
  C)晶体管、电子管、集成电路、芯片
  D)电子管、晶体管、集成电路、芯片
4. 专门为某种用途而设计的计算机,称为(　　　)计算机。
  A)专用　　　B)通用　　　C)特殊　　　D)模拟

5. 第三代计算机采用的电子元件是(　　)。

    A)晶体管　　　　　　　　　　　　B)中小规模集成电路

    C)大规模集成电路　　　　　　　　D)电子管

6. 个人计算机属于(　　)。

    A)小型计算机　　B)巨型机算机　　C)大型主机　　D)微型计算机

7. 核爆炸和地震灾害之类的仿真模拟,其应用领域是(　　)。

    A)计算机辅助　　B)科学计算　　C)数据处理　　D)实时控制

8. 办公自动化(OA)是计算机的一大应用领域,按计算机应用的分类,它属于(　　)。

    A)科学计算　　　B)辅助设计　　C)实时控制　　D)数据处理

9. 下列关于计算机的主要特性,叙述错误的有(　　)。

    A)处理速度快,计算精度高　　　　B)存储容量大

    C)逻辑判断能力一般　　　　　　　D)网络和通信功能强

10. 目前,PC机中所采用的主要功能部件(如CPU)是(　　)。

    A)小规模集成电路　　　　　　　　B)大规模集成电路

    C)晶体管　　　　　　　　　　　　D)光器件

11. 下列有关计算机的新技术的说法中,错误的是(　　)。

    A)嵌入式技术是将计算机作为一个信息处理部件,嵌入到应用系统中的一种技术,也就是说,它将软件固化集成到硬件系统中,将硬件系统与软件系统一体化

    B)网格计算利用互联网把分散在不同地理位置的电脑组织成一个"虚拟的超级计算机"

    C)网格计算技术能够提供资源共享,实现应用程序的互联互通,网格计算与计算机网络是一回事

    D)中间件是介于应用软件和操作系统之间的系统软件

12. 计算机辅助设计的简称是(　　)。

    A)CAT　　　　　　B)CAM　　　　　C)CAI　　　　　D)CAD

13. 下列不属于计算机特点的是(　　)。

    A)存储程序控制,工作自动化　　　B)具有逻辑推理和判断能力

    C)处理速度快、存储量大　　　　　D)不可靠、故障率高

14. CAM 的含义是(　　)。

    A)计算机辅助设计　　　　　　　　B)计算机辅助教学

    C)计算机辅助制造　　　　　　　　D)计算机辅助测试

15. 电子计算机最早的应用领域是(　　)。

    A)数据处理　　B)数值计算　　C)工业控制　　D)文字处理

# 任务 2　理解数制和信息编码

## 1.2.1　教学目标

通过本次任务主要掌握各种数制的转换方法及信息编码的种类等。

## 1.2.2　主要知识点

(1)数制。

(2)信息编码。

(3)基本运算。

## 1.2.3　教学内容

### 1.2.3.1　数制

在日常生活中,二进制并不符合人们的习惯,但是计算机内部却采用二进制表示信息,其主要原因有如下四点。

(1)电路简单。在计算机中,若采用十进制,则要求处理 10 种电路状态,相对于两种状态的电路来说,是很复杂的。而用二进制表示,则逻辑电路的通、断只有两个状态。例如:开关的接通与断开,电平的高与低等,这两种状态正好用二进制的 0 和 1 来表示。

(2)工作可靠。在计算机中,用两个状态代表两个数据,数字传输和处理方便、简单,不容易出错,因而电路更加可靠。

(3)简化运算。在计算机中,二进制运算法则很简单。例如:求积规则有 3 个,求和规则也只有 3 个。

(4)逻辑性强。二进制只有两个数码,正好代表逻辑代数中的"真"与"假",而计算机的工作原理是建立在逻辑运算基础上的,逻辑代数是逻辑运算的理论依据。用二进制计算具有很强的逻辑性。

用若干数位(由数码表示)的组合去表示一个数,各个数位之间是什么关系,即逢"几"进位,这就是进位计数制的问题,也就是数制问题。数制,即进位计数制,是人们利用数字符号按进位原则进行数据大小计算的方法。通常采用的是十进制,另外,还有二进制、八进制和十六进制等。

在计算机的数制中,要掌握三个概念,即数码、基数和位权。下面简单地介绍这三个概念。

数码:一个数制中表示基本数值大小的不同数字符号。例如,八进制有 8 个数码:0、1、2、3、4、5、6、7。

基数:一个数制所使用数码的个数。例如,八进制的基数为 8,二进制的基数为 2。

位权:一个数制中某一位上的"1"所表示数值的大小。例如,八进制的 123,1 的位权是 64,2 的位权是 8,3 的位权是 1。

1. 十进制（Decimal notation）

十进制的特点如下：

（1）有 10 个数码：0、1、2、3、4、5、6、7、8、9。

（2）基数：10。

（3）逢十进一（加法运算），借一当十（减法运算）。

（4）按位权展开式。对于任意一个 $n$ 位整数和 $m$ 位小数的十进制数 $D$，均可按位权展开为：

$$D = D_{n-1} \cdot 10^{n-1} + D_{n-2} \cdot 10^{n-2} + \cdots + D_1 \cdot 10^1 + D_0 \cdot 10^0 +$$
$$D_{-1} \cdot 10^{-1} + \cdots + D_{-m} \cdot 10^{-m}$$

例如，将十进制数 456.24 写成按位权展开式形式为：

$$456.24 = 4 \times 10^2 + 5 \times 10^1 + 6 \times 10^0 + 2 \times 10^{-1} + 4 \times 10^{-2}$$

（5）十进制数用 D 表示，一般可省略。

2. 二进制（Binary notation）

二进制有如下特点：

（1）有两个数码：0、1。

（2）基数：2。

（3）逢二进一（加法运算），借一当二（减法运算）。

（4）按位权展开式。对于任意一个 $n$ 位整数和 $m$ 位小数的二进制数 $D$，均可按位权展开为：

$$D = B_{n-1} \cdot 2^{n-1} + B_{n-2} \cdot 2^{n-2} + \cdots + B_1 \cdot 2^1 +$$
$$B_0 \cdot 2^0 + B_{-1} \cdot 2^{-1} + \cdots + B_{-m} \cdot 2^{-m}$$

例如，把 $(11001.101)_2$ 写成展开式，它表示的十进制数为：

$$1 \times 2^4 + 1 \times 2^3 + 0 \times 2^2 + 0 \times 2^1 + 1 \times 2^0 + 1 \times 2^{-1} + 0 \times 2^{-2} +$$
$$1 \times 2^{-3} = (25.625)_{10}$$

（5）二进制数的标志为 B。

3. 八进制（Octal notation）

八进制的特点如下：

（1）有 8 个数码：0、1、2、3、4、5、6、7。

（2）基数：8。

（3）逢八进一（加法运算），借一当八（减法运算）。

（4）按位权展开式。对于任意一个 $n$ 位整数和 $m$ 位小数的八进制数 $D$，均可按位权展开为：

$$D = O_{n-1} \cdot 8^{n-1} + \cdots + O_1 \cdot 8^1 + O_0 \cdot 8^0 + O_{-1} \cdot 8^{-1} + \cdots + O_{-m} \cdot 8^{-m}$$

例如，八进制数 $(5346)_8$ 代表的十进制数为：

$$5 \times 8^3 + 3 \times 8^2 + 4 \times 8^1 + 6 \times 8^0 = (2790)_{10}$$

（5）八进制数的标志为 O。

4. 十六进制（Hexadecimal notation）

十六进制有如下特点：

（1）有 16 个数码：0、1、2、3、4、5、6、7、8、9、A、B、C、D、E、F。

（2）基数：16。

（3）逢十六进一（加法运算），借一当十六（减法运算）。

（4）按位权展开式。对于任意一个 $n$ 位整数和 $m$ 位小数的十六进制数 $D$，均可按位权展开为：

$$D = H_{n-1} \cdot 16^{n-1} + \cdots + H_1 \cdot 16^1 + H_0 \cdot 16^0 +$$
$$H_{-1} \cdot 16^{-1} + \cdots + H_{-m} \cdot 16^{-m}$$

在 16 个数码中，A、B、C、D、E 和 F 这 6 个数码分别代表十进制的 10、11、12、13、14 和 15，这是国际上通用的表示法。

例如，十六进制数 $(4C4D)_{16}$ 代表的十进制数为：

$$4 \times 16^3 + 12 \times 16^2 + 4 \times 16^1 + 13 \times 16^0 = (19533)_{10}$$

（5）十六进制数的标志为 H。

二进制数与其他进制数之间的对应关系如表 1-2-1 所示。

表 1-2-1　　几种常用进制之间的对应关系

| 十进制 | 二进制 | 八进制 | 十六进制 |
|---|---|---|---|
| 0 | 0000 | 0 | 0 |
| 1 | 0001 | 1 | 1 |
| 2 | 0010 | 2 | 2 |
| 3 | 0011 | 3 | 3 |
| 4 | 0100 | 4 | 4 |
| 5 | 0101 | 5 | 5 |
| 6 | 0110 | 6 | 6 |
| 7 | 0111 | 7 | 7 |
| 8 | 1000 | 10 | 8 |
| 9 | 1001 | 11 | 9 |
| 10 | 1010 | 12 | A |
| 11 | 1011 | 13 | B |
| 12 | 1100 | 14 | C |
| 13 | 1101 | 15 | D |
| 14 | 1110 | 16 | E |
| 15 | 1111 | 17 | F |

### 1.2.3.2　常用数制之间的转换

不同数制之间进行转换应遵循转换原则。转换原则是：两个有理数如果相等，则有理数的整数部分和小数部分一定分别相等。也就是说，若转换前两数相等，转换后仍必须相等。数制的转换要遵循一定的规律。

1. 二、八、十六进制数转换为十进制数

1）二进制数转换为十进制数

将二进制数转换为十进制数，只需将二进制数用计数制通用形式表示出来，计算出结

果即可,例:

$$(1101100.111)_2 = 1 \times 2^6 + 1 \times 2^5 + 1 \times 2^3 + 1 \times 2^2 + 1 \times 2^{-1} + 1 \times 2^{-2} + 1 \times 2^{-3}$$
$$= 64 + 32 + 8 + 4 + 0.5 + 0.25 + 0.125$$
$$= (108.875)_{10}$$

2)八进制数转换为十进制数

将八进制数转换为十进制数的方法为:以 8 为基数按位权展开并相加。例:

$$(652.34)_8 = 6 \times 8^2 + 5 \times 8^1 + 2 \times 8^0 + 3 \times 8^{-1} + 4 \times 8^{-2}$$
$$= 384 + 40 + 2 + 0.375 + 0.0625$$
$$= (426.4375)_{10}$$

3)十六进制数转换为十进制数

将十六进制数转换为十进制数的方法为:以 16 为基数按位权展开并相加。例:

$$(19BC.8)_{16} = 1 \times 16^3 + 9 \times 16^2 + 11 \times 16^1 + 12 \times 16^0 + 8 \times 16^{-1}$$
$$= 4096 + 2304 + 176 + 12 + 0.5$$
$$= (6588.5)_{10}$$

**2. 十进制数转换为二进制数**

1)整数部分的转换

整数部分的转换采用的是除 2 取余法。其转换原则是:将该十进制数除以 2,得到一个商和余数($K_0$),再将商除以 2,又得到一个新商和余数($K_1$),如此反复,得到的商是 0 时得到余数($K_{n-1}$),然后将所得到的各位余数,以最后余数为最高位,最初余数为最低位依次排列,即 $K_{n-1}K_{n-2}\cdots K_1K_0$,这就是该十进制数对应的二进制数。这种方法又称为"倒序法"。

例:将$(126)_{10}$转换成二进制数。

```
    2 | 126 ··········余  0  (K₀)          低
    2 |  63 ··········余  1  (K₁)          ↑
    2 |  31 ··········余  1  (K₂)          |
    2 |  15 ··········余  1  (K₃)          |
    2 |   7 ··········余  1  (K₄)          |
    2 |   3 ··········余  1  (K₅)          |
    2 |   1 ··········余  1  (K₆)          高
           0
```

结果为:$(126)_{10} = (1111110)_2$。

2)小数部分的转换

小数部分的转换采用乘 2 取整法。其转换原则是:将十进制数的小数乘以 2,取乘积中的整数部分作为相应二进制数小数点后最高位 $K_{-1}$,将乘积中的小数部分反复乘以 2,逐次得到 $K_{-2}$、$K_{-3}$、$\cdots$、$K_{-m}$,直到乘积的小数部分为 0 或 1 的位数达到精确度要求为止。然后把每次乘积的整数部分由上而下依次排列起来($K_{-1}K_{-2}\cdots K_{-m}$),即是所求的二进制数。这种方法又称为"顺序法"。

例:将十进制数$(0.534)_{10}$转换成相应的二进制数。

$$
\begin{array}{r}
0.5\,3\,4 \\
\times \quad 2 \\
\hline
0\,6\,8 \\
\end{array}
$$
$\cdots\cdots\cdots\cdots\cdots\cdots\cdots\cdots\cdots\cdots\cdots\quad 1 \quad (K_{-1}) \qquad$ 高

$$
\begin{array}{r}
\times \quad 2 \\
\hline
1\,3\,6 \\
\end{array}
$$
$\cdots\cdots\cdots\cdots\cdots\cdots\cdots\cdots\cdots\cdots\cdots\quad 0 \quad (K_{-2})$

$$
\begin{array}{r}
\times \quad 2 \\
\hline
2\,7\,2 \\
\end{array}
$$
$\cdots\cdots\cdots\cdots\cdots\cdots\cdots\cdots\cdots\cdots\cdots\quad 0 \quad (K_{-3})$

$$
\begin{array}{r}
\times \quad 2 \\
\hline
5\,4\,4 \\
\end{array}
$$
$\cdots\cdots\cdots\cdots\cdots\cdots\cdots\cdots\cdots\cdots\cdots\quad 0 \quad (K_{-4})$

$$
\begin{array}{r}
\times \quad 2 \\
\hline
0\,8\,8 \\
\end{array}
$$
$\cdots\cdots\cdots\cdots\cdots\cdots\cdots\cdots\cdots\cdots\cdots\quad 1 \quad (K_{-5}) \qquad$ 低

结果为:$(0.534)_{10} = (0.10001)_2$。

例:将$(50.25)_{10}$转换成二进制数。

分析:对于这种既有整数部分又有小数部分的十进制数,可将其整数部分和小数部分分别转换成二进制数,然后再把两者连接起来即可。

因为　　　　　　　　$(50)_{10} = (110010)_2,(0.25)_{10} = (0.01)_2$

所以　　　　　　　　$(50.25)_{10} = (110010.01)_2$

**3. 八进制数与二进制数之间的转换**

1)八进制数转换为二进制数

八进制数转换为二进制数的原则是"一位拆三位",即把 1 位八进制数写成对应的 3 位二进制数,然后按顺序连接即可。

例:将$(64.54)_8$转换为二进制数。

| 6 | 4 | . | 5 | 4 |
|:-:|:-:|:-:|:-:|:-:|
| ↓ | ↓ | ↓ | ↓ | ↓ |
| 110 | 100 | . | 101 | 100 |

结果为:$(64.54)_8 = (110100.101100)_2$。

2)二进制数转换为八进制数

二进制数转换为八进制数的原则可概括为"三位并一位",即从小数点开始向左右两边以每 3 位为一组,不足 3 位时补 0,然后每组改成等值的 1 位八进制数即可。

例:将$(110111.11011)_2$转换成八进制数。

| 110 | 111 | . | 110 | 110 |
|:-:|:-:|:-:|:-:|:-:|
| ↓ | ↓ | ↓ | ↓ | ↓ |
| 6 | 7 | . | 6 | 6 |

结果为:$(110111.11011)_2 = (67.66)_8$。

**4. 二进制数与十六进制数的相互转换**

1)二进制数转换为十六进制数

二进制数转换为十六进制数的原则是"四位并一位",即以小数点为界,整数部分从右向左每4位为一组,若最后一组不足4位,则在最高位前面添0补足4位,然后从左边第一组起,将每组中的二进制数按位权相加得到对应的十六进制数,并依次写出即可;小数部分从左向右每4位为一组,最后一组不足4位时,尾部用0补足4位,然后按顺序写出每组二进制数对应的十六进制数。

例:将(1111101100.0001101)₂转换成十六进制数。

$$0011 \quad 1110 \quad 1100 \quad . \quad 0001 \quad 1010$$
$$\downarrow \quad\quad \downarrow \quad\quad \downarrow \quad\quad \downarrow \quad\quad \downarrow \quad\quad \downarrow$$
$$3 \quad\quad E \quad\quad C \quad\quad . \quad\quad 1 \quad\quad A$$

结果为:$(1111101100.0001101)_2 = (3EC.1A)_{16}$。

2)十六进制数转换为二进制数

十六进制数转换为二进制数的原则是"一位拆四位",即把1位十六进制数写成对应的4位二进制数,然后按顺序连接即可。

例:将$(C41.BA7)_{16}$转换为二进制数。

$$C \quad 4 \quad 1 \quad . \quad B \quad A \quad 7$$
$$\downarrow \quad \downarrow \quad \downarrow \quad \downarrow \quad \downarrow \quad \downarrow \quad \downarrow$$
$$1100 \quad 0100 \quad 0001 \quad . \quad 1011 \quad 1010 \quad 0111$$

结果为:$(C41.BA7)_{16} = (110001000001.101110100111)_2$。

在程序设计中,为了区分不同进制,常在数字后加一英文字母作为后缀以示区别。

- 十进制数,在数字后面加字母 D 或不加字母也可以,如6659D 或6659。
- 二进制数,在数字后面加字母 B,如1101101B。
- 八进制数,在数字后面加字母 O,如1275O。
- 十六进制数,在数字后面加字母 H,如CFE7BH。

考试时可以直接通过计算器来完成。打开计算器的操作步骤为"开始"→"程序"→"附件"→"计算器",如图 1-2-1 所示。

图 1-2-1 计算器

### 1.2.3.3 二进制数的逻辑运算

逻辑运算主要包括的运算有:逻辑与运算(又称乘法运算)、逻辑或运算(又称加法运算)和逻辑非运算。此外,还有逻辑异或运算。

**1. 逻辑与运算(乘法运算)**

逻辑与运算通常用符号"×"、"∧"或"&"来表示。如果 $A$、$B$、$C$ 为逻辑变量,二进制数的逻辑与运算规则如表 1-2-2 所示。

表 1-2-2　逻辑与运算规则

| $A$ | $B$ | $A \wedge B(C)$ |
| --- | --- | --- |
| 0 | 0 | 0 |
| 0 | 1 | 0 |
| 1 | 0 | 0 |
| 1 | 1 | 1 |

由表 1-2-2 可知,逻辑与运算表示只有当参与运算的逻辑变量都取值为 1 时,其逻辑乘积才等于 1,即一假必假,两真才真。

**2. 逻辑或运算(加法运算)**

逻辑或运算通常用符号"+"或"∨"来表示。如果 $A$、$B$、$C$ 为逻辑变量,逻辑或运算规则如表 1-2-3 所示。

表 1-2-3　逻辑或运算规则

| $A$ | $B$ | $A \vee B(C)$ |
| --- | --- | --- |
| 0 | 0 | 0 |
| 0 | 1 | 1 |
| 1 | 0 | 1 |
| 1 | 1 | 1 |

由表 1-2-3 可知,逻辑或运算是:在给定的逻辑变量中,只要有一个为 1,其逻辑或的值就为 1;只有当两者都为 0 时,逻辑或的值才为 0。即一真必真,两假才假。

**3. 逻辑非运算(逻辑否定、逻辑求反)**

设 $A$ 为逻辑变量,则 $A$ 的逻辑非运算记作 $\overline{A}$。逻辑非运算的规则为:如果不是 0,则唯一的可能性就是 1;反之亦然。逻辑非运算规则如表 1-2-4 所示。

表 1-2-4　逻辑非运算规则

| $A$ | $\overline{A}$ |
| --- | --- |
| 0 | 1 |
| 1 | 0 |

**4. 逻辑异或运算(半加运算)**

逻辑异或运算符为"⊕"。如果 $A$、$B$、$C$ 为逻辑变量,逻辑异或运算规则如表 1-2-5 所示。

表 1-2-5 逻辑异或运算规则

| A | B | $A \oplus B(C)$ |
|---|---|---|
| 0 | 0 | 0 |
| 0 | 1 | 1 |
| 1 | 0 | 1 |
| 1 | 1 | 0 |

由表 1-2-5 可知,在给定的两个逻辑变量中,只有两个逻辑变量取值相同,异或运算的结果才为 0;只有两个逻辑变量取值相异时,结果才为 1。即一样时为 0,不一样才为 1。

### 1.2.3.4　信息编码

1. 数字化信息编码的概念

数字化信息编码,就是采用少量的基本符号,选用一定的组合原则,以表示大量复杂多样的信息。

计算机内存储二进制数据的单位有:位(bit,简写为 b)、字节(Byte,简写为 B)、字(Word)等,基本存储单位是字节。

1)位(bit)

位是计算机中最小的存储单位,就是二进制数的一个位,即 0 或 1。

2)字节(Byte)

字节是构成计算机存储信息的基本单位。一个字节由 8 位二进制位组成。一个西文字符占一个字节,一个汉字占两个字节。字节是计算机中表示信息的最小单位,另外还有 KB、MB、GB、TB。它们的换算关系如下:

$$1 \text{ Byte} = 8 \text{ bit} \quad 1 \text{ KB} = 1024 \text{ B} = 2^{10} \text{B}$$
$$1 \text{ MB} = 1024 \text{ KB} = 2^{20} \text{B} \quad 1 \text{ GB} = 1024 \text{ MB} = 2^{30} \text{B}$$

3)字(Word)

计算机在处理数据时,作为一个整体参与运算的单位是字(Word)。它由若干个字节构成,通常将组成一个字的二进制位的位数称为该字的字长。字长是衡量计算机性能的一个重要指标,字长越长,精度越高,运算速度越快,功能越强。

2. ASCII 码

ASCII 码是美国信息交换标准代码(American Standard Code for Information Interchange),由 0 ~ 9 这 10 个数符,52 个大、小写英文字母,32 个符号及 34 个计算机通用控制符组成,共有 128 个元素。因为 ASCII 码总共为 128 个元素,故用二进制编码表示需用 7 位。任意一个元素由 7 位二进制数表示,从 0000000 到 1111111 共有 128 种编码,可用来表示 128 个不同的字符。ASCII 码表的查表方式是:先查列(高三位),后查行(低四位),然后按从左到右的书写顺序完成,如 B 的 ASCII 码为 1000010。在用 ASCII 码进行存放时,因 1 个字节(8 位)是计算机中常用的单位,故仍以 1 字节来存放 1 个 ASCII 字符,由于它的编码是 7 位,每个字节中多余的最高位取 0。常见字符的 ASCII 码如表 1-2-6 所示。

**表 1-2-6　常见字符的 ASCII 码**

| 低位代码 | 高位代码 | | | | | | | |
|---|---|---|---|---|---|---|---|---|
| | 000 | 001 | 010 | 011 | 100 | 101 | 110 | 111 |
| 0000 | NUL | DLE | SP | 0 | @ | P | ` | p |
| 0001 | SOH | DC1 | ! | 1 | A | Q | a | q |
| 0010 | STX | DC2 | " | 2 | B | R | b | r |
| 0011 | ETX | DC3 | # | 3 | C | S | c | s |
| 0100 | EOT | DC4 | $ | 4 | D | T | d | t |
| 0101 | ENQ | NAK | % | 5 | E | U | e | u |
| 0110 | ACK | SYN | & | 6 | F | V | f | v |
| 0111 | BEL | ETB | ' | 7 | G | W | g | w |
| 1000 | BS | CAN | ( | 8 | H | X | h | x |
| 1001 | HT | EM | ) | 9 | I | Y | i | y |
| 1010 | LF | SUB | * | : | J | Z | j | z |
| 1011 | VT | ESC | + | ; | K | [ | k | { |
| 1100 | FF | FS | , | < | L | \ | l | \| |
| 1101 | CR | GS | - | = | M | ] | m | } |
| 1110 | SO | RS | . | > | N | ∧ | n | ~ |
| 1111 | SI | US | / | ? | O | — | o | DEL |

ASCII 码字符可分为两大类：

（1）打印字符。即从键盘输入并显示的 95 个字符，如大、小写英文字母各 26 个。数字 0~9 这 10 个数字字符的高 3 位编码（D6D5D4）为 011，低 4 位为 0000~1001。当去掉高 3 位时，低 4 位正好是二进制形式的 0~9。

（2）不可打印字符。共 33 个，其编码值为 0~31（0000000~0011111）和 127（1111111），不对应任何可印刷字符。不可打印字符通常为控制符，用于计算机通信中的通信控制或对设备的功能控制。如 DEL（删除），编码值为 127（1111111），它用于删除光标之后的字符。

ASCII 码字符的码值可用 7 位二进制代码或 2 位十六进制代码来表示。例如字母 D 的 ASCII 码值为 $(1000100)_2$ 或 $(44)_{16}$，数字 4 的码值为 $(0110100)_2$ 或 $(34)_{16}$ 等。

**3. 汉字编码**

英语文字是拼音文字，所有文字均由 26 个字母拼组而成，所以使用一个字节表示一个字符足够了。但汉字是象形文字，汉字的计算机处理技术比英文字符复杂得多，一般用两个字节表示一个汉字。由于汉字有 1 万多个，常用的也有 6000 多个，所以编码用两个字节的低 7 位共 14 个二进制位来表示。一般汉字的编码方案要解决以下四种编码问题。

**1）汉字交换码**

汉字交换码主要是用做汉字信息交换的。以国家标准局 1980 年颁布的《信息交换用汉字编码字符集——基本集》（GB 2312—80）规定的汉字交换码作为国家标准汉字编码，简称国标码。

国标 GB 2312—80 规定,所有的国际汉字和符号组成一个 94×94 的矩阵。在该矩阵中,每一行称为一个"区",每一列称为一个"位",这样就形成了 94 个区号(01~94)和 94 个位号(01~94)的汉字字符集。国标码中有 6763 个汉字和 682 个其他基本图形字符,共计 7445 个字符。其中规定一级汉字 3755 个,二级汉字 3008 个,图形符号 682 个。一个汉字所在的区号与位号简单地组合在一起就构成了该汉字的"区位码"。在汉字区位码中,高两位为区号,低两位为位号。因此,区位码与汉字或图形符号之间是一一对应的。一个汉字由两个字节代码表示。

2)汉字机内码

汉字机内码又称内码或汉字存储码。该编码的作用是统一各种不同的汉字输入码在计算机内的表示。汉字机内码是计算机内部存储、处理的代码。计算机既要处理汉字,又要处理英文,所以必须能区别汉字字符和英文字符。英文字符的机内码是最高位为 0 的 8 位 ASCII 码。为了区分,把国标码每个字节的最高位由 0 改为 1,其余位不变,这样就形成了汉字机内码。

一个汉字用两个字节的内码表示,计算机显示一个汉字的过程首先是根据其内码找到该汉字字库中的地址,然后将该汉字的点阵字形在屏幕上输出。

汉字的输入码是多种多样的,同一个汉字如果采用的编码方案不同,则输入码就有可能不一样,但汉字的机内码是一样的。有专用的计算机内部存储汉字使用的汉字内码,用以将输入时使用的多种汉字输入码统一转换成汉字机内码进行存储,以方便机内的汉字处理。在汉字输入时,根据输入码通过计算机或查找输入码表完成输入码到机内码的转换,如汉字国际码(H) +8080(H) =汉字机内码(H)。

3)汉字输入码

汉字输入码也叫外码,是为了通过键盘字符把汉字输入计算机而设计的一种编码。

英文输入时,想输入什么字符便按什么键,输入码和内码是一致的。而汉字输入规则不同,可能要按几个键才能输入一个汉字。汉字和键盘字符组合的对应方式称为汉字输入编码方案。汉字外码是针对不同汉字输入法而言的,通过键盘按某种输入法进行汉字输入时,人与计算机进行信息交换所用的编码即为汉字外码。对于同一汉字而言,输入法不同,其外码也是不同的。例如,对于汉字"啊",在区位码输入法中的外码是 1601,在拼音输入中的外码是 a,而在五笔字型输入法中的外码是 KBSK。汉字的输入码种类繁多,大致有四种类型,即音码、形码、数字码和音形码。

4)汉字字形码

汉字在显示和打印输出时,是以汉字字形信息表示的,即以点阵的方式形成汉字图形。汉字字形码是指确定一个汉字字形点阵的代码。一般采用点阵字形表示字符。

目前普遍使用的汉字字形码是用点阵方式表示的,称为点阵字模码。所谓点阵字模码,就是将汉字像图像一样置于网状方格上,每格是存储器中的一个位,16×16 点阵是在纵向 16 点、横向 16 点的网状方格上写一个汉字,有笔画的格对应 1,无笔画的格对应 0。这种用点阵形式存储的汉字字形信息的集合称为汉字字模库,简称汉字字库。

通常汉字显示使用 16×16 点阵,而汉字打印可选用 24×24 点阵、32×32 点阵、64×

64 点阵等。汉字字形点阵中的每个点对应一个二进制位,1 字节又等于 8 个二进制位,所以 16×16 点阵的字要使用 32 个字节(16×16÷8 字节＝32 字节)存储,64×64 点阵的字形要使用 512 个字节。

16×16 点阵字库中的每一个汉字以 32 个字节存放,存储一、二级汉字及符号共 8836 个,需要 282.5 KB 磁盘空间。而用户的文档假定有 10 万个汉字,却只需要 200 KB 的磁盘空间,这是因为用户文档中存储的只是每个汉字(符号)在汉字字库中的地址(内码)。

## 练一练

1. 现代计算机中采用二进制数字系统是因为它(　　　)。

A)代码表示简短,易读

B)物理上容易表示和实现、运算规则简单、可节省设备且便于设计

C)容易阅读,不易出错

D)只有 0 和 1 两个数字符号,容易书写

2. 1 GB 的准确值是(　　　)。

A)1024×1024 Bytes 　　　　　　　　 B)1024 KB

C)1024 MB 　　　　　　　　 D)1000×1000 KB

3. 在计算机术语中,bit 的中文含义是(　　　)。

A)位 　　　　 B)字节 　　　　 C)字 　　　　 D)字长

4. 按照数的进位制概念,下列各个数中正确的八进制数是(　　　)。

A)1101 　　　　 B)7081 　　　　 C)1109 　　　　 D)B03A

5. 无符号二进制整数 1000010 转换成十进制数是(　　　)。

A)62 　　　　 B)64 　　　　 C)66 　　　　 D)68

6. 下列四个无符号十进制整数中,能用八个二进制位表示的是(　　　)。

A)257 　　　　 B)201 　　　　 C)313 　　　　 D)296

7. 执行二进制算术加运算 001001＋00100111,其运算结果是(　　　)。

A)11101111 　　　　 B)110000 　　　　 C)00000001 　　　　 D)10100010

8. 执行二进制逻辑乘运算(即逻辑与运算)01011001∧10100111,其运算结果是(　　　)。

A)00000000 　　　　 B)1111111 　　　　 C)00000001 　　　　 D)1111110

9. 在一个非零无符号二进制整数之后添加一个 0,则此数的值为原数的(　　　)。

A)4 倍 　　　　 B)2 倍 　　　　 C)1/2 倍 　　　　 D)1/4 倍

10. 在计算机的硬件技术中,构成存储器的最小单位是(　　　)。

A)字节(Byte) 　　　　　　　　 B)二进制位(bit)

C)字(Word) 　　　　　　　　 D)双字(Double Word)

11. 假设某台式计算机的内存容量为 128 MB,硬盘容量为 10 GB。硬盘的容量是内存容量的(　　　)。

A)40 倍 　　　　 B)60 倍 　　　　 C)80 倍 　　　　 D)100 倍

12. 通常用 MIPS 为单位来衡量计算机的性能,它指的是计算机的(　　　)。

　　A)传输速率　　　　　　B)存储容量　　　　　　C)字长　　　　　　D)运算速度

13. 计算机运算部件一次能同时处理的二进制数据的位数称为(　　)。

　　A)位　　　　　　　　　B)字节　　　　　　　　C)字长　　　　　　D)波特

14. 下列字符中,其 ASCII 码值最大的是(　　)。

　　A)9　　　　　　　　　B)D　　　　　　　　　C)a　　　　　　　D)y

15. 微型计算机普遍采用的字符编码是(　　)。

　　A)原码　　　　　　　　B)补码　　　　　　　　C)ASCII 码　　　　D)汉字编码

16. 标准 ASCII 码字符集共有(　　)个编码。

　　A)128　　　　　　　　B)256　　　　　　　　C)34　　　　　　　D)94

17. 已知英文字母 m 的 ASCII 码值为 6DH,那么字母 q 的 ASCII 码值是(　　)。

　　A)70H　　　　　　　　B)71H　　　　　　　　C)72H　　　　　　D)6FH

18. 已知三个字符为:a、X 和 5,按它们的 ASCII 码值升序排序,结果是(　　)。

　　A)5,a,X　　　　　　　B)a,5,X　　　　　　　C)X,a,5　　　　　D)5,X,a

19. 在微机中,西文字符所采用的编码是(　　)。

　　A)EBCDIC 码　　　　 B)ASCII 码　　　　　　C)国标码　　　　　D)BCD 码

20. 在标准 ASCII 码表中,已知英文字母 A 的 ASCII 码是 01000001,英文字母 F 的 ASCII 码是(　　)。

　　A)01000011　　　　　B)01000100　　　　　 C)01000101　　　　D)01000110

21. 全拼或简拼汉字输入法的编码属于(　　)。

　　A)音码　　　　　　　　B)形声码　　　　　　　C)区位码　　　　　D)形码

22. 下面不是汉字输入码的是(　　)。

　　A)五笔字形码　　　　　B)全拼编码　　　　　　C)双拼编码　　　　D)ASCII 码

23. 下列说法中,正确的是(　　)。

　　A)同一个汉字的输入码的长度随输入方法不同而不同

　　B)一个汉字的区位码与它的国标码是相同的,且均为 2 字节

　　C)不同汉字的机内码的长度是不相同的

　　D)同一汉字用不同的输入法输入时,其机内码是不相同的

24. 已知汉字"中"的区位码是 5448,则其国标码是(　　)。

　　A)7468D　　　　　　　B)3630H　　　　　　　C)6862H　　　　　D)5650H

25. 在计算机内部对汉字进行存储、处理和传输的汉字编码是(　　)。

　　A)汉字信息交换码　　　　　　　　　　　　B)汉字输入码

　　C)汉字内码　　　　　　　　　　　　　　　D)汉字字形码

26. 在下列各种编码中,每个字节最高位均是"1"的是(　　)。

　　A)外码　　　　　　　　B)汉字机内码　　　　 C)汉字国标码　　　D)ASCII 码

27. 若已知一汉字的国标码是 5E38,则其内码是(　　)。

　　A)DEB8　　　　　　　B)DE38　　　　　　　 C)5EB8　　　　　　D)7E58

28. 一个汉字的国标码需用 2 个字节存储,其每个字节的最高二进制位的值分别为(　　)。

　A)0,0　　　　　　　B)1,0　　　　　　　C)0,1　　　　　　　D)1,1

29. 汉字国标码把汉字分成两个等级。其中一级常用汉字的排列顺序是按(　　)。

　A)汉语拼音字母顺序　　　　　　　　B)偏旁部首

　C)笔画多少　　　　　　　　　　　　D)以上都不对

30. 汉字国标码将汉字分为常用汉字和次常用汉字两级。次常用汉字的排列次序是按(　　)。

　A)偏旁部首　　　　B)汉语拼音字母　　　C)笔画多少　　　D)使用频率多少

31. 存储一个 24×24 点的汉字字形码需要(　　)。

　A)32 字节　　　　　B)48 字节　　　　　C)64 字节　　　　　D)72 字节

32. 汉字国标码把汉字分成(　　)。

　A)简化字和繁体字两个等级

　B)一级汉字、二级汉字和三级汉字三个等级

　C)一级常用汉字、二级次常用汉字两个等级

　D)常用字、次常用字、罕见字三个等级

33. 汉字区位码分别用十进制的区号和位号表示。其区号和位号的范围分别是(　　)。

　A)0~94,0~94　　　　　　　　　　B)1~95,1~95

　C)1~94,1~94　　　　　　　　　　D)0~95,0~95

34. 下列有关信息和数据的说法中,错误的是(　　)。

　A)数据是信息的载体

　B)数值、文字、语言、图形、图像等都是不同形式的数据

　C)数据处理之后产生的结果为信息,信息有意义,数据没有

　D)数据具有针对性、时效性

# 任务 3　计算机系统及硬件的组成

## 1.3.1　教学目标

通过本次任务主要认识计算机硬件的几个组成部分:中央处理器(CPU)、内存储器、外存储器和各种输入/输出设备。

## 1.3.2　主要知识点

(1)计算机工作原理及系统结构。

(2)计算机硬件。

## 1.3.3　教学内容

### 1.3.3.1　计算机工作原理及系统结构

现在,计算机已发展成为一个庞大的家族,其中的每个成员,尽管在规模、性能、结构

和应用等方面存在着很大的差别,但是它们的基本结构是相同的。计算机系统包括硬件系统和软件系统两大部分。硬件系统由中央处理器(CPU)、内存储器(简称内存)、外存储器(简称外存)和输入/输出设备组成。软件系统分为两大类,即计算机系统软件和应用软件。

计算机通过执行程序而运行,计算机工作时,软、硬件协同工作,两者缺一不可。计算机的组成框架如图 1-3-1 所示。

### 1. 硬件系统概述

硬件系统是构成计算机的物理装置,是指在计算机中看得见、摸得着的有形实体。在计算机的发展史上做出杰出贡献的著名应用数学家冯·诺依曼(Von Neumann)与其他专家为改进 ENIAC,提出了一个全新的"存储程序"的通用电子计算机方案。这个方案规定了新机器由 5 个部分组成:运算器、逻辑控制装置、存储器、输入和输出,并描述了这 5 个部分的职能和相互关系。这个方案与 ENIAC 相比,有两个重大改进:一是采用二进制;二是提出了"存储程序"的设计思想,即用记忆数据的同一装置存储执行运算的命令,使程序的执行

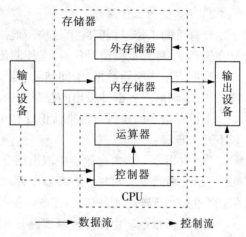

**图 1-3-1　计算机的组成框架**

可自动地从一条指令进入到下一条指令。这个概念被誉为计算机史上的一个里程碑。计算机的存储程序和程序控制原理被称为冯·诺依曼原理,按照上述原理设计制造的计算机称为冯·诺依曼机。

概括起来,冯·诺依曼结构有 3 条重要的设计思想:

(1)计算机应由运算器、控制器、存储器、输入设备和输出设备 5 大部分组成,每个部分有一定的功能。

(2)以二进制的形式表示数据和指令。二进制是计算机的基本语言。

(3)程序预先存入存储器中,使计算机在工作中能自动地从存储器中取出程序指令并加以执行。

硬件是计算机运行的物质基础,计算机的性能如运算速度、存储容量、计算可靠性等,很大程度上取决于硬件的配置。仅有硬件而没有任何软件支持的计算机称为裸机。在裸机上只能运行机器语言程序,使用很不方便,效率也低,所以早期只有少数专业人员才能使用计算机。

### 2. 计算机的基本工作原理

1)计算机的指令系统

指令是能被计算机识别并执行的二进制代码,它规定了计算机能完成的某一种操作。

一条指令通常由如下两个部分组成:

| 操作码 | 操作数 |
|--------|--------|

（1）操作码：它指明该指令要完成的操作，如存数、取数等。操作码的位数决定了一个机器指令的条数。当使用定长度操作码格式时，若操作码位数为 $n$，则指令条数可有 $2^n$ 条。

（2）操作数：它指操作对象的内容或者所在的单元格地址。操作数在大多数情况下是地址码，地址码有 $0 \sim 3$ 位。从地址码得到的仅是数据所在的地址，可以是源操作数的存放地址，也可以是操作结果的存放地址。

2）计算机的工作原理

计算机的工作过程实际上是快速地执行指令的过程。当计算机在工作时，有两种信息在流动，一种是数据流，另一种是控制流。

数据流是指原始数据、中间结果、结果数据、源程序等。控制流是由控制器对指令进行分析、解释后向各部件发出的控制命令，用于指挥各部件协调地工作。

下面以指令的执行过程来认识计算机的基本工作原理。计算机的指令执行过程分为如下几个步骤：

（1）取指令。从内存储器中取出指令送到指令寄存器。

（2）分析指令。对指令寄存器中存放的指令进行分析，由译码器对操作码进行译码，将指令的操作码转换成相应的控制电信号，并由地址码确定操作数的地址。

（3）执行指令。由操作控制线路发出完成该操作所需要的一系列控制信息，以完成该指令所需要的操作。

（4）为执行下一条指令作准备。形成下一条指令的地址，指令计数器指向存放下一条指令的地址，最后控制单元将执行结果写入内存储器。

上述完成一条指令的执行过程叫做一个"机器周期"。指令的执行过程如图 1-3-2 所示。计算机在运行时，CPU 从内存读取一条指令到 CPU 内执行，指令执行完，再从内存读取下一条指令到 CPU 执行。CPU 不断地取指令，分析指令，执行指令，再取下一条指令，这就是程序的执行过程。

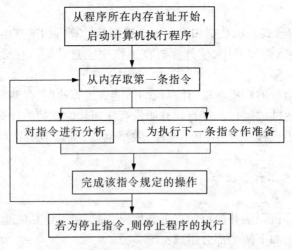

图 1-3-2　指令的执行过程

总之,计算机的工作就是执行程序,即自动连续地执行一系列指令,而程序开发人员的工作就是编制程序,使计算机不断地工作。

### 3. 软件系统概述

软件系统是指计算机正常运行所必需的各种程序的总称。软件是计算机的灵魂,是发挥计算机功能的关键。有了软件,人们可以不必过多地去了解机器本身的结构与原理,可以方便灵活地使用计算机,从而使计算机有效地为人类工作、服务。

随着计算机应用的不断发展,计算机软件在不断积累和完善的过程中,形成了极为宝贵的软件资源。它在用户和计算机之间架起了桥梁,给用户的操作带来极大的方便。

在计算机的应用过程中,软件开发是个艰苦的脑力劳动过程,软件生产的自动化水平还很低。所以,许多国家投入大量人力从事软件开发工作。正是有了内容丰富、种类繁多的软件,使用户面对的不仅仅是一部实实在在的计算机,还是包含许多软件的抽象的逻辑计算机(称之为虚拟机),这样,人们可以采用更加灵活、方便、有效的手段使用计算机。从这个意义上说,软件是用户与计算机的接口。

在计算机系统中,硬件和软件之间并没有一条明确的分界线。一般来说,任何一个由软件完成的操作也可以直接由硬件来实现,而任何一个由硬件执行的指令也能够用软件来完成,硬件和软件有一定的等价性。例如,图像的解压,以前低档微机用硬件来实现,现在高档微机则用软件来实现。

软件和硬件之间的界线是经常变化的。要从价格、速度、可靠性等多种因素综合考虑,来确定哪些功能用硬件实现合适,哪些功能由软件实现合适。

### 1.3.3.2　计算机硬件

一个完整的计算机系统是由硬件系统和软件系统两大部分构成的,硬件和软件相结合才能充分发挥计算机系统的功能。硬件系统是指电子器件和机电装置组成的计算机实体,微型计算机的硬件组成包括运算器、控制器、存储器、输入设备和输出设备五大部分,如图 1-3-3 所示。

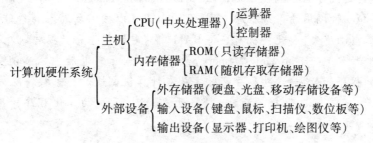

**图 1-3-3　微型计算机硬件系统组成**

### 1. 运算器和控制器

运算器和控制器组合在一起称为中央处理器(Central Processing Unit,CPU),是计算机的核心元件。它完成计算机的运算和控制功能。运算器又称算术逻辑部件(Arithmetical Logic Unit,ALU),主要功能是完成对数据的算术运算、逻辑运算和逻辑判断等操作。控制器(Control Unit,CU)是整个计算机的指挥中心,根据事先给定的命令,发出各种控制信号,指挥计算机各部分工作。它的工作过程是负责从内存储器中取出指令并对指令进行分析与判断,并根据指令发出控制信号,使计算机的有关设备有条不紊地协调工作,在程序的作用下,保证计算机能自动、连续地工作。CPU 外形如图 1-3-4 所示。CPU 生产厂商中比较著名的是 Intel(英特尔)公司和 AMD(超微半导体)公司。决定 CPU 性能的主要参数有主频、外频、字长、缓存容量等。

2. 存储器

存储器是计算机的"记忆"装置,能够把大量的程序和数据存储起来。存储器按功能可分为内存储器和外存储器。内存储器是用来存放计算机当前运行的程序和数据的地方,直接和 CPU 相连接并进行数据交换,存取速度快,容量相对较小,又称为主存储器。外存储器用于存放计算机当前不用的程序和数据。当计算机要使用这些程序和数据时,将其从外存储器调入内存,处理之后,再写入外存储器。因此,外存储器又称为辅助存储器,是计算机必不可少的外部设备。外存储器的特点是速度较慢,容量可以很大,其上的数据能够永久保存,也能修改。

图 1-3-4　CPU 外形

CPU 和内存储器构成计算机主机。外存储器通过专门的输入/输出接口与主机相连。外存储器与其他的输入/输出设备统称外部设备,如硬盘驱动器、软盘驱动器、打印机、键盘等。

1) 内存储器

内存储器采用大规模、超大规模集成电路器件,按其工作方式的不同可分为随机存取存储器(RAM)和只读存储器(ROM)。

✱**小提示**:随机存取存储器 RAM(Random Access Memory)在工作时用来存放用户的程序、数据和临时调用的系统程序,是既能读出又可以按需要写入的存储器。其缺点是断电后内容自动消失,因此关机前应将 RAM 中需要的程序和数据转到外存储器上。

只读存储器 ROM(Read Only Memory)最大的特点是断电后内容不消失。ROM 用来存放固定的程序和数据,这些程序和数据是在计算机制造时厂家按特殊方法写入的,即使电源断开,其内容也保持不变,一般将开机检测、系统初始化程序等固化在 ROM 中。

通常我们所谓的内存大小指的是 RAM(内存条)容量的大小,一般以 KB 或 MB 为单位。目前内存的容量大都在 1 GB 以上。内存条外形如图 1-3-5 所示,它的特点是存取速度快,可与 CPU 处理速度相匹配,但价格较贵,能存储的信息量较少。

现代计算机中内存普遍采取半导体器件,按其工作方式不同,可分为动态随机存储器(DRAM)、静态随机存储器(SRAM)和只读存储器(ROM)。对存储器存入信息的操作称为写入(Write),从存储器取出信息的操作称为读出(Read)。执行读出操作后,原来存放的信息并不改变,只有执行了写入操作,写入的信息才会取代原先存入的内容。所以,

RAM 中存放的信息可随机地读出或写入，通常用来存入用户输入的程序和数据等。计算机断电后，RAM 中的内容随之丢失。DRAM 和 SRAM 都叫随机存储器，断电后信息会丢失，不同的是，DRAM 存储的信息

图 1-3-5　内存条外形图

要不断刷新，而 SRAM 存储的信息不需要刷新。ROM 中的信息只可读出而不能写入，通常用来存放一些固定不变的程序。计算机断电后，ROM 中的内容保持不变，当计算机重新接通电源后，ROM 中的内容仍可被读出。

为了便于对存储器内存放的信息进行管理，整个内存被划分成许多存储单元，每个存储单元都有一个编号，此编号称为地址（Address）。通常计算机按字节编址。地址与存储单元为一对一的关系，是存储单元的唯一标志。存储单元的地址、存储单元和存储单元的内容是 3 个不同的概念。地址相当于旅馆的房间编号，存储单元相当于旅馆的房间，存储单元的内容相当于房间中的旅客。在存储器中，CPU 对存储器的读写操作都是通过地址来进行的。

2) 外存储器

外存储器主要有硬盘、光盘和可移动存储设备等。

（1）硬盘。

硬盘是最重要的外存储器，它是在硬质圆盘上涂有磁性材料，由多个盘片组成的一个磁盘组，一般都被封装在硬盘驱动器内，如图 1-3-6 所示。我们常用的软件都安装在硬盘上，一般微机的硬盘容量可达数百 GB。硬盘忌读盘时震动或移动，否则会损坏硬盘。

（2）光盘。

光盘与硬盘比较，盘片携带方便，所以现在的软件发行大都采用光盘。光盘按存取方式可分为 CD – ROM、CD – R、CD – RW、DVD 等。

（3）可移动存储设备。

目前十分流行的可移动存储设备主要有移动硬盘、U 盘等，如图 1-3-7 所示。移动硬盘多采用 USB、IEEE1394 接口。其特点是容量大（80 GB、160 GB、200 GB 等），且携带方便。U 盘采用当前先进的闪存芯片为存储介质，主要特点是采用 USB 接口，即插即用，存取速度快，容量大（4 GB、8 GB、16 GB 等），外形小巧美观，携带方便。

图 1-3-6　硬盘和光盘　　　　　　　　　　图 1-3-7　移动硬盘和 U 盘

3. 输入设备

输入设备是将信息送入计算机的装置。常用的输入设备有键盘、鼠标、扫描仪、条形码读入器等。

1）键盘

键盘是最常用的输入设备,微型计算机常用的键盘是 104 键盘,如图 1-3-8 所示。

图 1-3-8　104 键盘

2）鼠标

鼠标也是标准的输入设备,用以进行光标定位和某些特定输入。鼠标主要分机械式和光电式两种。

4. 输出设备

常用的输出设备有显示器、打印机,另外还有绘图仪、投影仪等。

1）显示器

显示器是计算机系统中重要的输出设备之一,用于输出文本、数据、图像等。按显示的技术分类,分为 CRT 显示器（阴极射线管显示器）、LCD 显示器（液晶显示器）,如图 1-3-9所示。由于液晶显示器体积小、重量轻、能耗低、没有辐射,已成为主流显示器。

图 1-3-9　CRT 显示器和 LCD 显示器

显示器还必须配显示适配卡（简称显卡）,用于连接显示器和主机。显卡是一块印刷电路板,一般插在主机板标准插槽中或集成在主板上,控制显示屏上字符与图形的输出。显卡的性能通常影响显示效果,可分为独立显卡和集成显卡。

2）打印机

打印机也是计算机系统常用的输出设备。目前常用的打印机有针式打印机、喷墨打印机和激光打印机三种,如图 1-3-10 所示。

图 1-3-10　针式打印机、喷墨打印机和激光打印机

## 练一练

1. 冯·诺依曼(Von Neumann)在他的 EDVAC 计算机方案中,提出了两个重要的概念,它们是(　　)。

A)采用二进制和存储程序控制的概念　　B)引入 CPU 和内存储器的概念
C)机器语言和十六进制　　　　　　　　D)ASCII 编码和指令系统

2. Pentium(奔腾)微机的字长是(　　)。

A)8 位　　　　　　B)16 位　　　　　C)32 位　　　　　D)64 位

3. 度量计算机运算速度常用的单位是(　　)。

A)MIPS　　　　　　B)MHz　　　　　C)MB　　　　　D)Mbps

4. 在微机的配置中常看到"P4 2.4G"字样,其中数字"2.4G"表示(　　)。

A)处理器的时钟频率是 2.4 GHz
B)处理器的运算速度是 2.4 GIPS
C)处理器是 Pentium4 第 2.4 代
D)处理器与内存间的数据交换速率是 2.4 GB/s

5. 下列度量单位中,用来度量计算机外部设备传输速率的是(　　)。

A)MB/s　　　　　B)MIPS　　　　　C)GHz　　　　　D)MB

6. 随机存储器中,有一种存储器需要周期性地补充电荷以保证所存储信息的正确性,它称为(　　)。

A)静态 RAM(SRAM)　　　　　B)动态 RAM(DRAM)
C)RAM　　　　　　　　　　　D)Cache

7. DVD – ROM 属于(　　)。

A)大容量可读可写外存储器　　　B)大容量只读外部存储器
C)CPU 可直接存取的存储器　　　D)只读内存储器

8. 下列不属于微型计算机的技术指标的一项是(　　)。

A)字节　　　　　B)时钟主频　　　　C)运算速度　　　　D)存取周期

9. 在 CD 光盘上标记有"CD – RW"字样,此标记表明这光盘是(　　)。

A)只能写入一次,可以反复读出的一次性写入光盘
B)可多次擦除型光盘
C)只能读出,不能写入的只读光盘
D)RW 是 Read and Write 的缩写

10. 半导体只读存储器(ROM)与半导体随机存取存储器(RAM)的主要区别在于(　　)。

A)ROM 可以永久保存信息,RAM 在断电后信息会丢失
B)ROM 断电后,信息会丢失,RAM 则不会
C)ROM 是内存储器,RAM 是外存储器
D)RAM 是内存储器,ROM 是外存储器

11. 奔腾(Pentium)是(　　)公司生产的一种 CPU 的型号。

A)IBM　　　　　B)Microsoft　　　　　C)Intel　　　　　D)AMD

12. 下列关于硬盘的说法中,错误的是(　　　)。

A)硬盘中的数据断电后不会丢失

B)每个计算机主机有且只能有一块硬盘

C)硬盘可以进行格式化处理

D)CPU 不能够直接访问硬盘中的数据

13. 下列说法中,错误的是(　　　)。

A)硬盘驱动器和盘片是密封在一起的,不能随意更换盘片

B)硬盘是由多张盘片组成的盘片组

C)硬盘的技术指标除容量外,另一个是转速

D)硬盘安装在机箱内,属于主机的组成部分

14. 在现代的 CPU 芯片中又集成了高速缓冲存储器(Cache),其作用是(　　　)。

A)扩大内存储器的容量

B)解决 CPU 与 RAM 之间的速度不匹配问题

C)解决 CPU 与打印机的速度不匹配问题

D)保存当前的状态信息

15. CPU 中有一个程序计数器(又称指令计数器),它用于存储(　　　)。

A)正在执行的指令的内容　　　　　B)下一条要执行的指令的内容

C)正在执行的指令的内存地址　　　D)下一条要执行的指令的内存地址

16. 下列存储器中,存取周期最短的是(　　　)。

A)硬盘存储器　　B)CD – ROM　　　C)DRAM　　　　D)SRAM

17. 下列叙述中,错误的是(　　　)。

A)内存储器 RAM 中主要存储当前正在运行的程序和数据

B)高速缓冲存储器(Cache)一般采用 DRAM 构成

C)外部存储器(如硬盘)用来存储必须永久保存的程序和数据

D)存储在 RAM 中的信息会因断电而全部丢失

18. 在微机系统中,麦克风属于(　　　)。

A)输入设备　　B)输出设备　　　　C)放大设备　　　D)播放设备

19. 下列术语中,属于显示器性能指标的是(　　　)。

A)速度　　　　B)可靠性　　　　　C)分辨率　　　　D)精度

20. 冯·诺依曼(Von Neumann)型体系结构的计算机硬件系统的五大部件是
(　　　)。

A)输入设备、运算器、控制器、存储器、输出设备

B)键盘和显示器、运算器、控制器、存储器和电源设备

C)输入设备、中央处理器、硬盘、存储器和输出设备

D)键盘、主机、显示器、硬盘和打印机

21. 下面四条常用术语的叙述中,有错误的是(　　　)。

A)光标是显示屏上指示位置的标志

　　B)汇编语言是一种面向机器的低级程序设计语言,用汇编语言编写的程序计算机能直接执行

　　C)总线是计算机系统中各部件之间传输信息的公共通路

　　D)读写磁头是既能从磁表面存储器读出信息又能把信息写入磁表面存储器的装置

22. 下面设备中,既能向主机输入数据又能接收由主机输出的数据的设备是(　　)。

　　A)CD-ROM　　　B)显示器　　　　C)软磁盘存储器　　D)光笔

23. 微型计算机硬件系统中最核心的部件是(　　)。

　　A)主板　　　　　B)CPU　　　　　C)内存储器　　　　D)I/O设备

24. 微型计算机的主机包括(　　)。

　　A)运算器和控制器　　　　　　　　B)CPU 和内存储器

　　C)CPU 和 UPS　　　　　　　　　　D)UPS 和内存储器

25. 微型计算机中,控制器的基本功能是(　　)。

　　A)进行算术运算和逻辑运算　　　　B)存储各种控制信息

　　C)保持各种控制状态　　　　　　　D)控制机器各个部件协调一致地工作

26. 微型计算机存储系统中,PROM 是(　　)。

　　A)可读写存储器　　　　　　　　　B)动态随机存储器

　　C)只读存储器　　　　　　　　　　D)可编程只读存储器

27. 下列几种存储器中,存取周期最短的是(　　)。

　　A)内存储器　　　　　　　　　　　B)光盘存储器

　　C)硬盘存储器　　　　　　　　　　D)软盘存储器

28. 在微型计算机内存储器中,不能用指令修改其存储内容的部分是(　　)。

　　A)RAM　　　　　B)DRAM　　　　C)ROM　　　　　　D)SRAM

29. RAM 具有的特点是(　　)。

　　A)海量存储

　　B)存储在其中的信息可以永久保存

　　C)一旦断电,存储在其上的信息将全部消失且无法恢复

　　D)存储在其中的数据不能改写

30. 下列四条叙述中,正确的一条是(　　)。

　　A)假若 CPU 向外输出 20 位地址,则它能直接访问的存储空间可达 1 MB

　　B)PC 机在使用过程中突然断电,SRAM 中存储的信息不会丢失

　　C)PC 机在使用过程中突然断电,DRAM 中存储的信息不会丢失

　　D)外存储器中的信息可以直接被 CPU 处理

31. 下列有关计算机结构的叙述中,错误的是(　　)。

　　A)最早的计算机基本上采用直接连接的方式,冯·诺依曼研制的计算机 IAS,基本上就采用了直接连接的结构

　　B)直接连接方式连接速度快,而且易于扩展

　　C)数据总线的位数,通常与 CPU 的位数相对应

　　　D)现代计算机普遍采用总线结构

32. 下列有关总线和主板的叙述中,错误的是(　　　)。
　　　A)外设可以直接挂在总线上
　　　B)总线体现在硬件上就是计算机主板
　　　C)主板上配有插CPU、内存条、显示卡等的各类扩展槽或接口,而光盘驱动器和硬盘驱动器则通过扁缆与主板相连
　　　D)在电脑维修中,把CPU、主板、内存、显卡加上电源所组成的系统叫最小化系统

33. DRAM 存储器的中文含义是(　　　)。
　　　A)静态随机存储器　　　　　　　　B)动态随机存储器
　　　C)动态只读存储器　　　　　　　　D)静态只读存储器

34. SRAM 存储器是(　　　)。
　　　A)静态只读存储器　　　　　　　　B)静态随机存储器
　　　C)动态只读存储器　　　　　　　　D)动态随机存储器

35. 下列关于存储器的叙述中,正确的是(　　　)。
　　　A)CPU 能直接访问存储在内存中的数据,也能直接访问存储在外存中的数据
　　　B)CPU 不能直接访问存储在内存中的数据,能直接访问存储在外存中的数据
　　　C)CPU 只能直接访问存储在内存中的数据,不能直接访问存储在外存中的数据
　　　D)CPU 既不能直接访问存储在内存中的数据,也不能直接访问存储在外存中的数据

36. 通常所说的 I/O 设备是指(　　　)。
　　　A)输入/输出设备　　　　　　　　B)通信设备
　　　C)网络设备　　　　　　　　　　　D)控制设备

37. 下列各组设备中,全部属于输入设备的一组是(　　　)。
　　　A)键盘、磁盘和打印机　　　　　　B)键盘、扫描仪和鼠标
　　　C)键盘、鼠标和显示器　　　　　　D)硬盘、打印机和键盘

38. 在下列设备中,不能作为微机输出设备的是(　　　)。
　　　A)打印机　　　B)显示器　　　　C)鼠标器　　　　D)绘图仪

39. 计算机系统由(　　　)组成。
　　　A)主机和显示器　　　　　　　　　B)微处理器和软件
　　　C)硬件系统和应用软件　　　　　　D)硬件系统和软件系统

40. (　　　)是系统部件之间传送信息的公共通道,各部件由总线连接并通过它传递数据和控制信号。
　　　A)总线　　　B)I/O 接口　　　C)电缆　　　　D)扁缆

41. 计算机系统采用总线结构对存储器和外部设备进行协调。总线主要由(　　　)3部分组成。
　　　A)数据总线、地址总线和控制总线　B)输入总线、输出总线和控制总线
　　　C)外部总线、内部总线和中枢总线　D)通信总线、接收总线和发送总线

42. 在计算机中,每个存储单元都有一个连续的编号,此编号称为(　　　)。

　　　A)地址　　　　　　B)位置号　　　　　　C)门牌号　　　　　　D)房号

43. 把内存中数据传送到计算机的硬盘上去的操作称为(　　　)。

　　　A)显示　　　　　　B)写盘　　　　　　C)输入　　　　　　D)读盘

44. 运算器的主要功能是进行(　　　)。

　　　A)算术运算　　　　B)逻辑运算　　　　C)加法运算　　　　D)算术和逻辑运算

45. 下面关于 U 盘的描述中,错误的是(　　　)。

　　　A)U 盘有基本型、增强型和加密型三种

　　　B)U 盘的特点是重量轻、体积小

　　　C)U 盘多固定在机箱内,不便携带

　　　D)断电后,U 盘还能保持存储的数据不丢失

46. 下列设备组中,完全属于外部设备的一组是(　　　)。

　　　A)CD - ROM 驱动器,CPU,键盘,显示器

　　　B)激光打印机,键盘,CD - ROM 驱动器,鼠标器

　　　C)内存储器,CD - ROM 驱动器,扫描仪,显示器

　　　D)打印机,CPU,内存储器,硬盘

47. 下列关于磁道的说法中,正确的是(　　　)。

　　　A)盘面上的磁道是一组同心圆

　　　B)由于每一磁道的周长不同,所以每一磁道的存储容量也不同

　　　C)盘面上的磁道是一条阿基米德螺线

　　　D)磁道的编号是最内圈为 0,并依次由内向外逐渐增大,最外圈的编号最大

48. CPU 主要技术性能指标有(　　　)。

　　　A)字长、运算速度和时钟主频　　　　　B)可靠性和精度

　　　C)耗电量和效率　　　　　　　　　　　D)冷却效率

49. UPS 的中文译名是(　　　)。

　　　A)稳压电源　　　　B)不间断电源　　　　C)高能电源　　　　D)调压电源

50. 通常打印质量最好的打印机是(　　　)。

　　　A)针式打印机　　　B)点阵打印机　　　C)喷墨打印机　　　D)激光打印机

51. 在微型计算机技术中,通过系统(　　　)把 CPU、存储器、输入设备和输出设备连接起来,实现信息交换。

　　　A)总线　　　　　　B)I/O 接口　　　　　C)电缆　　　　　　D)通道

# 任务4　计算机软件系统

## 1.4.1　教学目标

通过本次任务主要掌握计算机软件系统。

### 1.4.2　主要知识点

(1)计算机软件的组成。

(2)系统软件。

(3)应用软件。

## 1.4.3　教学内容

### 1.4.3.1　计算机软件的组成

软件是计算机的灵魂,没有软件,计算机就不能工作,微型机中的软件系统是由系统软件和应用软件两部分构成的,如图1-4-1所示。

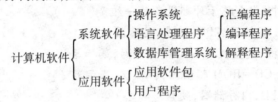

**图 1-4-1　微型计算机软件系统组成**

### 1.4.3.2　系统软件

系统软件是协助用户管理计算机资源、操作和控制计算机的软件。它的功能是:自动管理计算机的资源,简化操作;充分发挥硬件的功能;支持应用软件的运行并提供服务。

系统软件包括操作系统、各种语言处理系统以及能对计算机进行监控、调试、故障诊断的服务性程序。

1. 操作系统

操作系统是指对计算机软件、硬件资源进行管理和控制的程序,是用户和计算机的接口。

目前广泛使用的操作系统种类很多,如 DOS、UNIX、Windows 操作系统等。Windows 操作系统是目前微型机上广泛使用的操作系统。

2. 程序设计语言与语言处理系统

程序设计语言又叫做计算机语言,是一组专门设计的用来生成一系列可被计算机处理和执行的指令的符号集合。人们用程序设计语言来编写程序,与计算机进行交流。

按照演变过程,程序设计语言可分为三类:机器语言、汇编语言、高级语言。

1)机器语言

计算机中的数据都是用二进制表示的,机器指令也是用一串由"0"和"1"组合成的二进制代码表示的。机器语言是直接用机器指令作为语句与计算机交换信息的语言。

不同的机器,指令的编码不同,含有的指令条数也不同。因此,机器指令是面向机器的。指令的格式和含义是设计者规定的,一旦规定好之后,硬件逻辑电路就严格根据这些规定设计和制造,所以制造出的机器也只能识别这种二进制信息。

用机器语言编写的程序,计算机能识别,可直接运行,但容易出错。

2）汇编语言

汇编语言是由一组与机器语言指令一一对应的符号指令和简单语法组成的。汇编语言是一种符号语言，它将难以记忆和辨认的二进制指令代码用有意义的英文单词（或缩写）替代，使之比机器语言前进了一大步。例如"ADD A，B"表示将 A 与 B 相加后存入 B 中，它能与机器语言指令 01001001 直接对应。但汇编语言与机器语言的一一对应，仍需紧密依赖硬件，程序的可移植性差。

用汇编语言编写的程序称为汇编语言源程序。经汇编程序翻译后得到的机器语言程序称为目标程序。由于计算机只能识别二进制编码的机器语言，因此无法直接执行用汇编语言编写的程序。汇编语言程序要由一种"翻译"程序来将它翻译为机器语言程序，这种翻译程序称为汇编程序。汇编程序是系统软件的一部分。

3）高级语言

高级语言比较接近日常用语，对机器的依赖性低，是适用于各种机器的计算机语言。用机器语言或汇编语言编程，因与计算机硬件直接相关，编程困难且通用性差。因此，人们需创造出与具体的计算机指令无关，其表达方式更接近于被描述的问题、更易被人们掌握和书写的语言，这就是高级语言。

用高级语言编写的程序称为高级语言源程序，经语言处理程序翻译后得到的机器语言程序称为目标程序。高级语言程序必须翻译成机器语言程序才能被执行，计算机无法直接执行用高级语言编写的程序。高级语言程序的翻译方式有两种：一种是编译方式，另一种是解释方式。相应的语言处理系统分别称为编译程序和解释程序。

在解释方式下，不生成目标程序，而是对源程序按语句执行的动态顺序进行逐句分析，边翻译边执行，直至程序结束。在编译方式下，源程序的执行分成两个阶段：编译阶段和运行阶段。通常，经过编译后生成的目标代码尚不能直接在操作系统下运行，还需经过连接阶段，为程序分配内存后，才能生成真正可运行的执行程序。

高级语言不再面向机器而是面向解决问题的过程以及面向现实世界的对象。大多数高级语言采用编译方式处理，因为编译方式执行速度快，而且一旦编译完成后，目标程序可以脱离编译程序独立存在、反复使用。面向过程的高级语言种类很多，比较流行的有 Basic、Pascal 和 C 语言等。某些适合于初学者的高级语言，如 Basic 语言及许多数据库语言则采用解释方式处理。

1980 年左右开始提出的"面向对象（Object－Oriented）"概念是相对于"面向过程"的一次革命。专家们预测，面向对象的程序设计思想将成为今后程序设计语言发展的主流。如 C＋＋、Java、Visual Basic、Visual C 等都是面向对象的程序设计语言。"面向对象"不仅作为一种语言，而且作为一种方法贯穿于软件设计的各个阶段。

### 1.4.3.3　应用软件

应用软件是为解决各种实际问题而专门设计的程序，现在许多软件已趋于标准化和模块化，如各种办公软件（Office）、财务软件（用友）、多媒体作品制作软件（Dreamweaver、Authorware）、图形图像处理软件（Photoshop、Auto CAD）、网络软件（IE、迅雷、QQ）、杀毒软件（Norton、瑞星、金山毒霸）等。其特点是种类多，应用广。它分为用户程序与应用软件包。

1. 用户程序

用户程序是用户为解决特定的具体问题而开发的软件。充分利用计算机系统的种种现成的软件,在系统软件和应用软件包的支持下可以更加方便、有效地研制用户专用程序。如各种票务管理系统、事务管理系统和财务管理系统等,都属于用户程序。

2. 应用软件包

应用软件包是为实现某种特殊功能而精心设计、开发的结构严密的独立系统,是一套满足同类应用的许多用户需要的软件。如 Microsoft(微软)公司生产的 Office 2003 应用软件包,包含 Word 2003(字处理)、Excel 2003(电子表格)、PowerPoint 2003(幻灯片)等,是实现办公自动化很好的应用软件包。

系统软件和应用软件之间并不存在明显的界限。随着计算机技术的发展,各种各样的应用软件中有了许多共同的东西,把这些共同的部分抽取出来,形成一个通用软件,它就逐渐成为系统软件了。

## 练一练

1. 计算机软件包括(　　　)。
   - A)程序、数据和相关文档
   - B)操作系统和办公软件
   - C)数据库管理系统和编译系统
   - D)系统软件和应用软件

2. 下列关于系统软件的四条叙述中,正确的一条是(　　　)。
   - A)系统软件与具体应用领域无关
   - B)系统软件与具体硬件逻辑功能无关
   - C)系统软件是在应用软件基础上开发的
   - D)系统软件并不具体提供人机界面

3. Word 字处理软件属于(　　　)。
   - A)管理软件　　　B)网络软件　　　C)应用软件　　　D)系统软件

4. 在所列出的:①字处理软件,②Linux,③UNIX,④学籍管理系统,⑤Windows XP 和⑥Office 2003 这六个软件中,属于系统软件的有(　　　)。
   - A)①,②,③　　　B)②,③,⑤　　　C)①,②,③,⑤　　　D)全部都不是

5. 下列各组软件中,全部属于应用软件的是(　　　)。
   - A)程序语言处理程序、操作系统、数据库管理系统
   - B)文字处理程序、编辑程序、UNIX 操作系统
   - C)财务处理软件、金融软件、WPS、Office 2003
   - D)Word 2000、Photoshop、Windows 98

6. 为了提高软件开发效率,开发软件时应尽量采用(　　　)。
   - A)汇编语言　　　B)机器语言　　　C)指令系统　　　D)高级语言

7. 按操作系统的分类,UNIX 操作系统是(　　　)。
   - A)批处理操作系统
   - B)实时操作系统
   - C)分时操作系统
   - D)单用户操作系统

8. 下列各条中,对计算机操作系统的作用完整描述的是(　　　)。

    A)它是用户与计算机的界面

    B)它对用户存储的文件进行管理,方便用户

    C)它执行用户键入的各类命令

    D)它管理计算机系统的全部软件、硬件资源,合理组织计算机的工作流程,以充分发挥计算机资源的效率,为用户提供使用计算机的友好界面

9. 有关计算机软件,下列说法错误的是(　　　)。

    A)操作系统的种类繁多,按照其功能和特性可分为批处理操作系统、分时操作系统和实时操作系统等;按照同时管理用户数的多少分为单用户操作系统和多用户操作系统

    B)操作系统提供了一个软件运行的环境,是最重要的系统软件

    C)Microsoft Office 软件是 Windows 环境下的办公软件,但它并不能用于其他操作系统环境

    D)操作系统的功能主要是管理,即管理计算机的所有软件资源,硬件资源不归操作系统管理

10. 操作系统对磁盘进行读/写操作的单位是(　　　)。

    A)磁道　　　　　　　B)字节　　　　　　　C)扇区　　　　　　　D)KB

11. 计算机操作系统通常具有的五大功能是(　　　)。

    A)CPU 管理、显示器管理、键盘管理、打印机管理和鼠标器管理

    B)硬盘管理、软盘驱动器管理、CPU 管理、显示器管理和键盘管理

    C)处理器(CPU)管理、存储管理、文件管理、设备管理和作业管理

    D)启动、打印、显示、文件存取和关机

12. 操作系统中的文件管理系统为用户提供的功能是(　　　)。

    A)按文件作者存取文件　　　　　　　B)按文件名管理文件

    C)按文件创建日期存取文件　　　　　D)按文件大小存取文件

13. 微机上广泛使用的 Windows 是(　　　)。

    A)多任务操作系统　　　　　　　　　B)单任务操作系统

    C)实时操作系统　　　　　　　　　　D)批处理操作系统

14. 下列叙述中,正确的是(　　　)。

    A)用高级语言编写的程序的可移植性差

    B)机器语言就是汇编语言,无非是名称不同而已

    C)指令是由一串二进制数 0、1 组成的

    D)用机器语言编写的程序可读性好

15. 计算机能直接识别、执行的语言是(　　　)。

    A)汇编语言　　　B)机器语言　　　C)高级程序语言　　　D)C 语言

16. 在下列叙述中,正确的选项是(　　　)。

    A)用高级语言编写的程序称为源程序

    B)计算机直接识别并执行的是用汇编语言编写的程序

C)用机器语言编写的程序需编译和链接后才能执行

D)用机器语言编写的程序具有良好的可移植性

17. (　　)是一种符号化的机器语言。

A)C 语言　　　　B)汇编语言　　　　C)机器语言　　　　D)计算机语言

18. 操作系统将 CPU 的时间资源划分成极短的时间片,轮流分配给各终端用户,使终端用户单独分享 CPU 的时间片,有独占计算机的感觉,这种操作系统称为(　　)。

A)实时操作系统　　　　　　　　B)批处理操作系统

C)分时操作系统　　　　　　　　D)分布式操作系统

19. 将用高级语言编写的程序翻译成机器语言程序,采用的两种翻译方法是(　　)。

A)编译和解释　　　　　　　　B)编译和汇编

C)编译和连接　　　　　　　　D)解释和汇编

20. 汇编语言是一种(　　)。

A)依赖于计算机的低级程序设计语言

B)计算机能直接执行的程序设计语言

C)独立于计算机的高级程序设计语言

D)面向问题的程序设计语言

21. 下列各类计算机程序语言中,不属于高级程序设计语言的是(　　)。

A)Visual Basic　　　　　　　　B)FORTAN 语言

C)Pascal 语言　　　　　　　　D)汇编语言

# 项目 2　Windows XP 的使用

## 任务 1　设置个性化 Windows XP 工作环境

### 2.1.1　教学目标

熟悉任务栏、桌面图标的有关操作,掌握开始菜单、窗口的基本操作。

### 2.1.2　主要知识点

(1)设置"开始"菜单。
(2)设置任务栏。
(3)窗口的操作。
(4)对话框的设置。
(5)定制桌面。

### 2.1.3　实现步骤

**操作 1　设置"开始"菜单**

1. Windows XP"开始"菜单介绍

1)默认"开始"菜单

在桌面上单击"开始"按钮 ，或者在键盘上按下 Windows 徽标键 ，可以打开默认"开始"菜单,如图 2-1-1 所示。默认"开始"菜单大致可以分为四部分:

● "开始"菜单最上方标明了当前登录到计算机系统的用户,由一张小图片和登录的用户名称组成,可以更改它们的具体内容。

● "开始"菜单左侧包含的是程序列表,该列表分为两个部分:顶部的"固定列表"和底部的"最常用程序列表",这两部分由一条线分隔。"固定列表"允许用户将程序和其他项目的快捷方式放置到"开始"菜单中。"最常用程序列表"跟踪程序使用的频率,并按最常用到最少使用的顺序显示这些程序。右键单击程序,然后单击"从列表中删除",可将程序从此列表中删除。用户不能手动排列此列表中项目的顺序。"最常用程序列表"的底部是"所有程序"菜单,该菜单显示计算机系统中安装的全部应用程序。

● "开始"菜单右侧显示了指向特定文件夹的相关命令,如:"我的文档"、"图片收藏"、"我的音乐"、"我的电脑"、"搜索"和"控制面板"等。通过这些命令用户可以实现对计算机的操作与管理。

● "开始"菜单最下方是计算机控制菜单区域,包括"注销"和"关闭计算机"两个命令,利用这两个命令用户可以进行注销用户和关闭计算机的操作。

表 2-1-1 中列出了"开始"菜单中各命令项的功能。

表 2-1-1　"开始"菜单中各命令项的功能

| 菜单命令项 | 功能 |
| --- | --- |
| 我的文档 | 用于存储和打开文本文件、表格、演示文档以及其他类型的文档 |
| 我最近的文档 | 列出最近打开过的文件列表,单击该列表中某个文件可将其打开 |
| 图片收藏 | 用于存储和查看数字图片及图形文件 |
| 我的音乐 | 用于存储和播放音乐及其他音频文件 |
| 我的电脑 | 用于访问磁盘驱动器、照相机、打印机、扫描仪及其他连接到计算机的硬件 |
| 控制面板 | 用于自定义计算机的外观和功能、添加或删除程序、设置网络连接和管理用户账户 |
| 设定程序访问和默认值 | 用于制定某些动作的默认程序,诸如制定 Web 浏览、编辑图片、发送电子邮件、播放音乐和视频等活动所使用的默认程序 |
| 连接到 | 用于连接到新的网络,如 ADSL 等 |
| 帮助和支持 | 用于浏览和搜索有关使用 Windows 及计算机的帮助主题 |
| 搜索 | 用于使用高级选项功能搜索计算机 |
| 运行 | 用于运行程序或打开文件夹 |

2) 经典"开始"菜单

将 Windows XP 的默认"开始"菜单更改为经典"开始"菜单后,当打开"开始"菜单时将出现如图 2-1-2 所示的由分组线分成三部分的经典"开始"菜单。

● 第一部分:系统启动某些常用程序的快捷菜单选项。

● 第二部分:包含控制和管理系统的菜单选项。

● 第三部分:注销当前登录系统的用户及关闭计算机的选项,可用来切换用户或关闭计算机。

图 2-1-1　默认"开始"菜单　　　　　　　　　图 2-1-2　经典"开始"菜单

2. Windows XP "开始" 菜单操作

●在 "开始" 菜单中,单击带有右箭头 "▶" 的菜单项将出现一个级联菜单,其中显示了多个菜单项。

●单击带有省略号(…)的菜单项时,将出现一个对话框。

●只有单击既不带箭头又不带省略号的菜单项时,才能启动一个应用程序。

● Windows XP 经常会将不常用的程序隐藏起来,当需要使用隐藏的程序时,可以单击菜单底部的向下箭头 "⌄",即可显示全部的内容。这样不至于一下子打开很多程序,造成视觉的混乱。

3. Windows XP "开始" 菜单设置

(1)右击任务栏的空白处或 "开始" 按钮,在弹出的快捷菜单中选择 "属性" 命令,打开 "任务栏和「开始」菜单属性" 对话框,如图 2-1-3 所示。

(2)在 "「开始」菜单" 选项卡中,单击 "自定义" 按钮,打开 "自定义「开始」菜单" 对话框,如图 2-1-4 所示,可以设置程序的图标大小、"开始" 菜单上的程序数目等。

(3)在如图 2-1-4 所示的 "常规" 选项卡和如图 2-1-5 所示的 "高级" 选项卡中,对 "开始" 菜单作进一步的定义。

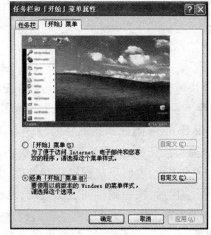

图 2-1-3　"任务栏和「开始」菜单属性"对话框

图 2-1-4　"常规"选项卡

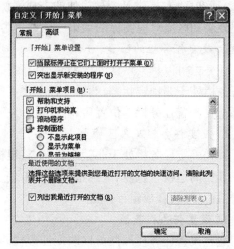

图 2-1-5　"高级"选项卡

**操作 2　设置任务栏**

任务栏位于桌面下方,它显示了系统正在运行的程序和打开的窗口、当前时间等内容,用户通过任务栏可以完成许多操作,也可以对它进行一系列的设置。

每打开一个窗口,代表该窗口的按钮就会出现在任务栏上。关闭该窗口后,该按钮即消失。当按钮太多而堆积时,Windows XP 通过合并按钮使任务栏保持整洁。例如,独立的多个 Word 文档窗口的按钮将自动组合成一个 Word 文档窗口按钮,单击该按钮可以从组合的菜单中选择所需的 Word 文档窗口。

Windows XP 任务栏如图 2-1-6 所示。

图 2-1-6　Windows XP 任务栏

●"开始"菜单按钮:是运行应用程序的入口,提供对常用程序和公用系统区域("我的电脑"、"控制面板"、"搜索"等)的快速访问。

●快速启动工具栏:由一些小型的按钮组成,单击其中的按钮可以快速启动相应的应用程序。一般情况下,它包括网上浏览工具 Internet Explorer 图标、收发电子邮件的程序 Outlook Express 图标和显示桌面图标等。

●窗口按钮栏:当用户启动应用程序而打开一个窗口时,在任务栏上会出现相应的有立体感的按钮,表明当前程序正在被使用。在正常情况下,按钮是向下凹陷的,而把程序窗口最小化后,按钮则是向上凸起的,这样用户的观察将更方便。

●语言栏:用户可通过语言栏选择所需的输入法,单击任务栏上的语言图标**EN**或键盘图标▭,将显示一个菜单,在弹出的菜单中可对输入法进行选择。语言栏可以最小化以按钮的形式在任务栏显示,也可以独立于任务栏之外。

●通知区域:提供了一种简便的方式来访问和控制程序。右击通知区域的图标时,将出现该通知区域对应图标的菜单。该菜单为用户提供了特定程序的快捷方式。

1. 改变任务栏的位置

任务栏可以从其默认的屏幕底边位置移动到屏幕的任意其他三边,在移动时,首先确定任务栏处于非锁定状态,然后在任务栏上的空白部分按下鼠标左键,将鼠标指针拖动到屏幕上要放置任务栏的位置后,释放鼠标左键。

2. 改变任务栏及各区域大小

首先确定任务栏处于非锁定状态,将鼠标指针悬停在任务栏的边缘或任务栏上的某一工具栏的边缘,当显示鼠标指针变为双箭头形状(↕或↔)时,按下鼠标左键不放拖动到合适位置后,释放鼠标左键。

3. 设置任务栏属性

通过设置任务栏属性可以改变任务栏的显示方式,其操作方法是:右击任务栏,出现如图 2-1-7 所示的快捷菜单,在弹出的快捷菜单中选择"属性"命令,弹出如图 2-1-8 所示的"任务栏和「开始」菜单属性"对话框,在此对话框中可以自定义任务栏外观及通知区域。

"任务栏"选项卡的各选项作用如下:

●"锁定任务栏"。如选中,则任务栏被锁定在桌面的当前位置,任务栏不能移动位置,任务栏上任意工具栏的大小和位置也不能改变。

●"自动隐藏任务栏"。如选中,则任务栏处于隐藏状态,当鼠标移至任务栏位置时,任务栏才呈现出来。

●"将任务栏保持在其它窗口的前端"。如选中,则可确保即使以最大化窗口(全屏幕方式)运行程序,任务栏总是可见的。

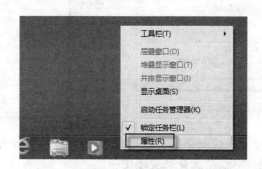
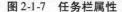

图 2-1-7　任务栏属性

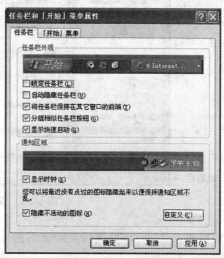

图 2-1-8　任务栏和"开始"菜单属性设置对话框

●"分组相似任务栏按钮"。选中时,如果任务栏上出现的按钮太多,每个按钮的宽度小于最小宽度时,同一程序的按钮会折叠为一个按钮。单击此按钮可以访问所需文档,右击此按钮,可关闭同一程序的所有文档。

●"显示快速启动"。选中时,在任务栏上显示"快速启动"栏。"快速启动"栏是一个自定义的工具栏,可以让你方便地显示桌面或通过单击就可打开应用程序。

●"显示时钟"。如选中,则任务栏右侧显示时钟,反之则不显示。

●"隐藏不活动的图标"。如选中,则避免任务栏的通知区域显示不活动的图标。

**操作 3　窗口的操作**

通常情况下,窗口与应用程序是一一对应的关系,每运行一个应用程序就会在桌面上打开一个窗口。在窗口中,可以浏览 Windows 的文件、图标等对象,并可进行各种相应的操作,对窗口本身也可以进行打开、关闭、移动等操作。

1. 窗口的组成

Windows XP 可以运行多个应用程序,当用户启动应用程序时,屏幕上就会出现已定义的工作区,这个工作区称为窗口。每个应用程序都有一个窗口,如果用户没有指定,窗口将按默认的方式显示。每个窗口都有很多相同的元素,但不一定完全相同,如图 2-1-9 所示是 Windows XP 的窗口示例。

窗口中一般包含以下部分。

1)标题栏

标题栏指在窗口顶部包含窗口名称的水平栏。标题栏左侧是控制菜单,用于移动窗

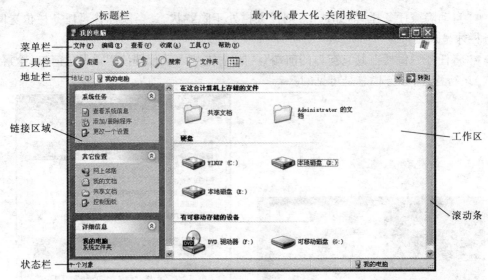

图 2-1-9　窗口的组成示例

口和调整窗口大小,并可执行关闭窗口的操作。在控制菜单右边是标题,用于显示当前窗口的名称。标题栏右边有 3 个按钮,分别是最小化、最大化和关闭按钮。

2)菜单栏

在菜单栏中自左至右排列着该窗口的菜单项,选择某个菜单项后会弹出下拉式菜单。

3)工具栏

可以根据需要将常用的工具栏显示在窗口中,用户在使用时可直接从上面选择各种工具。窗口中的工具栏不需要显示时,可以选择"查看"→"工具栏",在弹出的级联菜单中将不需要显示的工具栏取消。

4)地址栏

使用地址栏无须关闭当前文件夹窗口就能导航到不同的文件夹,还可以运行指定程序或打开指定文件。

5)链接区域

在 Windows XP 系统中,有的窗口左侧新增加了链接区域,这是以往版本的 Windows 所不具有的,它以超级链接的形式为用户提供了各种操作的便利途径。链接区域分为以下三个部分:

●系统任务:在文件夹中以链接的形式显示最常用的任务,并且各个文件夹中列出的任务都特定应用于本文件夹,通过单击这些链接可以方便快捷地完成任务。

●其它位置:提供了指向与当前文件夹有关的位置的链接。例如,从当前文件夹中,可以快速访问"我的文档"、"共享文档"、"控制面板"和"网上邻居"。

●详细信息:此处显示文件和文件夹的重要详细信息。例如:对于图片,"详细信息"会列出每张图像的尺寸和大小,以及拍摄时间。

这个新增的链接区域在显示时带有对比背景,用户可以非常容易地将它与窗口中的其他内容迅速区分开来。

6）工作区

工作区在窗口中所占的比例最大，用于显示应用程序界面或文件中的全部内容。

7）滚动条

在窗口中不能完全显示相关内容时，将出现垂直滚动条或水平滚动条，用于滚动显示窗口工作区中的内容。

8）状态栏

状态栏位于窗口的底部，用来显示当前操作的状态信息。

2. 窗口的基本操作

窗口可以关闭、改变尺寸、移动、最小化到任务栏或最大化到整个屏幕，还可以对多个文档窗口进行排列。但是需要注意的是，当窗口处于最大化状态时，不能进行移动和改变大小的操作。

1）窗口的打开与关闭

运行程序时就会打开相应的窗口；关闭窗口的方法有很多，可单击窗口标题栏的"关闭"按钮或按 Alt + F4 组合键关闭。

2）调整窗口的大小

调整窗口大小的具体方法如下：

●单击"最小化"按钮█可以将窗口缩小成图标，并置于任务栏中，单击该图标可以将窗口恢复到原来大小。

●单击"最大化"按钮█或双击标题栏可以把文档窗口最大化铺满整个工作区域。此时"最大化"按钮变为"向下还原"按钮█，单击该按钮或双击标题栏可以将窗口恢复到原来大小。

●将鼠标指针移动到窗口的边框上，当指针变为双向箭头↕或↔时，按下鼠标左键拖曳即可改变窗口大小。也可以将指针移动到窗口的四角上，当指针变为↗或↘箭头时拖动即可缩放窗口。

3）窗口的移动

将指针指向窗口的标题栏，按住鼠标左键不放，再移动鼠标，这时我们就会发现窗口也跟着移动了，这就是窗口的拖动操作，可以用这种方法移动窗口的位置。

4）窗口的切换

Windows XP 支持多任务操作，可以同时打开多个窗口，每个打开的窗口在任务栏上都有相应的按钮。常用以下方法之一来切换窗口：单击任务栏上的相应按钮，直接单击要激活的窗口，使用 Alt + Tab 组合键来切换窗口。

5）窗口的排列

当打开多个窗口时，可以对其进行排列。右击任务栏空白处→"层叠窗口"、"横向平铺窗口"、"纵向平铺窗口"，如图 2-1-10 所示。

在选择了某项排列方式后，在任务栏快捷菜单中会出现相应的撤销该选项的命令，例如，用户执行了"层叠窗口"命令后，任务栏的快捷菜单会增加一项"撤销层叠"命令，当用户执行此命令后，窗口将恢复原状。

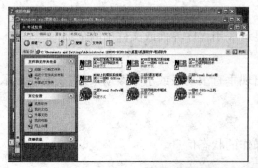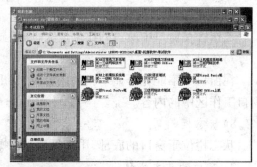

**图 2-1-10 "层叠窗口"、"横向平铺窗口"、"纵向平铺窗口"排列效果**

### 操作 4 对话框的设置

在 Windows XP 的菜单中,打开带有省略号的菜单项时,会出现一个对话框。对话框是 Windows 系统与用户之间进行信息交流的界面,Windows XP 通过对话框利用用户的回答来获取信息,从而改变系统设置、选择选项或进行其他操作。

对话框的大小是固定的,不可以改变。对话框的组成如图 2-1-11 所示。

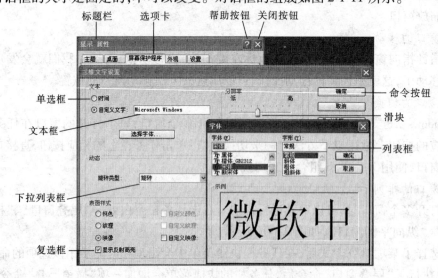

**图 2-1-11 Windows XP 对话框示例**

1. 标题栏

标题栏是对话框的名称标示,可用鼠标拖动标题栏移动对话框。

2. 标签及选项卡

有些对话框由多个选项卡组成,各个选项卡相互重叠,以减少对话框所占空间。每个选项卡都有一个标签,每个标签代表对话框的一个功能,单击标签名可以进入标签下的相关选项卡对话框。

3. 文本框

文本框是用来输入文本或数值数据的区域。当文本框内有光标(显示为闪烁垂直线)时,用户可以直接输入或修改文本框中的数据,此时的光标表示键入文本的位置。如果在文本框中没有看到光标,则应先单击该框出现光标后才能键入。

4. 下拉列表框

下拉列表框可以让用户从列表中选取要输入的对象,这些对象可以是文字、图形或图文相结合的方式。单击下拉列表框中的下三角按钮,可以选择下拉列表框中的列表选项,但不能直接修改其中的内容。

5. 列表框

列表框显示可以从中选择的选项列表。与下拉列表框不同的是,无须打开列表就可以看到某些或所有选项。若要从列表中选择选项,单击该选项即可。如果看不到想要的选项,则使用滚动条上下滚动列表。如果列表框上面有文本框,也可以键入选项的名称或值。

6. 选择按钮

选择按钮分为两类:复选按钮和单选按钮。

复选按钮:在一组选项中,可以根据需要选择零个或多个选项。当选项被选中时,选项方框内出现"√",再次点击该选项时,原来的"√"消失,表明该选项未被选中。

单选按钮:在一组选项中,一次只能且必须选择一个选项,当选项被选中时,选项圆圈内出现"·",而本组中其他选项的圆圈内的"·"被取消。

7. 命令按钮

单击命令按钮会立即执行一个命令。对话框中常见的命令按钮有"确定"和"取消"两种。如果命令按钮呈灰色,表示该按钮当前不可用;如果命令按钮后有省略号"…",表示单击该按钮时将会弹出一个对话框。

8. 帮助按钮

在对话框的右上角有一个问号"▣"按钮,单击该按钮可选中"帮助"。当鼠标指针呈现带有问号的形状"▯?"时,单击某个命令选项,可获取该项的帮助信息。

另外,在有的对话框中还有调节数字的按钮"▤",它由向上和向下(或向左和向右)两个箭头组成,在使用时分别单击箭头即可增加或减少数字,也可直接在框内输入数字,如图 2-1-12 所示。

## 操作 5　定制桌面

"桌面"就是在安装好中文版 Windows XP 后,用户启动计算机登录到系统后看到的

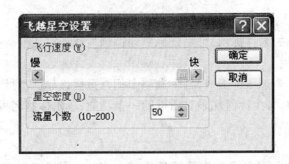

图 2-1-12　带有调节数字按钮的对话框

屏幕上的较大区域。"桌面"是用户和计算机进行交流的窗口,上面可以存放用户经常用到的应用程序和文件夹图标,用户可以根据自己的需要在桌面上添加各种快捷图标,使用时双击该图标就能够快速启动相应的程序或文件。Windows XP 的桌面比以前的版本更加漂亮,大多数图标虽然名称未变,但外观却是全新的。

第一次启动 Windows XP 时,只看到一个"回收站"图标。在 Windows XP 中如果使用 Windows 经典桌面的外观和功能,可以将桌面主题更改为 Windows 经典主题,操作步骤如下:

(1)右击桌面上的空白区域,在弹出的快捷菜单中选择"属性",弹出"显示属性"窗口。

(2)在"显示属性"窗口中选择"主题"选项卡,单击"主题"框中的"Windows 经典"后单击"确定"。

如果要将 Windows XP 的"开始"菜单更改为 Windows 经典"开始"菜单,操作步骤如下:

(1)右击"开始"菜单,在弹出的菜单中选择"属性",弹出"任务栏和「开始」菜单属性"窗口。

(2)在"「开始」菜单"选项卡上,单击"经典「开始」菜单"后单击"确定"。

设置完毕后的桌面如图 2-1-13 所示。

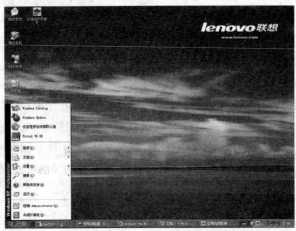

图 2-1-13　Windows 经典主题桌面

　　桌面上的小型图片称为图标。可以将它们看做是到达计算机上存储的文件和程序的大门。双击某图标，可以打开该图标对应的文件或程序。桌面上常见的图标的功能如下：

　　●"我的文档" ：："我的文档"是一个文件夹，使用它可存储文档、图片和其他文件（包括保存的 Web 页），它是系统默认的文档保存位置，每位登录到该台计算机的用户均拥有各自唯一的"我的文档"文件夹。

　　●"我的电脑" ：：在桌面上双击"我的电脑"图标后，将打开"我的电脑"窗口。通过"我的电脑"窗口，用户可以管理本地计算机的资源，进行磁盘、文件或文件夹操作，也可以对磁盘进行格式化和对文件或文件夹进行移动、复制、删除和重命名，还可以设置计算机的软硬件环境。

　　●"网上邻居" ：：通过"网上邻居"可以访问其他计算机上的资源。"网上邻居"顾名思义指的是网络意义上的邻居。一个局域网是由许多台计算机相互联接而组成的，在这个局域网中每台计算机与其他任意一台联网的计算机之间都可以称为是"网上邻居"。通过双击该图标展开的窗口，用户可以查看工作组中的计算机、查看网络位置及添加网络位置等。

　　●"Internet Explorer" ：：用于浏览互联网上的信息，通过双击该图标可以访问网络资源。

　　●"回收站" ：：回收站可暂时存储已删除的文件、文件夹或 Web 页。在删除 Windows XP 中的文件或文件夹时，回收站提供了一个安全岛，当从硬盘中删除任意项目时，Windows XP 都会将其暂存在回收站中。当回收站存放满后，Windows XP 将自动删除那些最早进入回收站的文件或文件夹，以存放最近删除的文件或文件夹。Windows XP 为每个硬盘或硬盘分区分配了一个回收站。如果硬盘已经分区或者计算机有多个硬盘，你都可为它们指定不同大小的回收站。用户可以利用回收站来恢复误删的文件，也可以清空回收站，以释放磁盘空间。必须注意的是，从软盘或网络上删除的文件或文件夹将永久性地被删除，而不被送到回收站。

## 练一练

1. 将 Windows XP 操作系统界面的任务栏自动隐藏。
2. 当打开多个 IE 窗口时，要求在任务栏中 IE 窗口放置在一起。
3. 总是隐藏音量图标。
4. 将"计算器"图标放到快速启动工具栏。
5. 锁定任务栏。
6. 反复双击窗口的标题栏，看看窗口的大小有什么变化。
7. 任意打开四个窗口，通过任务栏的快捷菜单使用不同方式排列窗口。
8. 在桌面上创建"记事本"快捷方式图标。
9. 在桌面上创建"学生档案"文件夹。
10. 将桌面上的图标按大小排列。

# 任务 2　Windows XP 的文件管理

## 2.2.1　教学目标

了解资源管理器窗口的组成及文件、文件夹的浏览方式,掌握资源管理器中文件和文件夹的基本操作。

## 2.2.2　主要知识点

(1)浏览文件和文件夹。

(2)文件和文件夹的操作。

(3)管理文件和文件夹。

## 2.2.3　实现步骤

### 操作1　浏览文件和文件夹

在 Windows XP 中,用于文件和文件夹管理的工具主要有 5 个,即"我的电脑"、"我的文档"、"共享文档"、"资源管理器"和"回收站"。其中,"我的电脑"和"资源管理器"是文件和文件夹的主要管理工具;"我的文档"为用户提供了管理图片文件、音乐文件的功能,另外,该文件夹还是系统默认的文件夹路径,用户可以在下载文件、信件以及存储临时文件时使用它;"共享文档"文件夹则用于统一管理本机中的共享文件夹;而"回收站"是对已删除的文件和文件夹进行删除与还原的管理。

1. 文件和文件夹

1)文件和文件夹的基本概念

文件是存储在外存储介质上的一组相关信息的集合。在计算机中,程序、文档、图片、声音、视频等信息均以文件形式存在,并通过文件名进行管理。

文件夹是在磁盘上组织程序和文档的一种手段,它既可包含文件,也可包含其他文件夹。文件夹中包含的文件夹通常称为"子文件夹"。通过盘符、文件夹名和文件名可查找到文件或文件夹所在的位置,由此形成的文件管理形式呈树状目录结构。

✿小提示:同一文件夹下的文件和子文件夹不能同名,但不同的文件夹下的文件和子文件夹可以同名。

2)文件和文件夹的命名规则

文件名由主文件名(不能为空)与可选的扩展名两部分组成,两者之间用点符号(.)进行分隔。例如:"简介.doc"中,"简介"为主文件名,"doc"为扩展名。在文件名中,扩展名用于标示文件的类型,通常由所使用的应用程序决定。在 Windows XP 中,文件命名时必须遵循下列规定:

●文件名最多可以由 255 个字符组成。

●文件名中除去开头以外的任何地方都可以有空格,但不可使用以下 9 个符号: *

? \ / "(') < > | :
- 可使用多分隔符的扩展名。如果需要,可使用一个与下列类似的文件名:
  This. is. my. file. doc
- Windows XP 保留用户指定的名字的大小写格式,但在区分文件时,大小写字母等效。即 Myfile. doc 和 MYFILE. DOC 被认为是同一个文件名。
- 当用户查找和排列文件时,可以使用通配符"?"和"*"。这两种通配符的区别在于:"?"代表文件名中的任意单个字符,而"*"代表文件名中任意多个字符。

3)文件类型

为便于文件管理,Windows XP 使用扩展名标示文件的类型,不同类型的文件,其图标也不相同。常用的文件扩展名如表 2-2-1 所示。

表 2-2-1　常用的文件扩展名

| 扩展名 | 文件类型 | 扩展名 | 文件类型 |
|---|---|---|---|
| . AVI | 影像文件 | . TMP | 临时文件 |
| . INI | 配置文件 | . BMP | 位图文件 |
| . COM | 命令程序文件 | . DAT | 数据文件 |
| . DBF | 数据库(表)文件 | . DLL | 动态链接库文件 |
| . DOC | Word 文档文件 | . MP3 | 音乐文件 |
| . EXE | 可执行文件 | . GIF | 网页动画文件 |
| . HTM | 网页文档文件 | . HLP | 帮助文件 |
| . XLS | Excel 工作簿文件 | . MID | MIDI 声音文件 |
| . JPG | 图像文件 | . RAR | 压缩文件 |
| . SCR | 屏幕保护程序文件 | . SYS | 系统文件 |
| . TXT | 文本文件 | . WAV | 声音波形文件 |
| . ZIP | 压缩文件 | . PPT | 演示文稿文件 |

在 Windows XP 中,文件扩展名默认不显示,如果要显示扩展名,可以通过设置"文件夹选项"实现。

计算机使用图标表示文件、文件夹。通过图标可看出文件的种类。要打开文件或程序,双击该图标即可。

如图 2-2-1 所示分别是驱动器图标、文件夹图标、系统文件图标、应用程序图标、Word文档图标和快捷方式图标。

图 2-2-1　图标示例

4)盘符

盘符是由英文字母(A~Z)和冒号(:)构成的。系统约定第一个软盘驱动器的盘符为"A:",第二个软盘驱动器的盘符为"B:",主硬盘的盘符为"C:"。如果还有硬盘,无论是物理上的硬盘还是通过硬盘的分区操作产生的多个逻辑盘,其盘符在主硬盘盘符之后,顺序编号。如有光盘驱动器,其盘符应接在硬盘的盘符之后编号。

　　**知识链接**:更改盘符的方法:进入"控制面板"→"管理工具"→"计算机管理"窗口,在"计算机管理"下选择"磁盘管理",选中相应分区,从右键菜单中执行"更改驱动器名和路径"命令,在对话框中点击"更改"按钮,然后重新指派一个驱动器号,再对其他分区重复执行该命令即可。但系统盘符不能更改。

　　2. 资源管理器

　　使用"Windows 资源管理器"浏览系统中的文件更加方便、直观。

　　(1)"资源管理器"的作用:用来管理计算机的硬件和软件资源。

　　(2)打开"资源管理器"的方法:

　　方法一:选择"开始"→"程序"→"附件"→"Windows 资源管理器"。

　　方法二:鼠标右击"开始"菜单,或"我的电脑",或"我的文档",或"回收站",在快捷菜单中选择"资源管理器"。

　　(3)"资源管理器"窗口,如图 2-2-2 所示。

图 2-2-2　"资源管理器"窗口

　　●左窗格(称为结构窗口)的"所有文件夹"列表,显示了计算机资源的结构。

　　●右窗格(称为内容窗格)显示左窗格中选定对象所包含的内容。

　　●左右窗格由分隔条隔开,用鼠标拖动分隔条可以改变左右窗格的大小,以便查看所需信息。

　　●文件夹前的" + "表示该文件夹下还有子文件夹,还未展开。

　　●文件夹前的" − "表示该文件夹下还有子文件夹,并已展开。

　　●文件夹前既没有" + ",也没有" − ",表示该文件夹下没有子文件夹。

　　(4)排列及浏览文件和文件夹。

在"我的电脑"或"资源管理器"中,如果文件和文件夹比较多,且图标排列凌乱,则给用户查看和管理它们带来很大的不便,为此,用户必须对文件和文件夹图标进行排列。在 Windows XP 中提供了 7 种图标排序方式:"名称"、"大小"、"类型"、"修改时间"、"按组排列"、"自动排列"和"对齐到网格"。例如,如果用户选择了按"名称"的方式显示窗口的文件与文件夹,则系统自动按文件与文件夹名称的首字母的顺序排列图标。要排列在当前窗口下的图标,可右击鼠标并从弹出的快捷菜单中打开如图 2-2-3 所示的"排列图标"子菜单,然后选择相应的排列方式。

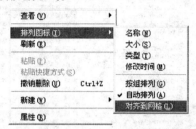

**图 2-2-3　选择排列文件与文件夹图标的方式**

Windows XP 中新增的"按组排列"文件与文件夹图标的功能,为用户提供了一种全新的浏览文件与文件夹的方式。如果当前窗口位于磁盘驱动器根目录下,比如在本地磁盘 C:\下,首先用户可选择"按组排列"选项,然后在快捷菜单中选择"名称"选项,则系统自动将所有的文件与文件夹按照名称的首字母进行分组,并将每组以横线分割开。同时,在横线的上面会以大写英文字母标明组下的文件是以哪个字母开头的。如图 2-2-4 中 A 组的下面只列出了文件名以 A 开头的所有文件和文件夹。如果用户选择的是"大小"选项,则系统将以文件的大小为尺度来将它们进行分组,分组的类型包括:微小、小、中、大、特大、巨大和文件夹,如图 2-2-5 所示。

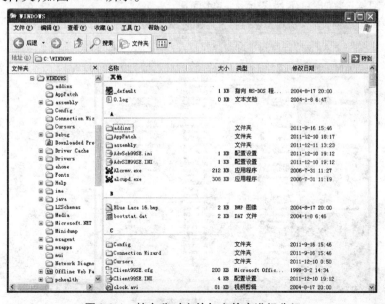

**图 2-2-4　按名称对文件与文件夹进行分组**

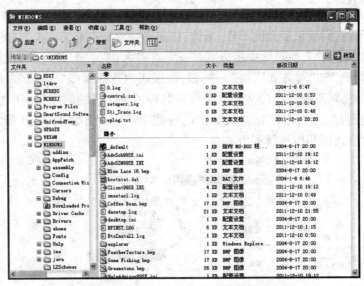

图 2-2-5  按大小对文件与文件夹进行分组

　　排列好当前窗口中的图标之后,用户还可以选择文件和文件夹的查看方式。查看文件或文件夹的方式包括缩略图、平铺、图标、列表、详细信息 5 种。在"资源管理器"或"我的电脑"窗口中,这些查看方式可以通过工具栏中的"查看"按钮所打开的菜单选项来选择,如图 2-2-6 所示。其中,"缩略图"方式是以文件或文件夹的缩略图标来显示的,通过"缩略图"方式用户可以直接浏览到当前图片的样式以及文件夹中是否存放有图片;"图标"方式是以图标格式显示文件与文件夹;"列表"方式是以单列小图标的格式排列显示文件和文件夹;"详细信息"方式可以显示文件的名称、大小、类型、修改日期和时间;"平铺"方式与"图标"类似,只不过图标大一些而已。

图 2-2-6  选择查看方式

**操作2　文件和文件夹的操作**

文件和文件夹的基本操作包括选定、新建、重命名、复制、删除、恢复等。

1. 选定文件和文件夹

用户在操作文件和文件夹时,首先要选定操作对象,即选择文件和文件夹。为了用户能够快速选择文件和文件夹,Windows XP 提供了多种文件和文件夹选择方法。下面分别对各种方法进行说明。

●如果用户要选择一个文件或者文件夹,在文件夹窗口中单击要操作的对象即可。

●如果用户要选择文件夹窗口中的所有文件和文件夹,可选择"编辑"→"全部选定"命令。这样系统将自动将所有不包含隐藏属性的文件与文件夹选定,如图 2-2-7 所示。

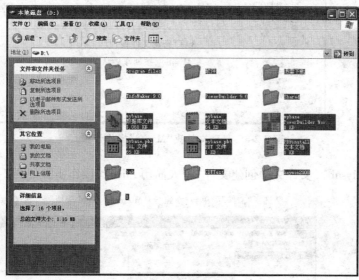

图 2-2-7　选定所有文件与文件夹

●用户可以通过按下鼠标左键的同时进行拖拉操作来选定需要的文件和文件夹。

●如果用户要选择文件夹窗口中的多个不连续的文件和文件夹,可先按 Ctrl 键,然后单击要选择的文件和文件夹。

●如果用户要选择图标排列连续的多个文件和文件夹,可先按下 Shift 键,并先后单击第一个文件或文件夹图标和最后一个文件或文件夹图标。另外,也可以使用键盘上的箭头键来选定。

2. 新建文件和文件夹

用户可以通过"我的电脑"窗口或"Windows 资源管理器"的"浏览"窗口来创建新的文件或文件夹。

方法一:使用菜单栏,"文件"→"新建"→"相应的文件类型"或"文件夹"→输入相应的文件或文件夹名→回车。

方法二:使用快捷菜单,用鼠标右键单击选定窗口的空白处,选择"新建"→"相应的文件类型"或"文件夹"→输入相应的文件或文件夹名→回车。

例1：使用"资源管理器"，在 D 盘的根目录下，新建一个文件夹"Mysite"。操作步骤如图 2-2-8 所示。

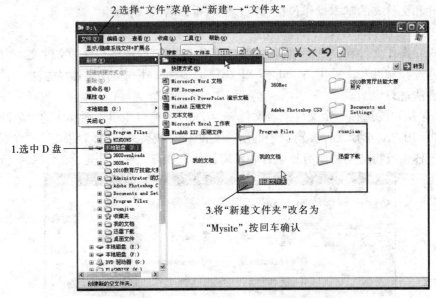

**图 2-2-8　新建文件夹"Mysite"操作步骤**

例2：在"Mysub1"文件夹中创建文件"个人简历 . doc"，操作步骤如图 2-2-9 所示。

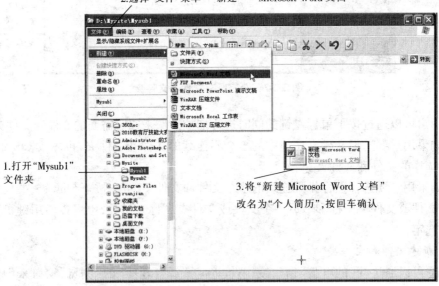

**图 2-2-9　新建文件"个人简历"操作步骤**

## 3. 文件和文件夹的重命名

如果对文件名不满意，可以对其更名。

方法一：使用菜单栏，单击"文件"→"重命名"，键入新的名称，按回车键。

　　方法二:使用快捷菜单,单击鼠标右键,在弹出的快捷菜单中选择"重命名",键入新的名称后,按回车键。

　　方法三:鼠标单击选中需重命名的文件或文件夹,按 F2 键,键入新的名称后,按回车键。

　　例3:将文件"个人简历. doc"重命名为"我的简历. doc"。可在如图 2-2-9 所示窗口中选中该文件,然后执行"文件"→"重命名"命令,在文件名文本框中输入"我的简历",回车即可(也可右击该文件名,使用快捷菜单完成)。

　　4. 文件和文件夹的复制、移动

　　如果要改变文件与文件夹的位置,就需要对其进行复制或移动操作。复制:把文件或文件夹拷贝到其他磁盘或同一磁盘的文件夹中(若是同一文件夹,则需注意复制时的文件名不同)。移动:把文件或文件夹从某一磁盘(文件夹)移动到另一磁盘(文件夹)中。

　　1)操作方法

　　方法一:"编辑"→"复制"或"剪切",选定目标地,"编辑"→"粘贴"。

　　方法二:快捷键:Ctrl + C 或 Ctrl + X,选定目标地,Ctrl + V。

　　方法三:鼠标拖动:

● 同一磁盘中的复制:选中对象,按 Ctrl 键再拖动选定的对象到目标地;

● 不同磁盘中的复制:选中对象,拖动选定的对象到目标地;

● 同一磁盘中的移动:选中对象,拖动选定的对象到目标地;

● 不同磁盘中的移动:选中对象,按 Shift 键再拖动选定的对象到目标地。

　　方法四:单击右键,选择"复制",选定目标地,再单击右键,选择"粘贴"。

　　2)复制与移动的区别

　　从执行的步骤看:复制执行的是"复制"命令,而移动执行的是"剪切"命令。

● 从执行的结果看:复制之后,在原位置和目标位置都有这个文件;而移动后,只有在目标位置有这个文件。

● 从执行的次数看:在复制中,执行一次"复制"命令可以"粘贴"无数次;而在移动中,执行一次"剪切"命令却只能"粘贴"一次。

　　例4:将文件"我的简历. doc"移动到文件夹"Mysub2"中,再将"我的简历. doc"复制、粘贴到"Mysub1"中。操作步骤如下:

　　(1)选中文件夹"Mysub1"中的文件"我的简历. doc",执行"编辑"→"剪切"命令;选中文件夹"Mysub2",再执行"编辑"→"粘贴"命令。这样就将文件"我的简历. doc"从文件夹"Mysub1"中移到了文件夹"Mysub2"中。

　　(2)选中文件夹"Mysub2"中的文件"我的简历. doc",执行"编辑"→"复制"命令;选中文件夹"Mysub1",再执行"编辑"→"粘贴"命令。这样就将文件"我的简历. doc"从文件夹"Mysub2"中复制到了文件夹"Mysub1"中。

　　5. 文件和文件夹的删除、恢复

　　如果不需要某个文件或文件夹,可以将其删除。例如,将文件夹"Mysub2"中的文件"我的简历. doc"删除。先打开文件夹"Mysub2",选中文件"我的简历. doc",执行"文件"→"删除"命令即可。

❋**小提示**：由图 2-2-10 可知，文件并未真正删除，而是移到了"回收站"。如果要恢复被删除的文件，可以在回收站中，选中要恢复的文件，执行"文件"→"还原"命令即可。如果删除文件后，执行了"清空回收站"命令，或者使用 Shift + Delete 快捷键删除，那么被删除的文件就无法恢复了。

若从移动存储设备（移动硬盘、U 盘、存储卡等）中删除文件或文件夹，则不进入回收站，而被直接删除。

**图 2-2-10　"确认文件删除"提示框**

**操作 3　管理文件和文件夹**

管理文件和文件夹是"Windows 资源管理器"的主要功能。由于采用树状结构组织计算机中的本地资源和网络资源，因此操作起来非常方便。

1. 创建文件的快捷方式

为一个文件创建快捷方式后，就可以使用快捷方式打开文件或运行程序。例如，如果在启动文件夹中创建了一个程序文件的快捷方式，则在启动 Windows XP 时自动执行这个程序。创建文件的快捷方式的操作步骤如下：

（1）选择要在其中创建快捷方式的文件夹。

（2）在"文件"菜单中选择"新建"命令，然后选择"快捷方式"命令，打开如图 2-2-11 所示的"创建快捷方式"对话框。

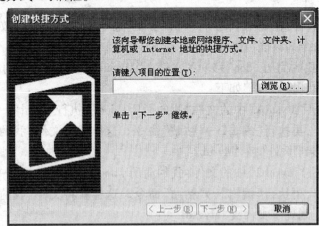

**图 2-2-11　"创建快捷方式"对话框**

（3）在文本框中，输入要创建快捷方式的文件的名称，或者通过"浏览"按钮，选择文件。

（4）选定文件后，选择"下一步"按钮，继续快捷方式的创建，输入快捷方式的名称、选择快捷方式的图标。这样就完成了快捷方式的创建。

用户可以为文件、程序、文件夹、打印机或计算机创建快捷方式，快捷方式可以创建在桌面上。为程序文件建立快捷方式的方法最简单，将它们拖到桌面或其他所要创建快捷方式的地方即可。

**2. 查看或修改文件和文件夹的属性**

在"Windows 资源管理器"中，可以方便地查看文件和文件夹的属性，并且对它们进行修改。其操作步骤如下：

（1）选定要查看或修改属性的文件或文件夹。

（2）在"文件"菜单或右键快捷菜单中选择"属性"命令，打开如图 2-2-12 所示的对话框。

（3）在"常规"标签中，显示了以下的信息：文件名、文件类型、所在的文件夹、大小、占用空间、创建的日期和时间、属性。

（4）在"属性"栏中修改属性。如果改成是"隐藏"或"系统"的，则在"Windows 资源管理器"中不显示出来（文件夹没有"系统"属性）；如果具有"只读"或"系统"属性，则删除时需要一个附加的确认，从而减小了因误操作而将文件删除的可能性。

（5）在修改了属性以后，如果选择"应用"按钮，则不关闭对话框就使所做的操作有效。选择"确定"按钮，则关闭对话框并保留修改。

显示隐藏的文件："工具"→"文件夹选项"→"查看"→"显示所有文件和文件夹"，如图 2-2-13 所示。

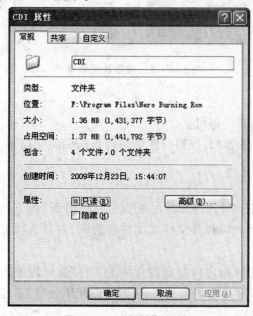

图 2-2-12　"属性"对话框

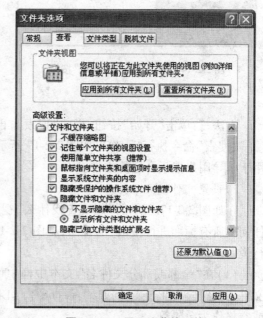

图 2-2-13　显示隐藏的文件

**3. 查找文件**

当要搜索一个文件或文件夹时，可使用"开始"菜单中的"搜索"命令或者"Windows

资源管理器"或"我的电脑"中的文件查找功能,设置搜索条件,查找所需要的文件。

1)执行"搜索"命令

执行"搜索"命令,有下列三种方法:

方法一:在"Windows 资源管理器"中,选择工具条上的"搜索"按钮,然后在窗口左侧出现搜索项目选择界面,如图 2-2-14 所示,再选择要搜索的文件类型,以便执行搜索动作。

方法二:在"Windows 资源管理器"中,用鼠标右键单击所要在其中查找的驱动器或文件夹,弹出如图 2-2-15 所示的快捷菜单,再在快捷菜单中选择"搜索"命令,如图 2-2-16所示。

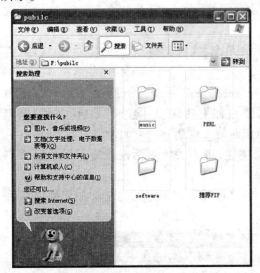

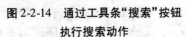

图 2-2-14　通过工具条"搜索"按钮
　　　　　　执行搜索动作

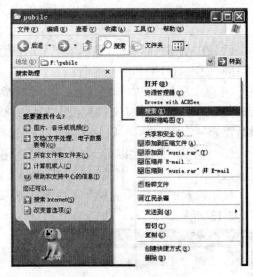

图 2-2-15　搜索快捷菜单

方法三:单击"开始"按钮,指向"搜索",再单击即可。

"搜索"命令执行后,弹出如图 2-2-17 所示的窗口,该窗口左侧是搜索选项向导视图,用于引导用户搜索合适的文件。

2)设置文件搜索条件

在如图 2-2-17 所示的"您要查找什么"视图中,选择相应的查找项目后出现"按下面任何或所有标准进行搜索"的视图,见图 2-2-18。以查找文件或文件夹为例,对其选项进行说明。

(1)在"全部或部分文件名"文本中框中可以指定所要查找文件的文件名,可以使用文件通配符"?"和"＊",例如,"＊.doc"。如果要指定多个文件名,则可以使用分号、逗号或空格作为分隔符。

例:＊.doc,即查找所有的 Word 文档。

　　＊.＊,即查找所有文件。

　　A? B＊.exe,即查找所有以 A 开头的、B 为第三个字符的可执行文件。

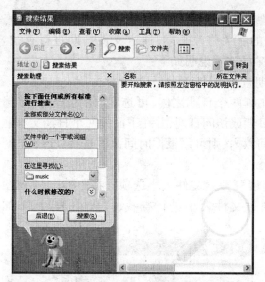

图 2-2-16　执行"搜索"命令后弹出的窗口

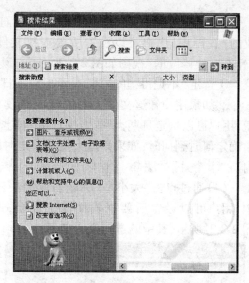

图 2-2-17　在"开始"按钮展开菜单中运行
"搜索"命令的弹出窗口

　　另外,当输入以前找过的文件名时,会以下拉列表的方式显示出以前所设置的查找文件名,可以在其中选择所需的文件名。

　　(2)在"在这里寻找"下拉列表框中指定文件查找的位置。打开该列表框,可以选定一个要从中查找的驱动器;或使用"浏览"按钮,弹出如图 2-2-19 所示的对话框,在其中逐层将文件夹打开,然后选定所需的文件夹。

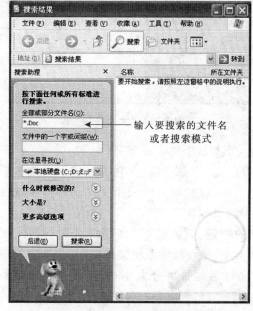

图 2-2-18　"按下面任何或所有
标准进行搜索"视图

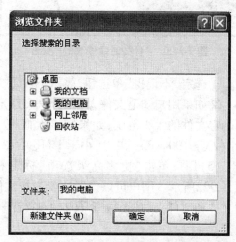

图 2-2-19　"浏览文件夹"对话框

(3)通过点击"什么时候修改的"标题右侧的按钮展开修改时间选项,在"什么时候修改的"视图中,用户可以设置所要查找文件的有关修改日期,通过文件日期进行查找。"什么时候修改的"视图如图2-2-20所示,其中的选项说明如下:

①选定"不记得"单选钮,表示不设置日期查找条件。

②如果用户知道文件大概创建或修改在哪两个日期之间,可选定"指定日期"单选钮,用户可以选定日期类别:修改日期、创建日期或访问日期,并在下面的两个日期文本框中确定何时到何时;如果知道大概在一定时间以内,则可以根据时间范围选择"上个星期内"、"上个月"、"去年一年内"。

(4)通过点击"大小是"标题右侧的按钮展开搜索文件大小选项。在"大小是"视图中,用户可以设置所要查找文件的大小,通过文件大小进行查找。"大小是"视图如图2-2-21所示,其中的选项说明如下:

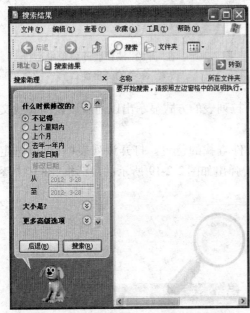
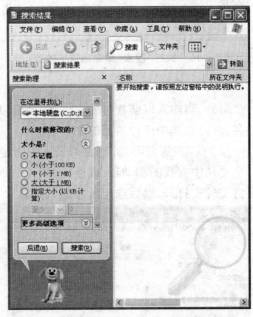

<table>
<tr><td>图 2-2-20　"什么时候修改的"视图</td><td>图 2-2-21　"大小是"视图</td></tr>
</table>

①选定"不记得"单选钮,表示不设置文件大小查找条件。

②如果用户知道文件大概的大小,选定"指定大小"单选钮,并在下面的两个文本框中确定文件的大小范围;如果知道大概在一定大小以内,则可以根据文件大小范围选择"小(小于100 KB)"、"中(小于1 MB)"、"大(大于1 MB)"。

(5)用户单击"更多高级选项"标题右侧的按钮,则展开"更多高级选项"视图,如图2-2-22所示。用户可以设置所要查找文件的类型、是否搜索系统文件夹、是否搜索隐藏的文件和文件夹、是否搜索子文件夹、搜索的文件名是否区分大小写、是否搜索磁带备份等。

3)执行文件查找

在"按下面任何或所有标准进行搜索"的视图窗口设置了查找条件后,选择"搜索"按钮即可执行搜索。在搜索过程中,窗口左侧显示了当前的搜索进度状况,如图2-2-23所示。如果用户在搜索过程中点击"停止"按钮,则出现如图 2-2-24 所示的视图,向用户询问搜索情况。搜索结束时,在右侧窗口显示查找的结果,如图 2-2-25 所示。

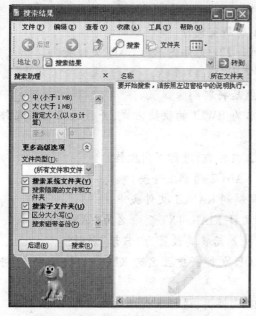

图 2-2-22　"更多高级选项"视图

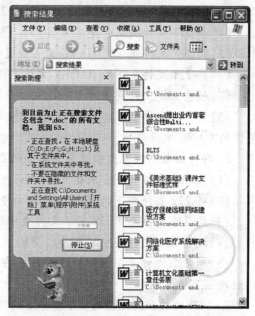

图 2-2-23　正在搜索文件时的视图

搜索结束后,可以直接点击窗口菜单中的命令处理查找结果。如果要开始新的查找,就在如图 2-2-25 所示的视图中选择"开始新的搜索"命令按钮。

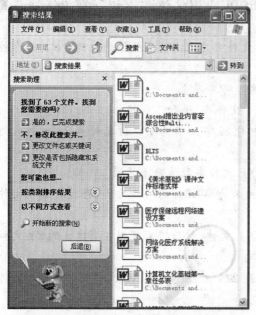

图 2-2-24　搜索过程中点击"停止"
　　　　　　按钮后的窗口状态

图 2-2-25　搜索完成后的窗口状态

## 练一练

1. 打开助教系统光盘项目 2 任务 2 的 221 文件夹,进行下列操作。

(1)在 221 文件夹下新建名为 BOOT. TXT 的新空文件。

(2)将 221 文件夹下的 GANG 文件夹复制到 221 文件夹下的 UNIT 文件夹中。

(3)将 221 文件夹下的 BAOBY 文件夹设置为"隐藏"属性。

(4)搜索 221 文件夹中的 URBG 文件夹,然后将其删除。

(5)为 221 文件夹下的 WEI 文件夹建立名为 RWEI 的快捷方式,并存放在 221 文件夹下的 GANG 文件夹中。

2. 打开助教系统光盘项目 2 任务 2 的 222 文件夹,进行下列操作。

(1)在 222 文件夹下分别建立 KANG1 和 KANG2 两个文件夹。

(2)将 222 文件夹下的 MING. FOR 文件复制到 KANG1 文件夹中。

(3)将 222 文件夹下 HWAST 文件夹中的文件 XIAN. TXT 重命名为 YANG. TXT。

(4)搜索 222 文件夹中的 FUNC. WRI 文件,然后将其设置为"只读"属性。

(5)为 222 文件夹下 SDTA 文件夹中的 LOU 文件夹建立名为 KLOU 的快捷方式,并存放在 222 文件夹中。

3. 打开助教系统光盘项目 2 任务 2 的 223 文件夹,进行下列操作。

(1)在 223 文件夹下的 TRE 文件夹中新建名为 SABA. TXT 的新文件。

(2)将 223 文件夹下的 BOYABLE 文件夹复制到 223 文件夹下的 LUN 文件夹中,并命名为 RLUN。

(3)将 223 文件夹下 XBENA 文件夹中 PRODU. WRI 文件的"只读"属性撤销,并设置为"隐藏"属性。

(4)为 223 文件夹下 LI 文件夹中的 ZUG 文件夹建立名为 KZUG 的快捷方式,并存放在 223 文件夹中。

(5)搜索 223 文件夹中的 MAP. C 文件,然后将其删除。

4. 打开助教系统光盘项目 2 任务 2 的 224 文件夹,进行下列操作。

(1)在 224 文件夹下的 YING 文件夹中分别建立名为 ZY 的文件夹和一个名为 XAB. DBF 的文件。

(2)将 224 文件夹下 WEN 文件夹中的 EXE 文件夹取消隐藏属性。

(3)为 224 文件夹下的 WORK 文件夹建立名为 WORK 的快捷方式,存放在 224 文件夹中。

(4)搜索 224 文件夹下以 F 字母打头的 DLL 文件,然后将其复制在刚建立的 ZY 文件夹中。

(5)将 224 文件夹下的 CAY 文件夹移动到 224 文件夹下 YING 文件夹中的 ZY 文件夹中,重命名为 RCAY。

5. 打开助教系统光盘项目 2 任务 2 的 225 文件夹,进行下列操作。

(1)在 225 文件夹下的 YAN 文件夹中创建名为 BAG 的文件夹。

(2)删除 225 文件夹下 DELL 文件夹中的 BOX. DOC 文件。

（3）将 225 文件夹下的 WIN 文件夹设置成"隐藏"属性。

（4）将 225 文件夹下 CUP 文件夹中的 YU 文件夹复制到 225 文件夹下的 YAN\BAG 文件夹中。

（5）搜索 225 文件夹下第三个字母是 D 的所有文本文件，将其移动到 225 文件夹下 JAN 文件夹中的 TXT 文件夹中。

6. 打开助教系统光盘项目 2 任务 2 的 226 文件夹，进行下列操作。

（1）在 226 文件夹下的 XYZ 文件夹中新建名为 SHU. TXT 的文件。

（2）将 226 文件夹下 DIAN 文件夹中的文件 BEI. EXE 设置成"只读"属性。

（3）删除 226 文件夹下的 JKB 文件夹。

（4）为 226 文件夹下的 TQ 文件夹建立名为 TQB 的快捷方式，存放在 226 文件夹下的 HE 文件夹中。

（5）搜索 226 文件夹下的 DEPA. TXT 文件，然后将其复制到 226 文件夹下的 FENG 文件夹中。

# 任务 3　Windows XP 的管理与控制

## 2. 3. 1　教学目标

　　熟悉控制面板、任务管理器的主要功能，掌握在控制面板中进行系统设置的基本方法，掌握任务管理器的使用方法，掌握计算机的电源开关设置方法。

## 2. 3. 2　主要知识点

　　（1）控制面板的操作。
　　（2）任务管理器的使用。
　　（3）定制计算机电源开关的作用。

## 2. 3. 3　实现步骤

### 操作 1　控制面板的操作

　　用 Windows XP 的控制面板可以个性化设置计算机，通过控制面板可以进行更改 Windows XP 的外观和行为方式、添加和删除程序或硬件设备等操作。

　　1. 启动控制面板

　　方法一：在"开始"菜单中选择"控制面板"，可以打开"控制面板"窗口。

　　方法二：双击桌面上"我的电脑"图标，再双击其中的"控制面板"图标（如果"控制面板"图标在"我的电脑"中不出现，选择"工具"菜单的"文件夹选项"，打开"文件夹选项"对话框，选择"查看"选项卡，勾选"在我的电脑上显示控制面板"，如图 2-3-1 所示），可以打开"控制面板"窗口。

　　方法三：在"资源管理器"中，双击"控制面板"图标，也可以打开"控制面板"窗口，如

图 2-3-2 所示。

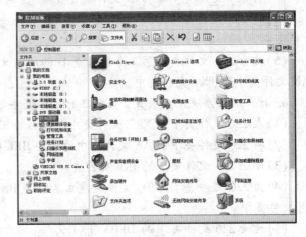

图 2-3-1 "文件夹选项"对话框　　　　　图 2-3-2 "控制面板"窗口

　　方法四:如果"开始"菜单设置成经典模式,可以通过"开始"菜单的"设置"菜单项中的"控制面板"来启动。

　　控制面板包括两种视图模式:分类视图和经典视图。

　　(1)分类视图,如图 2-3-3 所示。

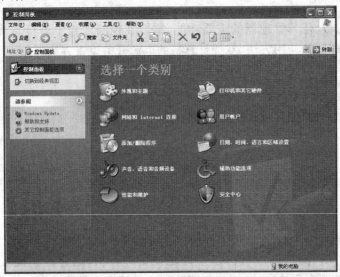

编者注:本书计算机截屏图中,"帐户"均应该为"账户",编者未作修改。

图 2-3-3 分类视图

　　分类视图将项目按照分类进行组织。要想在"分类"视图下查看"控制面板"中某一项目的详细信息,可以用鼠标指针指向该项目的图标或类别名称,阅读显示的文本信息。如果要打开某个项目,单击该项目图标或类别名,这样可以显示可执行的任务列表和可供选择的单个控制面板项目。例如:单击"外观和主题"项目,会打开"外观和主题"窗口,在这个窗口中列出一个任务列表和一组控制面板图标。

在"控制面板"的分类视图窗口中,一般分为十大类:"外观和主题"、"打印机和其它硬件"、"网络和 Internet 连接"、"用户账户"、"添加/删除程序"、"日期、时间、语言和区域设置"、"声音、语言和音频设备"、"辅助功能选项"、"性能和维护"和"安全中心"。通过它们可以实现对系统的软、硬件环境进行设置。

(2)经典视图,如图 2-3-4 所示。

**图 2-3-4　经典视图**

如果用户在控制面板的分类视图下没有看到所需的项目,可以单击信息区的"切换到经典视图",会弹出 Windows 2000 及以前版本的控制面板模式。要打开某个项目,可以双击它的图标。如果在控制面板的"经典视图"下查看某一项目的详细信息,可以用鼠标指针指向该图标名称,然后阅读显示的文本信息。

分类视图和经典视图可以互相切换,分类视图切换到经典视图的方法是:单击窗口信息区的"切换到经典视图";经典视图切换到分类视图的方法是:单击窗口信息区的"切换到分类视图"。

2. 设置鼠标

在"控制面板"窗口中双击鼠标图标,打开"鼠标属性"对话框,如图 2-3-5 所示。

(1)更改鼠标的左、右手习惯,调整双击速度。

选择"鼠标键"选项卡,在"鼠标键配置"选项区选择"切换主要和次要的按钮",可以将鼠标设置为右按钮用于主要性能。拖动"双击速度"选项区的滑块调整双击速度,双击右侧的文件夹图标进行测试,然后确定。

(2)将鼠标"正常选择"的指针设置为 ▨,然后设置为"使用默认值"。

选择"指针"选项卡,如图 2-3-6 所示,在"自定义"列

**图 2-3-5　"鼠标属性"对话框**

表中选择"正常选择",单击"浏览"按钮,在打开的对话框中,选用"缩略图"查看方式,选择"3dgarro. cur"文件,打开,确定。

选择"指针"选项卡,单击"使用默认值",可恢复 Windows XP 原来的鼠标指针形状。

(3)调整鼠标的指针速度和显示指针轨迹。

选择"指针选项"选项卡,如图 2-3-7 所示。在"移动"选项区,拖动滑块可以调整鼠标指针移动速度。在"可见性"选项区,勾选"显示指针踪迹",拖动滑块,观察鼠标指针显示踪迹的长短。

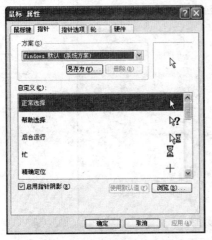

图 2-3-6　设置鼠标指针

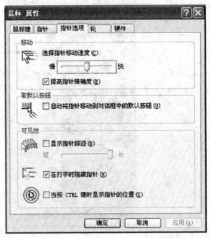

图 2-3-7　鼠标指针选项

(4)设置滑轮一次滚动 4 行。

选择"轮"选项卡,如图 2-3-8 所示。设置一次滚动行数为 4,确定。

3. 调整日期和时间

双击任务栏上的时间图标,或者在控制面板中双击日期和时间图标,打开如图 2-3-9 所示的"日期和时间属性"对话框。

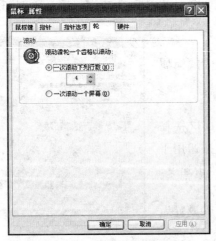

图 2-3-8　鼠标轮选项

图 2-3-9　"日期和时间属性"对话框

更改日期和时间的方法如下：

(1)更改月份：打开"月份"下拉列表框，选取月份。

(2)更改年份：单击"年份"文本框中的数字增减按钮，可调整年份数值，也可直接在"年份"文本框中输入年份。

(3)更改日期：在日历中直接选择相应的日期。系统以黑色反白显示选择的日期。

(4)更改时间：在"时间"框架内，分别单击时间框中的时、分、秒数值，然后按数字增减按钮来调整时间。或直接在时间框中分别输入时、分、秒数值。

(5)最后按"确定"按钮。

4. 设置显示属性

(1)在控制面板中双击"显示"图标，或右击桌面空白处，打开"显示属性"对话框，选择"屏幕保护程序"选项卡，如图 2-3-10 所示。在"屏幕保护程序"选项组中的下拉列表里选择一种屏幕保护程序，在选项卡的显示器中即可看到该屏幕保护程序的显示效果。单击"设置"按钮，可对该屏幕保护程序进行一些设置(如对象的样式、颜色等)；单击"预览"按钮，可预览该屏幕保护程序的效果，移动鼠标或操作键盘即可结束屏幕保护程序；在"等待"文本框中可直接输入或调节带上下三角的微调按钮，确定计算机多长时间无人使用则启动该屏幕保护程序。

(2)更改显示外观及更改桌面、消息框、活动窗口和非活动窗口的颜色、大小、字体等。在默认状态下，系统使用"Windows 标准"的颜色、大小、字体。

①在"显示属性"对话框中，选择"外观"选项卡，如图 2-3-11 所示。

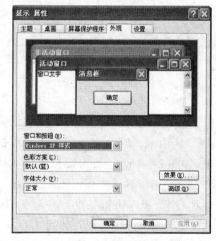

图 2-3-10　"屏幕保护程序"选项卡　　　　　　图 2-3-11　"外观"选项卡

②在该选项卡中的"窗口和按钮"下拉列表中有"Windows XP 样式"和"Windows 经典"两种样式选项。若选择"Windows XP 样式"选项，则"色彩方案"和"字体大小"只可使用系统默认方案；若选择"Windows 经典"选项，则"色彩方案"和"字体大小"下拉列表中提供多种选项供用户选择。单击"高级"按钮，将弹出"高级外观"对话框。

在该对话框的"项目"下拉列表中提供了所有可进行更改设置的选项，可单击显示框中要更改的项目，也可以直接在"项目"下拉列表中进行选择，然后更改其"大小"和"颜色"等内容。若所选项目中包含字体,则"字体"下拉列表变为可用状态,能够对其进行设置。

③设置完毕后,单击"确定"按钮回到"外观"选项卡中。

④单击"效果"按钮,打开"效果"对话框,如图 2-3-12 所示。在该对话框中可进行显示效果的设置,如"使用大图标"、"在菜单下显示阴影"、"拖动时显示窗口内容"等,单击"确定"按钮回到"外观"选项卡中。

⑤单击"应用"或"确定"按钮,即可应用所选设置。

(3)更改屏幕分辨率。

在"显示属性"对话框中,选择"设置"选项卡,如图 2-3-13 所示。拖动"屏幕分辨率"下的滑块,可以改变屏幕分辨率。

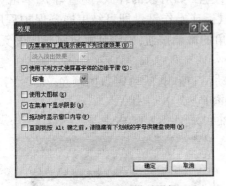

图 2-3-12  "效果"对话框

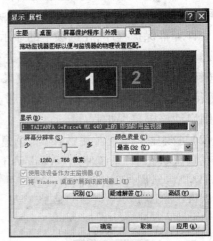

图 2-3-13  "设置"选项卡

**5. 添加/删除输入法**

打开控制面板窗口,双击"区域和语言选项"图标,弹出"区域和语言选项"对话框,选择"语言"选项卡,如图 2-3-14 所示。单击"详细信息"按钮,出现"文字服务和输入语言"对话框,如图 2-3-15 所示,可以添加输入语言、输入法,删除输入法,设置语言栏显示。

**6. 添加/删除程序**

添加/删除程序可以帮助用户管理计算机上的程序和组件。使用该项功能可从光盘、软盘或网络上添加程序,或者通过 Internet 添加 Windows 升级程序或增加新的功能,还可以添加或删除在初始安装时没有选择的 Windows 组件。

1)添加新程序

双击控制面板中的"添加或删除程序"图标,进入如图 2-3-16 所示的"添加或删除程序"窗口。单击"添加新程序"按钮,系统将引导用户从光盘或软盘中安装程序或是从 Internet 上添加 Windows 功能、安装设备驱动器和进行系统更新。

另外,也可以通过双击软件提供商提供的扩展名为". exe"和". msi"的可执行安装文件,按照安装提示向导完成安装新程序的任务。这类安装软件常用的名称一般为:Setup. exe、Install. exe、Setup. msi、Install. msi 等。

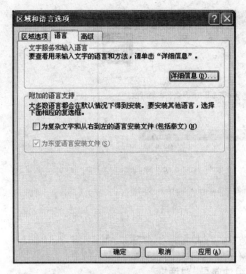
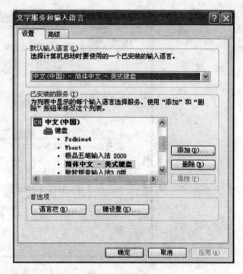

**图 2-3-14　"区域和语言选项"对话框　　　　图 2-3-15　"文字服务和输入语言"对话框**

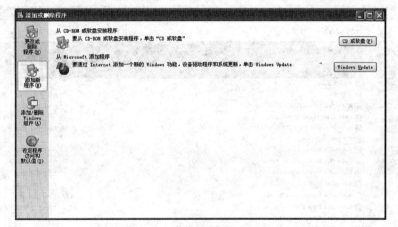

**图 2-3-16　"添加或删除程序"窗口**

2) 添加/删除 Windows 组件

在如图 2-3-16 所示的对话框中单击"添加/删除 Windows 组件",进入如图 2-3-17 所示的"Windows 组件向导"对话框,在"组件"下拉列表框中选择添加或删除相应的组件,然后根据系统向导完成添加/删除 Windows 组件任务。

注意:安装 Windows 组件操作时一般需要准备 Windows XP 安装盘备用。

3) 删除程序

用户在计算机中若安装了很多应用程序,经过一段时间的应用后,想要删除某些应用程序,而有的应用程序本身提供了删除(卸载)功能,有的却没有,这时可利用系统提供的删除程序功能进行删除。在"添加或删除程序"窗口左边选择"更改或删除程序",在弹出的如图 2-3-18 所示的"更改或删除程序"向导窗口中列出了目前机器中安装的程序,选择要更改或删除的应用程序,单击"删除"按钮,弹出如图 2-3-19 所示对话框,确认是否删除所选的应用程序。

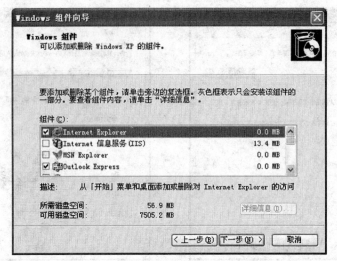

**图 2-3-17　"Windows 组件向导"对话框**

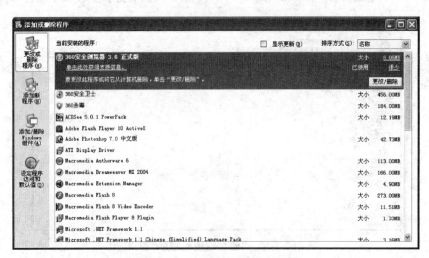

**图 2-3-18　更改或删除程序**

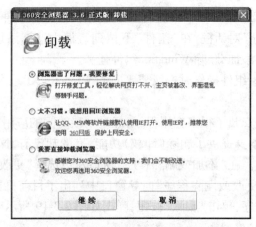

**图 2-3-19　是否删除应用程序对话框**

7. 添加打印机

打印机硬件与计算机连接好以后,还需要进行相应设置才能实现打印。如打印机为即插即用型的,那么连上打印机后,启动计算机时,系统会自动识别出新的打印机。如果打印机不是即插即用型的,用户需通过"添加打印机向导"来完成打印机的安装。

(1)双击控制面板中的"打印机和传真"图标,弹出"打印机和传真"窗口,如图 2-3-20 所示。

(2)单击左侧打印机任务窗格中的"添加打印机",弹出"添加打印机向导"对话框,如图 2-3-21 所示。

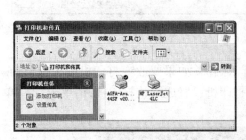

图 2-3-20　"打印机和传真"窗口

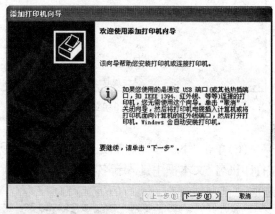

图 2-3-21　"添加打印机向导"对话框

(3)单击"下一步"按钮,进入如图 2-3-22 所示画面,确定打印机与计算机的连接方式。如果直接与本地计算机相连,请选择"连接到此计算机的本地打印机"单选框;如果与其他计算机相连,请选择"网络打印机或连接到其他计算机的打印机"单选框。

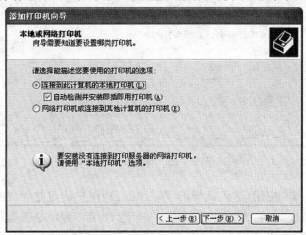

图 2-3-22　选择本地或网络打印机

(4)单击"连接到此计算机的本地打印机"单选框,再单击"下一步"按钮,进入向导的下一画面(如图 2-3-23 所示)。设置打印机所使用的连接端口,缺省值为"LPT1",一般不要更改。

（5）单击"下一步"按钮，进入如图 2-3-24 所示画面，在"厂商"列表框中选择打印机的厂商（如 Epson），从"打印机"列表框中选择打印机型号（如 Epson LQ – 1600K）。

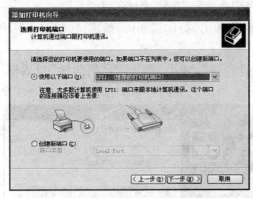 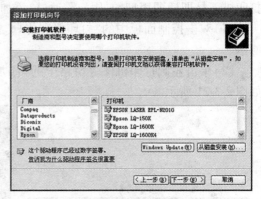

图 2-3-23　选择打印机端口　　　　　　　　图 2-3-24　选择打印机厂商和型号

（6）单击"下一步"按钮，进入如图 2-3-25 所示画面，如果要改变打印机的名称，请在"打印机名"文本框中键入新名称。如果要将新打印机设置成默认打印机，请单击"是"单选框。

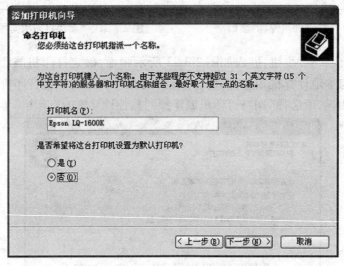

图 2-3-25　命名打印机

（7）单击"下一步"按钮，进入向导的下一画面，让用户确定是否要共享打印机。

（8）单击"下一步"按钮，进入向导的下一画面，让用户确定是否要打印测试页。

（9）单击"完成"按钮，Windows XP 将寻找相应的打印机驱动程序。如果没有找到，那么提示用户插入 Windows XP 安装盘。插入后单击"确定"按钮，Windows XP 将从安装盘中将文件复制到硬盘中，所有文件复制完后，Windows XP 自动完成所有设置并返回到"打印机"窗口中，即完成了打印机的安装。

**8. 用户管理**

**1）了解用户账户**

Windows XP 是多用户操作系统,当创建了多个用户账户后,启动 Windows 时会显示如图 2-3-26 所示界面。要登录到系统中,用户必须单击自己的用户名或相应图片。若该账户带有密码保护,则必须输入所设密码。

**图 2-3-26　多用户账户界面**

**2）设置用户账户**

双击控制面板中的"用户账户"图标,打开如图 2-3-27 所示的窗口,按照提示操作。

**图 2-3-27　"用户账户"设置窗口**

注意:当同时打开多个账户时,按"Win"(即 Windows 徽标键)+L 组合键可快速切换到其他账户。

**操作 2　任务管理器的使用**

任务管理器是监视计算机性能的关键指示器,可以查看正在运行程序的状态,并终止已停止响应的程序。如果与网络连接,利用任务管理器还可以查看网络状态,了解网络的运行情况。任务管理器主要用于监视应用程序、进程、CPU 和内存的使用、联网以及用户等 5 个指标。

1. 任务管理器的启用

方法一:右击任务栏空白处→任务管理器,打开如图 2-3-28 所示的"任务管理器"窗口。最下面是状态栏,显示当前计算机的进程数和 CPU 使用情况等信息。

方法二:按快捷键 Ctrl + Alt + Del,也可打开"任务管理器"窗口。

2. 应用程序管理

任务管理器中"应用程序"选项卡,列出了所有正在运行的应用程序,应用程序的名称列在任务栏中。

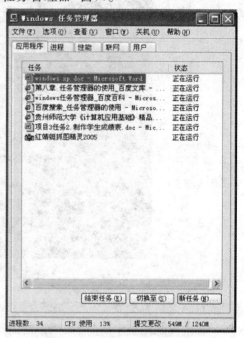

1)结束任务

在任务栏中选中要结束的程序,单击下方的"结束任务"按钮,释放它占据的所有资源。

2)切换至其他任务

在任务栏中选中要使用的程序,单击下方的"切换至"按钮切换到该应用程序窗口。

3)新建任务

单击"新任务"按钮或选择"文件"→"新建任务",弹出"创建新任务"对话框,如图 2-3-29 所示,输入要运行的文件名或单击"浏览"选中要运行的文件。

图 2-3-28 "任务管理器"窗口

3. 进程管理

任务管理器"进程"选项卡如图 2-3-30 所示,包括所有运行各自地址空间的进程,涉及所有应用和系统服务。有些应用程序可能会同时出现几个进程,Windows XP 操作系统自身也会同时运行一些进程。

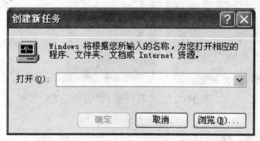

图 2-3-29 "创建新任务"对话框

1)结束进程

选中要结束的进程,单击下方的"结束进程"按钮,释放资源。

2)新建进程

单击"文件"→"新建任务",弹出"创建新任务"对话框,如图 2-3-29 所示,输入要运行的进程。

例:桌面进程的中止与新建。

(1)选中 Explorer 进程,结束进程。此时,任务栏、桌面上的图标都不见了,在桌面上右击鼠标键也不能弹出快捷菜单。Explorer 进程就是桌面进程,将其中止,桌面也就不见了。

(2)单击"文件"→"新建任务",输入进程的名字 Explorer,单击"确定",桌面将会重新出现。

### 操作 3 定制计算机电源开关的作用

电源管理方案是计算机管理电源使用情况的设置集合,可以调整电源使用方案中的个别设置。

1. 设置计算机电源开关的作用

(1)打开"显示属性"对话框中的"屏幕保护程序"选项卡,单击"电源"按钮,打开"电源选项属性"对话框,如图 2-3-31 所示。

(2)进入"高级"选项卡,如图 2-3-32 所示。

图 2-3-30 "进程"选项卡

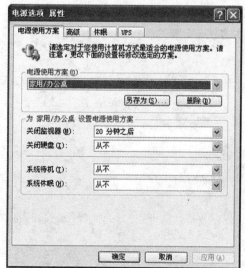

图 2-3-31 "电源选项属性"对话框

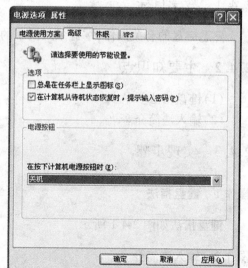

图 2-3-32 "高级"选项卡

(3)最下面的栏目就是设置计算机电源开关作用的,默认的是"关机",还有"不采取任何措施"、"问我要做什么"、"待机",可以选择其一。

2. 设置电源使用方案

在平时使用计算机时会发现,若有一段时间不操作,显示器会自动关闭,但动一下鼠标或键盘,显示器又会自动打开,这些功能就是在电源管理中设置的。如图 2-3-31 所示,可以设置当多长时间不操作计算机时关闭监视器、关闭硬盘、进入待机状态或者系统休眠,但是"关闭硬盘"并不是真正关闭硬盘,而是让硬盘内的盘片停止转动。

**练一练**

1. 在控制面板中,利用"显示属性"对话框,将"我的电脑"图标设置为第三行第三种。

2. 利用"显示属性"对话框,取消桌面上显示的"我的文档"和"我的电脑"图标。

3. 将桌面上的图标还原为默认图标。

4. 在控制面板中,利用"显示属性"对话框,将桌面背景设置为"Azul",位置要求为居中,最小化窗口查看效果。

5. 利用"显示属性"对话框,将桌面背景设置为"Ascent",颜色为红色,最小化窗口查看效果。

6. 通过"开始"菜单打开"控制面板",并切换到"经典视图"。

7. 将"控制面板"显示在"我的电脑"中,并通过"我的电脑"打开控制面板。

# 任务4　汉字录入

## 2.4.1　教学目标

熟悉键盘的有关操作,掌握录入汉字的基本方法。

## 2.4.2　主要知识点

(1)键盘指法。
(2)输入法简介。

## 2.4.3　实现步骤

### 操作1　键盘指法

键盘指法如图 2-4-1 所示。

### 操作2　输入法简介

**1. 五笔字型输入法简介**

五笔字型是王永民发明的一种字根拼形输入方案,它将构成汉字的基本单位称为"字根"。由若干笔画复合连接、交叉形成的相对不变的结构组合就是字根。

*1)汉字的五种笔画*

在归纳笔画时,只考虑笔画的运笔方向,不计其轻重长短,将汉字的笔画划分为"一、丨、丿、丶、乙"五种,对应编码为 1、2、3、4、5。

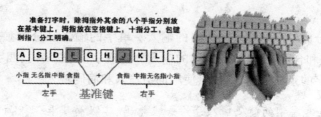

每个手指除指定的基本键外，还分工有其他的字键，称为它的范围键。

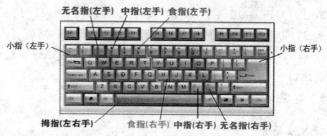

掌握指法练习技巧：左右手指放在基本键上，击完其他键迅速返回原位，
食指击键注意键位角度，小指击键力量保持均匀，数字键采用跳跃式击键。

**图 2-4-1　键盘指法**

2）汉字的三种字型

多个字根在组合成汉字时，字根之间的总体关系称为字型。汉字的字型分为三种：左右型、上下型、杂合型，对应编码为 1、2、3。

3）五笔字型键盘分布

五笔字型的基本字根有 130 个，加上一些基本字根的变形，共有 200 个左右。按照每个字根的起笔代号，分为五个区。它们是 1 区——横区，2 区——竖区，3 区——撇区，4 区——捺区，5 区——折区。每个区又分为五个位，区和位对应的编号就称为区位号。这样，就把 200 个基本字根按规律地放在 25 个区位号上，这些区位号用代码 11、12、13、14、15，21、…、25，…，51、…、55 来表示，分布在键盘上除 Z 以外的 25 个字母键上。

4）字根的分区

五笔字型提供了一套"字根助记词"。每一句字根助记词基本上概括了一个区位上的字根。使初学者能够很顺口地"读出"每个区位上的字根，增强了学习的趣味性，可以加快记忆速度。其字根助记词如表 2-4-1 所示。

**表 2-4-1　字根助记词**

| 11 王旁青头戋(兼)五一 | 12 土士二干十寸雨 | 13 大犬三(羊)古石厂 | 14 木丁西 | 15 工戈草头右框七 |
|---|---|---|---|---|
| 21 目具上止卜虎皮 | 22 日早两竖与虫依 | 23 口与川，字根稀 | 24 田甲方框四车力 | 25 山由贝，下框几 |
| 31 禾竹一撇双人立，反文条头共三一 | 32 白手看头三二斤 | 33 月彡(衫)乃用家衣底 | 34 人和八，三四里 | 35 金勺缺点无尾鱼，犬旁留儿一点夕，氏无七(妻) |
| 41 言文方广在四一，高头一捺谁人去 | 42 立辛两点六门疒 | 43 水旁兴头小倒立 | 44 火业头，四点米 | 45 之字军盖道建底，摘礻(示)衤(衣) |
| 51 已半巳满不出己，左框折尸心和羽 | 52 子耳了也框向上 | 53 女刀九臼山朝西 | 54 又巴马，丢矢矣 | 55 慈母无心弓和匕，幼无力 |

5）汉字的输入

汉字的输入分为单字的输入和词组的输入。单字的输入又分为独体字（键名汉字、成字字根）的输入和合体字的输入；词组的输入分为双字词、三字词、四字词、多字词的输入。为了提高汉字的录入速度，应尽量使用词组输入和简码输入。

> ✻小提示：五笔字型的简码输入分为一级简码、二级简码和三级简码。一级简码是根据键位上的字根特征，在每一键上安排一个使用频度最高的汉字。一级简码有：一 11（G）、地 12（F）、在 13（D）、要 14（S）、工 15（A）、上 21（H）、是 22（J）、中 23（K）、国 24（L）、同 25（M）、和 31（T）、的 32（R）、有 33（E）、人 34（W）、我 35（Q）、主 41（Y）、产 42（U）、不 43（I）、为 44（O）、这 45（P）、民 51（N）、了 52（B）、发 53（V）、以 54（C）、经 55（X）。输入一级简码时，只要按一下所在键，再加空格键即可。二级简码和三级简码的输入，实际上仍遵循了五笔的输入规则。

2. 搜狗拼音输入法简介

中文输入法选定之后，屏幕上会出现中文输入法状态条。图 2-4-2 为搜狗拼音输入法状态条。

图 2-4-2　搜狗拼音输入法状态条

有关各按钮的含义如下：

中文/英文切换按钮：中 中文输入，英 英文输入，按组合键 Ctrl + Space 切换。

全角/半角切换按钮：● 全角符号，☾ 半角符号，按组合键 Shift + Space 切换。

中文/英文标点切换按钮：°, 中文标点，·, 西文标点，按组合键 Ctrl + . 切换。

软键盘开/关切换按钮：▦ 打开/关闭软键盘。

使用搜狗拼音方式输入汉字时应尽量按词组方式输入，例如，"计算机"、"里程碑"、"我们"等常用词组，只要连续输入它们的拼音首字母，就可以输入整个词组。

| 词组 | 搜狗词组输入 |
| --- | --- |
| 计算机 | jsj |
| 里程碑 | lchb |
| 我们 | wm |
| 中国共产党 | zhggchd |

1）常用符号的输入

，。；：、" "' '等符号由键盘直接输入（中文半角状态，应先设置中文标点状态）。

《 》〈 〉…… · 【 】— 等符号由软键盘输入（选定软键盘中的标点符号项）。

→由软键盘输入（选定软键盘中的特殊符号项）。

㈠ Ⅲ 1. ①等序号由软键盘输入（选定软键盘中的数字序号项）。

2）英文大小写输入

E N I A C　　　　在全角状态下按 CapsLock 键，使其切换为大写状态后直接输入

EDSAC　　　　　在半角状态下按 CapsLock 键，使其切换为大写状态后直接输入

Wilkes　　　　　在英文半角状态下按照大、小写方式分别输入

3）软键盘表及特殊符号

软键盘表及特殊符号见图 2-4-3、图 2-4-4。

图 2-4-3　软键盘表

图 2-4-4　特殊符号

4）编辑键和功能键

需要录入的文章一般由汉字、英文字符（包括大、小写）以及各种符号组成，为了提高录入速度，应熟练掌握以下各种编辑键的使用和功能键的切换方式：

→　　　　　光标右移一个字符

←　　　　　光标左移一个字符

↑　　　　　光标上移一行

↓　　　　　光标下移一行

Home　　　光标到行首

End　　　　光标到行尾

❋小提示：右击输入法状态条中的软键盘图标，可在 13 种软键盘间切换，方便输入各种符号；右击输入法状态条中的软键盘图标外的其他位置，可进行输入法属性设置等。

## 练一练

1. 输入汉字：

一条指令指示计算机完成一个基本操作，要想让计算机完成一个完整的任务，就必须按一定顺序去做一系列指令。把若干条指令按照一定顺序排列起来构成一个整体，就是程序。所以说，程序是指令的有序集合。计算机就是在程序的控制下去一步步工作的。美籍匈牙利科学家冯·诺依曼于 1946 年发表了《电子计算机装置逻辑结构初探》论文，建立了离散变量计算机的设计基础。其主要改进有两点：一是为了充分发挥电子元件的高速性能而采用二进制；二是存储空间由编号单元按线性结构组成，能直接寻址，把指令和数据都以二进制形式存储起来，由机器自动执行程序。

2. 输入汉字：

700IFT 在三星纯平显示器中属优秀产品。它 17 英寸，点距 0.24 mm，最高分辨率

$1600 \times 1280$，刷新频率 76 Hz，在 $1280 \times 1024$ 分辨率下能支持最高 89 Hz 的刷新频率，水平刷新频率 $30 \sim 96$ Hz，垂直刷新频率 $50 \sim 160$ Hz，带宽 205 MHz，同样提供 USB 接口、15 针 D－Sub 接口和专业的 BNC 接口，通过了 TC099 认证。此款显示器外表面是纯平的，内表面却具有极小的弧度，是为了达到用户在视觉上纯平的需要。

❋**小提示**：其中"～"为右击软键盘中的标点符号，"× －"为右击软键盘中的数学符号。

3. 输入汉字：

卫生通信系统覆盖区域大、灵活方便，非常适合于海、陆、空各种移动体的通信应用，且便于形成天地一体化的移动通信网。

支配移动通信发展的主要因素是：市场竞争、经济合理性、频率资源和使用的方便性。其主要发展趋势是：①扩充基本功能，开发多种业务；②提高频道和频谱的利用率，开拓新频段；③采用数字传输，增加信道容量，缩小系统体积，减轻重量和降低成本；④利用卫星中断扩大服务地区范围。

# 项目 3　Word 2003 的使用

## 任务 1　制作个人求职信

### 3.1.1　教学目标

通过本任务主要掌握对一般文档进行编辑处理的方法，掌握如何在文档中进行字符的查找与替换。本任务的最终效果图如图 3-1-1 所示。

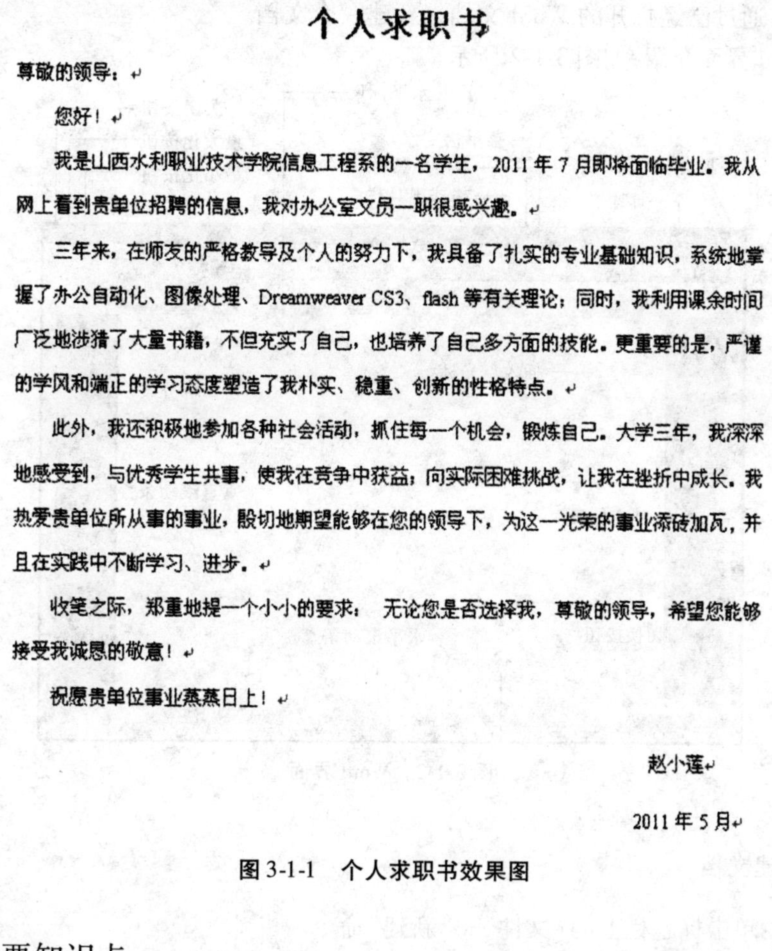

个人求职书

尊敬的领导：

您好！

我是山西水利职业技术学院信息工程系的一名学生，2011 年 7 月即将面临毕业。我从网上看到贵单位招聘的信息，我对办公室文员一职很感兴趣。

三年来，在师友的严格教导及个人的努力下，我具备了扎实的专业基础知识，系统地掌握了办公自动化、图像处理、Dreamweaver CS3、flash 等有关理论；同时，我利用课余时间广泛地涉猎了大量书籍，不但充实了自己，也培养了自己多方面的技能。更重要的是，严谨的学风和端正的学习态度塑造了我朴实、稳重、创新的性格特点。

此外，我还积极地参加各种社会活动，抓住每一个机会，锻炼自己。大学三年，我深深地感受到，与优秀学生共事，使我在竞争中获益，向实际困难挑战，让我在挫折中成长。我热爱贵单位所从事的事业，殷切地期望能够在您的领导下，为这一光荣的事业添砖加瓦，并且在实践中不断学习、进步。

收笔之际，郑重地提一个小小的要求：　无论您是否选择我，尊敬的领导，希望您能够接受我诚恳的敬意！

祝愿贵单位事业蒸蒸日上！

赵小莲

2011 年 5 月

图 3-1-1　个人求职书效果图

### 3.1.2　主要知识点

（1）Word 启动与退出。

（2）新建文档。

（3）编辑文档。

（4）查找与替换。

（5）打印预览与打印。

### 3.1.3　实现步骤

**操作 1　启动 Word 2003**

（1）Word 启动

方法一：单击"开始"→"程序"→"Microsoft Office Word 2003"，启动 Word 2003。

方法二：双击桌面上的 Word 快捷图标。

方法三：右击桌面空白处，在弹出的快捷菜单中选择"新建"→"Microsoft Office Word 文档"。

方法四：通过已经打开的 Word 文档来新建一个文档。

（2）Word 界面介绍，如图 3-1-2 所示。

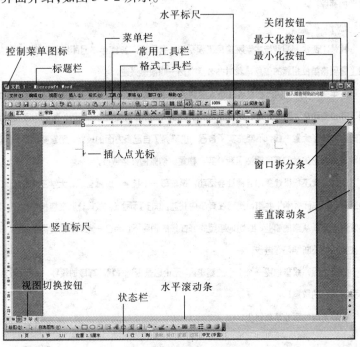

图 3-1-2　Word 界面

**操作 2　新建文档**

方法一：单击标题栏上的"文件"→"新建"命令。

方法二：单击常用工具栏上的"新建空白文档"按钮 。

方法三：按快捷键 Ctrl + N。

✱**小提示**:如果新建文档时只有菜单栏,可以通过右键单击菜单栏右侧的空白处,弹出选择菜单,通过勾选某些工具栏使其生效,例如,格式工具栏、绘图工具栏等,如图 3-1-3所示。

**操作 3　编辑文档**

1. 保存文档

如果是第一次新建的文档必须保存,保存文档的方法如下。

方法一:单击标题栏上的"文件"→"保存"命令,选择保存路径"D:\Word\任务 1",输入文件名"制作个人求职信.doc";

方法二:按快捷键 Ctrl + S 将新建的文档保存,保存路径和文件名同方法一。

2. 页面设置

保存完文档后,执行菜单栏上的"文件"→"页面设置"命令,打开"页面设置"→"页边距"选项卡。将上、下、左、右边距设为 2.4 厘米。单击"确定"按钮完成页面设置,如图 3-1-4所示。

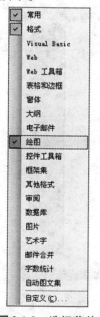

图 3-1-3　选择菜单

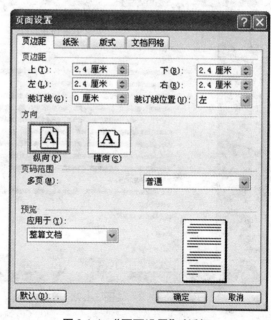

图 3-1-4　"页面设置"对话框

3. 为文档添加标题"个人求职信"

(1)选中标题,设置标题的字体为宋体,字号为小二,加粗,且居中对齐▇,如图 3-1-5所示。

(2)选中标题,执行菜单栏上的"格式"→"调整宽度"命令,打开"调整宽度"对话框。在"调整宽度"对话框中设置新文字宽度为:9 字符,如图 3-1-6 所示。

4. 输入文档的正文内容

输入如图 3-1-7 所示文本内容,需要新段落时,按回车(Enter)键。

**图 3-1-5　标题字体对话框设置**

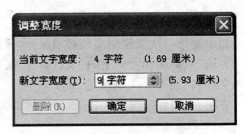

**图 3-1-6　"调整宽度"对话框**

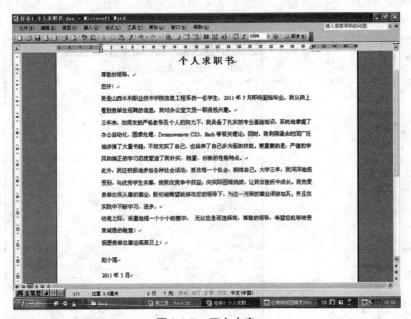

**图 3-1-7　正文内容**

5. 设置正文字体

方法一:选中正文"尊敬的领导……2011 年 5 月"内容,单击"格式"→"字体",在弹出的"字体"对话框中,设置中文字体为"宋体",西文字体为"Times New Roman",字号为"小四",单击"确定"。

方法二:选中正文内容,右键单击,在弹出的快捷菜单中,选择"字体",弹出如图3-1-8所示对话框,然后依照方法一进行相应设置。

6. 设置正文段落

方法一:选中正文内容"您好……祝愿贵单位事业蒸蒸日上!",单击"格式"→"段落",弹出"段落"对话框,在"特殊格式"中选择"首行缩进",在"度量值"中输入"2 字符",在"行距"中选择"1.5 倍行距",单击"确定"。

方法二:选中正文内容,右键单击,在弹出的快捷菜单中,选择"段落",弹出如图3-1-9所示对话框,也可以进行设置。

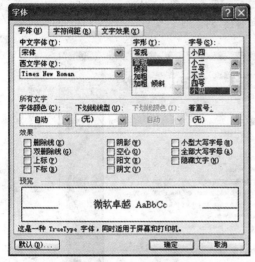

图 3-1-8 "字体"对话框

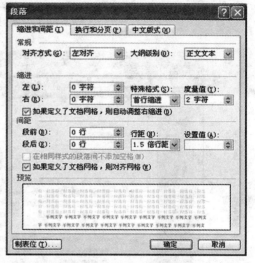

图 3-1-9 "段落"对话框

7. 落款的设置

选择落款"赵小莲 2011 年 5 月",单击格式工具栏上的 ▤ 按钮。

> **✱小提示:**
> (1)设置正文段落时不要选择称呼"尊敬的领导",否则称呼也会首行缩进 2 字符。
> (2)如果要选定的文本内容较长,可以先把光标放到待选文本内容的起点处,同时按住 Shift 键,在终点处单击鼠标,就可以选定待选的全部文本内容。

## 操作 4 查找与替换

把文档中的文字"我"替换成带红色的、带着重号的文字"我"。

1. 查找

(1)选择菜单栏上的"编辑"→"查找"命令,打开"查找和替换"对话框,在"查找内容"的文本框中输入文字"我",如图 3-1-10 所示。点击"查找下一处"按钮,会选中光标后最近的文字"我",如图 3-1-11 所示。

(2)再点击"查找下一处"按钮,会选中下一个文字"我"。

2. 替 换

(1)选择"替换"选项卡,在"替换为"的文本框中输入文字"我",再单击"高级"按钮。

(2)再次选中"替换为"文本框的文字。

(3)单击"格式"按钮,弹出"替换字体"对话框。

(4)在"字体颜色"的下拉菜单中选择红色,在"着重号"的下拉菜单中选择"."如

图 3-1-10　"查找和替换"对话框

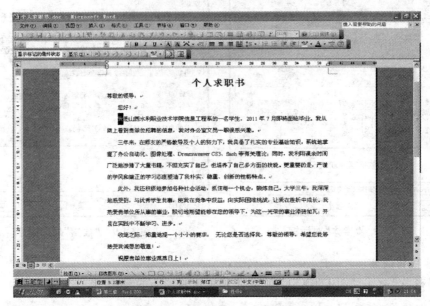

图 3-1-11　选中第一个文字"我"

图 3-1-12 所示。

（5）单击"确定"按钮，这时"替换为"文本框下出现格式内容，即最终文字被替换成这种新格式，如图 3-1-13 所示。

图 3-1-12　"替换字体"对话框

图 3-1-13　替换格式

(6)单击"全部替换"按钮,替换后的效果如图 3-1-14 所示。

## 个人求职书

尊敬的领导:

您好!

我是山西水利职业技术学院信息工程系的一名学生,2011 年 7 月即将面临毕业。我从网上看到贵单位招聘的信息,我对办公室文员一职很感兴趣。

三年来,在师友的严格教导及个人的努力下,我具备了扎实的专业基础知识,系统地掌握了办公自动化、图像处理、Dreamweaver CS3、flash 等有关理论;同时,我利用课余时间广泛地涉猎了大量书籍,不但充实了自己,也培养了自己多方面的技能。更重要的是,严谨的学风和端正的学习态度塑造了我朴实、稳重、创新的性格特点。

此外,我还积极地参加各种社会活动,抓住每一个机会,锻炼自己。大学三年,我深深地感受到,与优秀学生共事,使我在竞争中获益;向实际困难挑战,让我在挫折中成长。我热爱贵单位所从事的事业,殷切地期望能够在您的领导下,为这一光荣的事业添砖加瓦,并且在实践中不断学习、进步。

收笔之际,郑重地提一个小小的要求:   无论您是否选择我,尊敬的领导,希望您能够接受我诚恳的敬意!

祝愿贵单位事业蒸蒸日上!

赵小莲

2011 年 5 月

图 3-1-14    替换后的效果图

3. 复原到替换前的状态

要想把文字"我"复原到替换前的无格式状态,则选择"编辑"→"替换"命令,在对话框中,把"查找内容"与"替换为"文本框中的内容按图 3-1-13 所示进行交换设置即可。

**✿小提示:**

(1)这里把某一文字替换成一种新的格式,只是为了给大家演示 Word 2003 中替换与查找的这种功能,大家做个人求职书时,不一定非要使用该功能,掌握这种方法即可。

(2)这里一定要注意,有格式限制的文本一定要先选中,再进行格式设置,否则容易发生错误。

### 操作 5    打印个人求职信

1. 打印预览

打印前先打印预览,打印预览与打印出来的实际效果是一致的。

2. 打印

单击"文件"→"打印",弹出"打印"对话框,设置相应的参数,如图 3-1-15 所示。

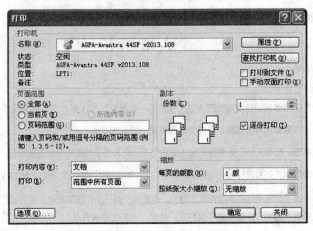

**图 3-1-15　"打印"对话框**

页面范围的设置:

● 全部(默认选项):打印该文档全部页面。

● 当前页:只打印当前光标所在的一页。

● 页码范围:直接输入页码或者某个连续或不连续的页。

### 操作6　退出 Word 2003

关闭当前 Word 文档有三种方法:

方法一:单击文档窗口右上角的"关闭窗口"按钮。

方法二:在菜单栏单击"文件"→"退出"。

方法三:按快捷键 Alt + F4。

### 练一练

1. 打开助教系统光盘项目3任务1中的 word11. doc 文档,按要求完成下列操作并以原文件名保存。

(1)将标题段(调查表明京沪穗网民主导"B2C")设置为小二号空心黑体、红色、居中,并添加黄色底纹,设置段后间距为一行。

(2)将正文各段("根据蓝田市场研究公司……更长的时间和耐心。")中所有的"互联网"替换为"因特网";各段落内容设置为小四号宋体,各段落左、右各缩进 0.5 字符,首行缩进 2 字符,行距为 18 磅。

2. 打开助教系统光盘项目3任务1中的 word12. doc 文档,按要求完成下列操作并以原文件名保存。

(1)将全文中的"好来户"一词改为"好莱坞"、"薇软"一词改为"微软",标题"中国人品评美国文化"设置为小二号楷体_GB2312、加粗、居中,正文部分的汉字设置为宋体,英文设置为 Tahoma 字体,字号为小四号,将标题段的段后间距设置为 1 行。

(2)正文各段首行缩进 1.5 字符,段后间距设置为 0.5 行,左缩进 2 字符,右缩进 2.5 字符。

# 任务 2　制作简单学生成绩表

## 3.2.1　教学目标

通过本任务主要掌握表格的建立、调整、计算、排序、美化等功能。本任务完成后效果如图 3-2-1 所示。

水信息 1031 班学生成绩表

| 成绩 课程 姓名 | 计算机应用基础 | 网页设计 | 水利学信息化 | 泵与泵站 | 网络信息安全 | 总分 |
|---|---|---|---|---|---|---|
| 刘敏 | 95 | 90 | 89 | 84 | 90 | 448 |
| 刘宝平 | 63 | 77 | 90 | 92 | 93 | 415 |
| 张楠 | 72 | 73 | 74 | 95 | 91 | 405 |
| 王亚君 | 90 | 83 | 93 | 90 | 45 | 401 |
| 高倩 | 84 | 62 | 67 | 88 | 89 | 390 |
| 田龙 | 59 | 89 | 91 | 85 | 65 | 389 |
| 李娟 | 73 | 74 | 84 | 86 | 67 | 384 |
| 郭伟梅 | 78 | 67 | 78 | 67 | 90 | 380 |
| 郭丽霞 | 62 | 89 | 90 | 78 | 56 | 375 |
| 李变 | 56 | 78 | 67 | 66 | 67 | 334 |
| 备注 | 有不及格同学,注意复习 | | | | | |

图 3-2-1　学生成绩表

## 3.2.2　主要知识点

(1)输入标题。

(2)创建表格。

(3)绘制斜线表头。

(4)合并单元格。

(5)调整表格行高和列宽。

(6)表格行列数的调整。

(7)表格的拆分和移动。

(8)输入表格内容。

(9)表格的计算。

(10)表格的排序。

(11)表格转化为图表。

(12)设置表格格式。

## 3.2.3 实现步骤

**操作1 输入标题**

(1)启动 Word 2003,将"文档1.doc"以"学生成绩表.doc"为文件名保存在"D:\Word\任务2"中。

(2)在第一行位置输入"水信息1031班学生成绩表",设置其格式为三号、楷体_GB2312,字符缩放为"100%",居中对齐。

**操作2 创建表格**

(1)将光标定位在第二行。

(2)选择菜单"表格"→"插入"→"插入表格"命令,打开"插入表格"对话框,如图3-2-2所示,在"列数"和"行数"对话框内分别输入"7"和"12"。单击"确定"按钮,即可在插入点创建表格,如图3-2-3所示。

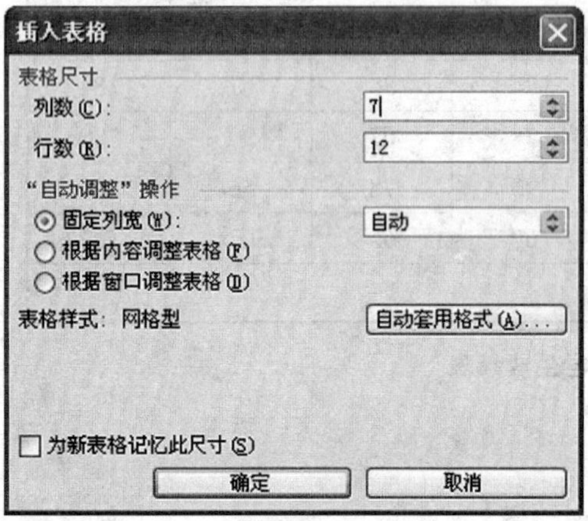


图3-2-2 "插入表格"对话框

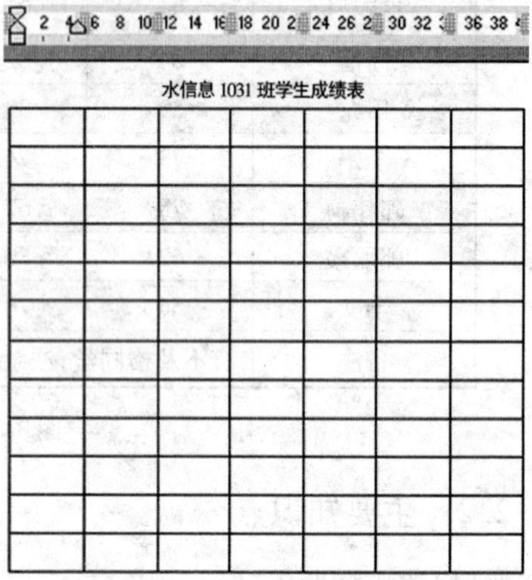


图3-2-3 在文档中插入的表格

✲**小提示**:在 Word 中还有以下两种常用的创建表格的方法。

方法一:使用"插入表格"按钮创建表格。

方法二:使用"铅笔"工具绘制表格。

另外,表格和文本可以相互转换。

例如:将下面3行文字按照制表符转换为一个3行6列的表格。

| | | | | | |
|---|---|---|---|---|---|
| 申请专利分类 | A | B | C | D | E |
| 国内申请专利 | 28 | 33 | 6 | 3 | 5 |
| 外国人在中国申请专利 | 81 | 15 | 10 | 2 | 1 |

　　方法是：选定用制表符分隔的表格文字，执行"表格"→"转换"→"文本转换成表格"命令，打开如图 3-2-4 所示的对话框。在对话框"表格尺寸"选项组的"列数"框中键入"6"。在"文字分隔位置"选项组中，选定"制表符"，单击"确定"按钮，就实现了文本到表格的转换，如图 3-2-5 所示。

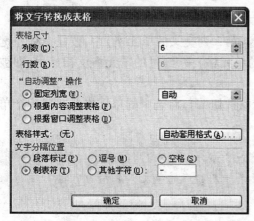

图 3-2-4　"将文字转换成表格"对话框

| 申请专利分类 | A | B | C | D | E |
|---|---|---|---|---|---|
| 国内申请专利 | 28 | 33 | 6 | 3 | 5 |
| 外国人在中国申请专利 | 81 | 15 | 10 | 2 | 1 |

图 3-2-5　转换后的表格

### 操作 3　绘制斜线表头

　　(1)将光标定位在表格的任意单元格内，选择菜单"表格"→"绘制斜线表头"命令，进入"插入斜线表头"对话框，如图 3-2-6 所示。

　　(2)在"表头样式"下拉列表框中选择"样式二"，"预览"框中显示所选样式。

　　(3)在"字体大小"下拉列表框中选择表头中文字的大小为"五号"，一般比正常文字小 1~3 号。

　　(4)输入标题名称："行标题"框中输入"课程"，"数据标题"框中输入"成绩"，"列标题"框中输入"姓名"。

　　(5)单击"确定"按钮。

　　(6)在表格中输入其他内容，如图 3-2-7 所示。

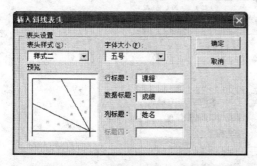

图 3-2-6　"插入斜线表头"对话框

| 成绩课程姓名 | 计算机应用基础 | 网页设计 | 水利学信息化 | 采与泵站 | 网络信息安全 | 总分 |
|---|---|---|---|---|---|---|
| 李变 | 56 | 78 | 67 | 66 | 67 | 334 |
| 郭伟他 | 78 | 67 | 78 | 67 | 90 | 380 |
| 郭俐霞 | 62 | 89 | 90 | 78 | 56 | 375 |
| 王亚君 | 90 | 83 | 93 | 90 | 45 | 401 |
| 李娴 | 73 | 74 | 84 | 86 | 67 | 384 |
| 高倩 | 84 | 62 | 67 | 88 | 89 | 390 |
| 刘敏 | 95 | 90 | 89 | 84 | 90 | 448 |
| 张楠 | 72 | 73 | 74 | 95 | 91 | 405 |
| 刘宝平 | 63 | 77 | 90 | 92 | 93 | 415 |
| 田龙 | 59 | 89 | 91 | 85 | 65 | 389 |
| 备注 | 有不及格同学，注意复习 | | | | | |

图 3-2-7　输入内容的表格

❈小提示：利用"表格和边框"工具栏中"绘制表格"工具(铅笔)，也可以手工绘制斜线表头。添加斜线表头后的表格不能生成图表，用户可根据实际情况选择是否需要添加斜线表头。

### 操作4　合并单元格

(1)将鼠标指针移到单元格 B12(第 12 行与第 2 列交叉的单元格)中，按住鼠标左键拖动到单元格 G12(第 12 行与第 7 列的交叉的单元格)中，经过的单元格反相显示，即被选中。

(2)单击表格和边框工具栏中的合并单元格按钮 ▣ ，将选中的单元格合并成一个单元格。效果如图 3-2-7 所示。

❈小提示：Word 为每个单元格设定了一个名称，该名称由用字母表示的列号和用数字表示的行号来标示。例如，表格的第一行第一列对应的单元格表示为 A1。

### 操作5　调整表格行高和列宽

(1)当鼠标指针移过单元格的上下边框线时，指针变成带有上下箭头的双横线，按住鼠标左键并上下拖动，会减少或增加行高。

(2)将鼠标指针移到要调整的单元格的左右边框线时，指针变成带有左右箭头的双竖线，按住鼠标左键并左右拖动，会减少或增加列宽。

❈小提示：调整表格的行高和列宽还有另外两种方法。

方法一：使用表格的自动调整功能改变单元格的行高、列宽。

选中要调整的行或列，选择菜单"表格"→"自动调整"命令，弹出的子菜单中有"根据内容调整表格"、"根据窗口调整表格"、"固定列宽"、"平均分布各行"、"平均分布各列"等选项，如图 3-2-8 所示，可根据需要进行选择。此方法适用于录入数据后的表格调整。

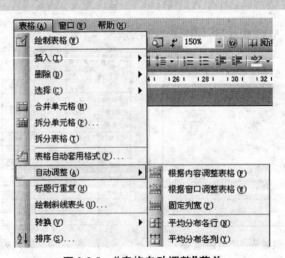

图 3-2-8　"表格自动调整"菜单

　　**方法二：**使用"表格属性"对话框精确调整行高、列宽。

　　将插入点定位在表格的任一单元格中，选择"表格"→"表格属性"，打开"表格属性"对话框，选择"列"选项卡，如图3-2-9所示。在"指定宽度"框中输入指定列的宽度值，单击"确定"按钮。用同样的方法可调整指定行的高度。

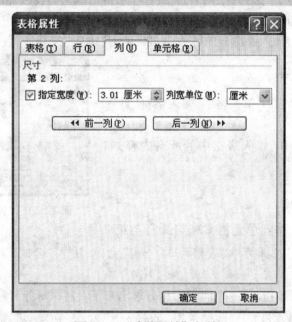

图 3-2-9　"表格属性"对话框

### 操作 6　表格行列数的调整

　　（1）将光标定位到表格中需要插入行的位置，选择菜单"表格"→"插入"命令，在弹出的子菜单中选择相应的子命令即可，如图3-2-10所示。插入列的方法与此相似。

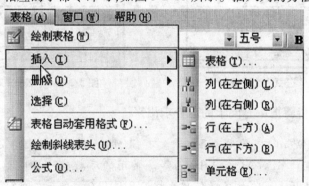

图 3-2-10　菜单"表格"→"插入"命令

　　（2）选中要删除的行、列或整个表格，选择菜单"表格"→"删除"命令，在弹出的子菜单中选择相应的子命令即可。

### 操作7　表格的移动和拆分

(1)单击表格左上角的"表格移动控制点"⊞，选中整个表格，同时拖动鼠标至目标位置，即可将表格移动到目标位置。拖动表格右下角的"缩放点"⌐，可实现表格的缩放。

(2)拆分单元格的方法：选中需要拆分的单元格，选择菜单"表格"→"拆分单元格"命令，或单击"表格和边框"工具栏中的"拆分单元格"按钮▦，打开"拆分单元格"对话框，如图3-2-11所示，输入要拆分的行数、列数，单击"确定"按钮即可。

### 操作8　输入表格内容

(1)将光标定位在B1单元格中，输入字符"计算机应用基础"。

(2)重复上述操作，输入表格中的所有内容，如图3-2-7所示。

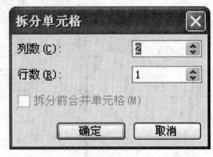

图3-2-11　"拆分单元格"对话框

### 操作9　表格的计算

(1)将鼠标指针移到单元格G2(第2行与第7列交叉的单元格)中，选择菜单"表格"→"公式"命令，进入"公式"对话框，如图3-2-12所示。

(2)单击"确定"按钮，第一个同学的总分求出来了。将鼠标指针移到单元格G3(第3行与第7列交叉的单元格)中，选择菜单"表格"→"公式"命令，进入"公式"对话框，如图3-2-13所示。此时SUM( )函数中的参数变成了"ABOVE"，我们一定要改为"LEFT"。

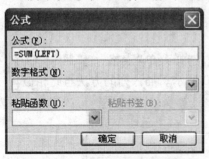

图3-2-12　"公式"对话框(a)

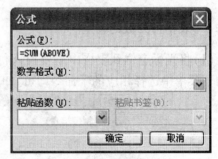

图3-2-13　"公式"对话框(b)

(3)重复上述步骤把所有同学的总分求出来。

✻小提示：在Word中，常用的函数种类有SUM( )(求和)、AVRAGE( )(求平均值)、MAX( )(求最大值)、MIN( )(求最小值)等。常用的参数有：ABOVE(插入点上方各数值单元格)、LEFT(插入点左侧各数值单元格)、RIGHT(插入点右侧各数值单元格)。

### 操作10　表格的排序

(1)将插入点定位在需要排序的列中任意一单元格上，本例中定位于G2中。

（2）单击"表格和边框"工具栏上的"降序排序"按钮，可以将表格中的文本、数字或其他类型的数据按照降序排列，如图3-2-14所示。

说明：采用这种方法，第一行数据不参与排序。

| 成绩　课程 姓　名 | 计算机应用基础 | 网页设计 | 水利学信息化 | 泵与泵站 | 网络信息安全 | 总分 |
|---|---|---|---|---|---|---|
| 刘敏 | 95 | 90 | 89 | 84 | 90 | 448 |
| 刘宝平 | 63 | 77 | 90 | 92 | 93 | 415 |
| 张楠 | 72 | 73 | 74 | 95 | 91 | 405 |
| 王亚君 | 90 | 83 | 93 | 90 | 45 | 401 |
| 高倩 | 84 | 62 | 67 | 88 | 89 | 390 |
| 田龙 | 59 | 89 | 91 | 85 | 65 | 389 |
| 李娟 | 73 | 74 | 84 | 86 | 67 | 384 |
| 郭伟梅 | 78 | 67 | 78 | 67 | 90 | 380 |
| 郭丽霞 | 62 | 89 | 90 | 78 | 56 | 375 |
| 李变 | 56 | 78 | 67 | 66 | 67 | 334 |
| 备注 | 有不及格同学，注意复习 | | | | | |

**图 3-2-14　对总分进行排序后的表格**

❈小提示：

（1）在表格中，只能对列排序，不能对行进行排序。

（2）表格中的排序还可以通过菜单命令来进行。方法是：先选中整个表格，选择菜单"表格"→"排序"命令，打开"排序"对话框，如图3-2-15所示。依次分别指定"总分"为主要关键字，"计算机应用基础"为次要关键字，"网页设计"为第三关键字，全部选择"升序"排序。在列表中选择"有标题行"，单击"确定"按钮，完成排序。

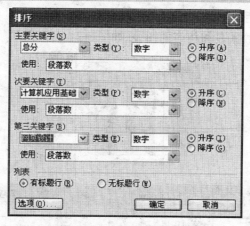

**图 3-2-15　"排序"对话框**

**操作 11　表格转化为图表**

（1）因为添加斜线表头后的表格不能生成图表，所以我们将本表中的斜线表头删除。有合并单元格的也不能生成图表，将备注行删除，如图3-2-16所示。

| 姓名 | 计算机应用基础 | 网页设计 | 水利学信息化 | 泵与泵站 | 网络信息安全 | 总分 |
|---|---|---|---|---|---|---|
| 刘敏 | 95 | 90 | 89 | 84 | 90 | 448 |
| 刘宝平 | 63 | 77 | 90 | 92 | 93 | 415 |
| 张楠 | 72 | 73 | 74 | 95 | 91 | 405 |
| 王亚君 | 90 | 83 | 93 | 90 | 45 | 401 |
| 高倩 | 84 | 62 | 67 | 88 | 89 | 390 |
| 田龙 | 59 | 89 | 91 | 85 | 65 | 389 |
| 李娟 | 73 | 74 | 84 | 86 | 67 | 384 |
| 郭伟梅 | 78 | 67 | 78 | 67 | 90 | 380 |
| 郭丽霞 | 62 | 89 | 90 | 78 | 56 | 375 |
| 李变 | 56 | 78 | 67 | 66 | 67 | 334 |

图 3-2-16　准备生成图表的表格

（2）选择菜单"插入"→"对象"命令，如图 3-2-17 所示。

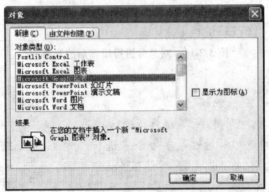

图 3-2-17　"对象"对话框

（3）选择"新建"选项卡，在"对象类型"列表中选择"Microsoft Graph 图表"选项，单击"确定"按钮，产生一个数据表和相应的图表，如图 3-2-18 所示。

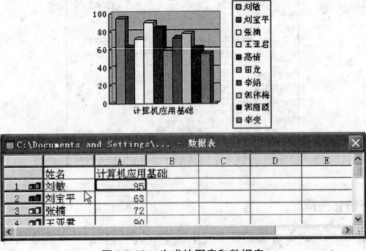

图 3-2-18　生成的图表和数据表

**操作 12　设置表格格式**

1. 选择对齐方式

选中整个表格，单击"表格和边框"工具栏上的"对齐方式"按钮▤，打开如图 3-2-19 所示的"对齐方式"列表框，单击第 2 行第 2 列的"中部居中"按钮即可。

2. 边框和底纹的设置

（1）选中整个表格。

（2）选择菜单"格式"→"边框和底纹"命令，打开"边框和底纹"对话框，选择"边框"选项卡，如图 3-2-20

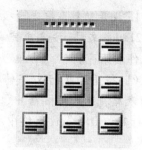

图 3-2-19　"对齐方式"列表框

所示。线型选择"双实线"，宽度选择"1 磅"，单击外边框；线型选择"单实线"，宽度选择"1/2 磅"，单击内框横线和竖线。单击"确定"按钮，效果如图 3-2-1 所示。

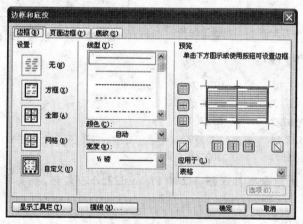

图 3-2-20　"边框和底纹"对话框

（3）选中表中第 3、5、7、9、11 行，选择菜单"格式"→"边框和底纹"命令，打开"边框和底纹"对话框，选择"底纹"选项卡，在"图案"→"样式"中选择"浅色下斜线"样式，如图 3-2-21所示。单击"确定"按钮，最终结果如图 3-2-1 所示。

❊ **小提示：**

（1）表格建立好后，可以利用系统自带的"表格自动套用格式"对表格进行修饰。

（2）方法：将插入点定位到表格内。选择菜单"表格"→"表格自动套用格式"命令，打开"表格自动套用格式"对话框，如图 3-2-22 所示。

（3）边框和底纹的设置，还可利用"表格和边框"工具栏上的相关按钮来进行，操作起来更加方便。

图 3-2-21　"样式"对话框

### 练一练

1. 找开助教系统光盘项目 3 任务 2 中的 word21. doc 文档,按要求完成下列操作并以原文件名保存。

(1)将下面 7 行文字转换为一个 7 行 3 列的表格,设置表格居中、表格列宽为 2.8 cm、行高为 0.6 cm,表格中所有文字都中部居中。

(2)设置表格所有框线为"1½"磅蓝色单实线;为表格第一行添加"50%"灰色底纹;按"货币名称"列拼音升序排列表格内容。

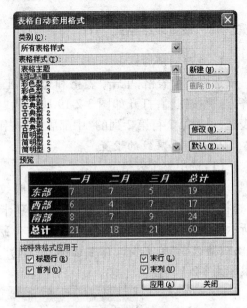

图 3-2-22 "表格自动套用格式"对话框

#### 2006 年 8 月 25 日人民币外汇牌价
(100 外币/100 人民币)

| 货币名称 | 现钞买入价 | 现钞卖出价 |
| --- | --- | --- |
| 美元 | 789.11 | 798.55 |
| 欧元 | 991.65 | 1021.14 |
| 英镑 | 1467.03 | 1510.67 |
| 日元 | 6.6723 | 6.8707 |
| 瑞郎 | 627.14 | 645.79 |
| 港币 | 101.47 | 102.68 |

2. 打开助教系统光盘项目 3 任务 2 中的 word22. doc 文档,按要求完成下列操作并以原文件名保存。

(1)将表格标题段"电力电缆、电线价格一览表(单位:元/千米)"设置为小四号宋体、加粗、居中;删除表格第三行;表格自动套用格式为"古典型 1",将表格居中,表格中的第 1 行和第 1 列内容水平居中,其他各行各列内容右对齐。

(2)设置表格列宽为 2.2 cm、行高为 0.6 cm,表格内容按"规格 10"列降序排列。

#### 电力电缆、电线价格一览表(单位:元/千米)

| 型号 | 规格 2.5 | 规格 10 |
| --- | --- | --- |
| 塑铜 BV | 455 | 1850 |
| 塑软 BVR | 518 | 2100 |
| 塑软 BVR | 518 | 2100 |
| 橡铜 BX | 560 | 2000 |
| 橡铝 BLX | 245 | 735 |
| 塑铝 BLV | 200 | 735 |

# 任务 3　制作电子贺卡

## 3.3.1　教学目标

通过本任务主要掌握插入背景图片、艺术字和自选图形的步骤与技巧,掌握在贺卡图片中对文字的格式和布局进行排版设计的方法。本任务的最终效果如图 3-3-1 所示。

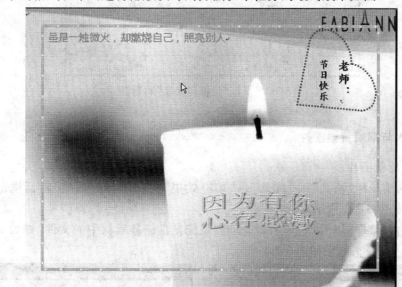

图 3-3-1　电子贺卡效果图

## 3.3.2　主要知识点

(1)页面设置。

(2)插入与编辑背景图片。

(3)插入与编辑艺术字。

(4)插入与编辑自选图形。

## 3.3.3　实现步骤

**操作1　页面设置**

(1)新建一个 Word 文档,保存路径为:D:\Word\任务 3\制作电子贺卡 . doc。

(2)单击菜单栏上的"文件"→"页面设置"命令,打开"页面设置"对话框,选择"页边距"选项卡。将上、下、左、右页边距设为 0 厘米,方向为横向,其余选项为默认选项。

(3)选择"纸张"选项卡,设置宽度和高度的值为:20 厘米和 15 厘米。

(4)选择"版式"选项卡,单击"边框"按钮,打开"边框和底纹"对话框,选择一种颜色,设置它的宽度,选择一种艺术型,如图 3-3-2 所示。

(5)单击"确定"按钮完成页面设置。

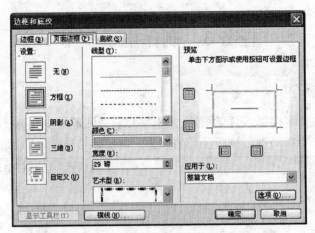

图 3-3-2　页面"边框和底纹"对话框

**操作 2　插入与编辑背景图片**

1. 插入背景图片

(1)单击菜单栏"格式"→"背景"→"填充效果",打开"填充效果"对话框,选择"图片"选项卡,如图 3-3-3 所示。

(2)单击[ 选择图片(L)… ],打开助教系统光盘任务素材中的文件"蜡烛.jpg",然后单击[ 插入(S) ▾ ],结果如图 3-3-4 所示。

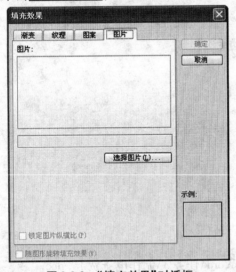

图 3-3-3　"填充效果"对话框

图 3-3-4　插入图片后的对话框

(3)单击"确定"按钮,完成图片的插入。

2. 编辑背景图片

(1)选中该图片,右键单击,在弹出的快捷菜单中选择"显示'图片'工具栏",打开"图片"工具栏,如图 3-3-5 所示。

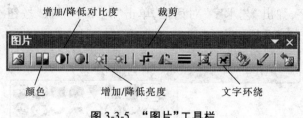

图 3-3-5　"图片"工具栏

(2)选中图片,通过四周的 8 个控点来调整图片的大小,使图片占满整个屏幕。

(3)图片的文字环绕选择四周环绕型。

❋小提示:

(1)插入背景图片还有两种方法。

方法一:

①选定素材图片。

②右键单击复制。

③把该图片粘贴到"制作电子贺卡.doc"文档中。

方法二:

单击"插入"→"图片"→"来自文件",选定图片文件所在的路径,然后单击　插入(S)　·。

(2)双击图片打开"设置图片格式"对话框,也可以进行图片格式的设置。

### 操作 3　添加艺术字

(1)单击"插入"→"图片"→"艺术字",弹出"艺术字库"对话框,如图 3-3-6 所示。

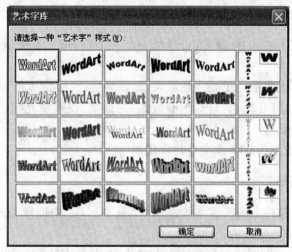

图 3-3-6　"艺术字库"对话框

(2)选择一种艺术字样式。

(3)输入"因为有你 心存感激",单击"确定"按钮。

（4）选中艺术字，弹出"艺术字"对话框，单击"艺术字形状"按钮，选择一种形状，例如"两端近"，如图 3-3-7 所示。

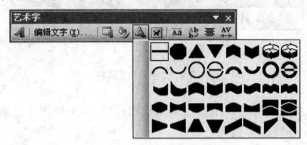

图 3-3-7　艺术字形状

（5）插入艺术字的最终效果如图 3-3-8 所示。

图 3-3-8　艺术字效果

❋小提示：

（1）为了让艺术字能放在文档的任意位置，先单击绘图工具栏上的"文本框"按钮，在文本框的插入点位置插入艺术字。

（2）单击绘图工具栏上的"插入艺术字"按钮，也可以插入艺术字。

**操作 4　添加文本内容**

（1）单击绘图工具栏上的按钮，添加一个文本框，把文本框拖到文档的上部左端位置。

（2）在插入点插入文字："虽是一烛微火，却燃烧自己，照亮别人"。

（3）双击文本框，打开"设置自选图形格式"对话框，设置填充颜色为"无填充颜色"，线条颜色为"无线条颜色"，如图 3-3-9 所示。

（4）选中文字，按图 3-3-10 选项进行设置。

**操作 5　插入自选图形**

（1）单击绘图工具栏上的按钮，在"基本形状"中选择"心形"，如图 3-3-11 所示。

（2）把"心形"自选图形放到文档的右上角位置，并且旋转 53°，如图 3-3-12 所示。

（3）设置自选图形的颜色与线条，如图 3-3-13 所示。

（4）在自选图形中添加文字。

①选中上面设置好的"心形"自选图形，右键单击弹出快捷菜单，如图 3-3-14 所示。

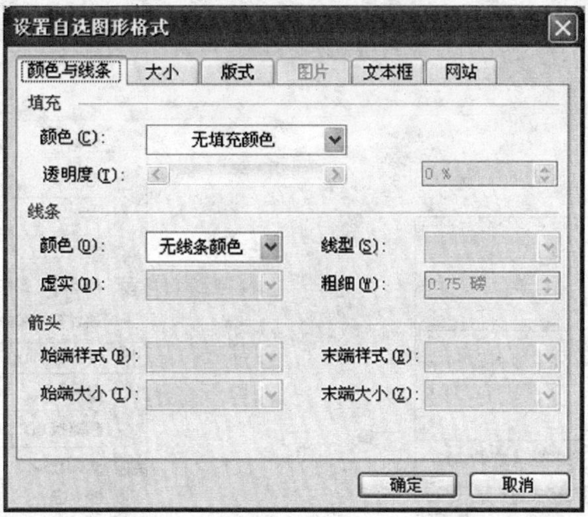

图 3-3-9　"设置自选图形格式"对话框

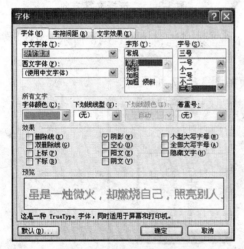

图 3-3-10　"字体"对话框

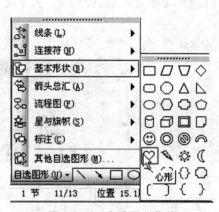

图 3-3-11　自选图形菜单

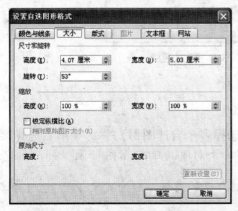

图 3-3-12　设置自选图形旋转效果 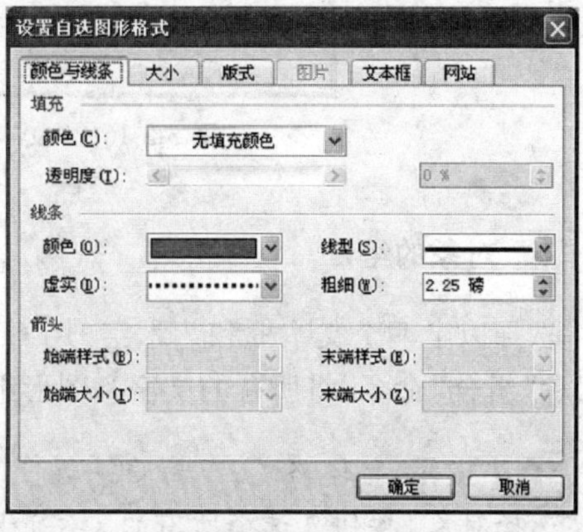　　　　　　图 3-3-13　设置自选图形的颜色与线条

②选择"添加文字"后,再右键单击弹出快捷菜单,如图 3-3-15 所示,选择"文字方向"。

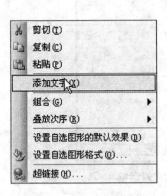

图 3-3-14　添加文字

图 3-3-15　选择文字方向

③选择文字方向后,弹出"文字方向 – 文本框"对话框,如图 3-3-16 所示,选择一种方向。

④输入文字:"老师:节日快乐",设置字体,如图 3-3-17 所示。

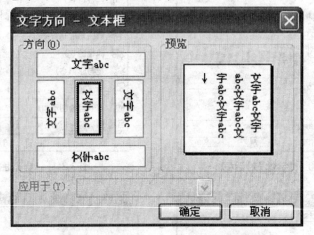

图 3-3-16　"文字方向 – 文本框"对话框

## 操作6　对象的组合

选择以上两个文本框和艺术字(用 Ctrl 键选择多个自选图形),弹出菜单后选择"组合"→"组合"命令,将所有的文字和图形组合成一个对象,如图 3-3-18 所示。

❋**小提示:**整体格式、布局的排版可以根据自己的喜好进行自定义设置,也可以单击"选择对象"按钮来选择所有的文字和图形。

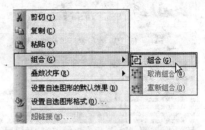

图 3-3-17　字体设置　　　　　　　图 3-3-18　"组合"菜单

**练一练**

1. 打开助教系统光盘项目 3 任务 3 中的 word31.doc 文档,按要求完成下列操作并以原文件名保存。

(1)正文"宋体小四",给正文加艺术标题,标题内容为:可怕的无声环境。

(2)页面右上角插入自选图形"椭圆形标注",并添加文字:"请爱护我们的世界",设置其叠放次序为:在文字底层。

(3)给文本插入剪贴画,并设为四周环绕型。

(4)插入文本框,添加文字为"声音",字体字号为隶书三号,文字方向为垂直排列,边框为带图案的蓝色 5 磅线,填充色为褐色,环绕方式为紧密环绕型。

(5)将以上三个图形对象组合。

2. 打开助教系统光盘项目 3 任务 3 中的 word32.doc 文档,按要求完成下列操作并以原文件名保存。

(1)将标题段文字("我国实行渔业污染调查鉴定资格制度")设置为三号黑体、红色、加粗、居中,并添加蓝色方框,段后间距设置为 1 行。

(2)将正文各段文字("农业部今天向……技术途径。")设置为四号仿宋_GB2312,首行缩进 2 字符,行距为 1.5 倍行距。

(3)将正文第三段("农业部副部长……技术途径。")分为等宽的两栏。

# 任务 4　制作学院报——浪花报

## 3.4.1　教学目标

通过本任务主要掌握对文字和段落的效果进行强调处理,使用首字下沉格式和段落的分栏方法来编辑浪花报。本任务的最终效果如图 3-4-1 所示。

图 3-4-1　浪花报效果图

## 3.4.2　主要知识点

（1）版面设置。

（2）设置分栏效果。

（3）制作刊头。

（4）图片插入及图文混排。

（5）文本框与文字混排。

（6）文本框填充效果设置。

（7）设置带圈字符。

（8）插入多个横排文本框。

（9）设置首字下沉。

## 3.4.3　实现步骤

### 操作1　浪花报版面设置

（1）新建一个 Word 文档，保存路径为：D：\ Word \ 任务 4 \ 制作学院报——浪花报 . doc。

（2）选择菜单栏上的"文件"→"页面设置"命令，打开"页面设置"→"页边距"选项卡。将上、下页边距设为 3 厘米，左、右页边距设为 2 厘米，方向选择"横向"。单击"确定"按钮完成页面设置。

（3）选择"纸张"选项卡，纸张大小选择"A3"。

**操作 2   设置页面分栏效果**

选择菜单栏上的"格式"→"分栏"，打开"分栏"对话框，设置栏数为 2，栏宽度为 47.3 字符，间距为 8 字符，且栏宽相等，如图 3-4-2 所示。这里暂且可以选中分隔线，当各栏布局合理及排版完毕后再取消分隔线。

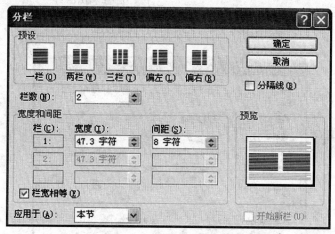

图 3-4-2   "分栏"对话框

✿**小提示**：分栏时加上分隔线的目的是更好地布局版面。

**操作 3   浪花报刊头制作**

（1）在页面的左栏上部绘制五个文本框，如图 3-4-3 所示。

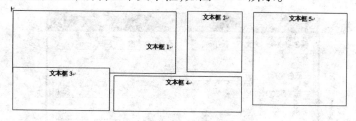

图 3-4-3   插入的文本框布局图

（2）在文本框 1 中插入艺术字"浪花报"。

①在文本框 1 的插入点单击"插入"→"图片"→"艺术字"，插入艺术字"浪花报"。

在艺术字工具栏中，单击"艺术字字符间距"按钮 ，选择稀疏，自定义为 120%，如图 3-4-4 所示。

②双击文本框 1，在弹出的"设置文本框格式"对话框中，选择"颜色与线条"选项卡。选择填充颜色为"无填充颜色"，线条颜色为"无线条颜色"，如图 3-4-5 所示。

计算机应用基础

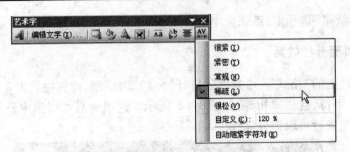

**图 3-4-4　艺术字字符间距设置**

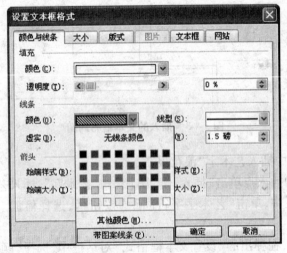

**图 3-4-5　"设置文本框格式"对话框(a)**

(3)在文本框 2 中输入编辑部人员信息,并设置文本框 2 的线条颜色为带图案线条,如图 3-4-6 所示。

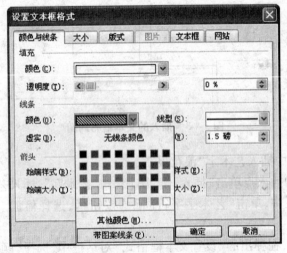

**图 3-4-6　"设置文本框格式"对话框(b)**

(4)在文本框 3 中插入图片"小船.jpg",并调整图片大小到合适位置。

(5)在文本框 4 中输入以下内容：

主办：山西水利职业技术学院

承办：《浪花报》编辑部

2011 年 4 月 28 日 星期四 第 87 期

单击绘图工具栏上的"直线"按钮＼，在第二行文字"承办：《浪花报》编辑部"的上下方插入两条直线。

设置文本框 4 的填充颜色和线条颜色为无。

(6)在文本框 5 中输入卷首语,如图 3-4-7 所示。

图 3-4-7　浪花报刊头效果图

❋小提示：

(1)绘制线条时,按住 Shift 键绘制直线。

(2)绘制矩形框时,按住 Shift 键绘制正方形。

(3)绘制椭圆框时,按住 Shift 键绘制正圆。

**操作 4　图片插入及图文混排**

(1)先插入一个矩形文本框,在矩形文本框中插入一幅图片。

(2)输入标题：在"颂歌献给党"歌咏比赛启动仪式上的讲话,并调整字符宽度。

(3)选择图片,设置图片的环绕方式为：衬于文字下方。效果如图 3-4-8 所示。

图 3-4-8　图片插入效果图

(4)输入讲话稿正文内容并按本项目任务 1 的方法进行段落和字体的设置,设置效果如图 3-4-9 所示。

**尊敬的各位老师、亲爱的同学们：**

大家晚上好！

和着春潮，伴着夏韵，在这花海灿烂夺目的季节，值此庆祝中国共产党建党90周年之际，由院团委举办的"颂歌献给亲爱的党"歌咏比赛今天在这里正式拉开序幕。我代表院党委表示衷心的祝贺。

这次歌咏比赛是我院庆祝建党90周年系列活动之一，比赛采取分组预赛，集中决赛的方式进行，全院将有69个班级3000余名同学参加本次比赛活动。特别是时间跨度大，历时将近两个月，前所未有。

希望本次活动能点燃同学们的火热情怀，希望同学们放开歌喉，以饱满的热情、嘹亮的歌声，讴歌党的丰功伟绩，唱响共产党好、社会主义好、伟大祖国好，唱响时代的主旋律，歌颂祖国改革开放取得的巨大成就。用歌声来表达我们的理想信念，用歌声抒发我们学院人浪遏飞舟、敢于攀登、再创辉煌的豪情。

在比赛过程中，希望参赛班级赛出精神，赛出水平；希望评委老师严格标准，公正评判；希望各位班主任认真组织本班学生观看比赛，遵守比赛纪律，保证比赛的顺利进行。

最后，让我们共同祝愿我们伟大的党永葆青春，祝愿我们伟大的祖国更加繁荣富强，祝愿学院的明天更加灿烂辉煌。预祝本次歌咏比赛取得圆满成功。

2011年4月23日

**图3-4-9　讲话稿正文内容**

## 操作5　文本框与文字混排

（1）插入一个竖排文本框，输入文字：简讯。

（2）设置文本框的线条为带图案线条，版式为四周型。

（3）输入简讯内容并对字体与段落进行设置，效果如图3-4-10所示。

**简讯**　　　　为纪念建党90周年，促进校风、学风建设，4月23日下午，在教学楼前举办了以"颂歌献给亲爱的党"为主题的歌咏比赛。

由7个班组成的比赛队伍秩序井然，经过评比选出了三支优秀队伍。水信息1031和电测1031班荣获第一名，水工1033班获第二名，造价0933获第三名。此次比赛不仅提高了同学们对党的认识同时也丰富了同学们的课余时间。

**图3-4-10　简讯设置效果图**

## 操作6　文本框填充效果设置

（1）在右栏上部插入横排文本框并输入文字"校园文学"，调整其字符宽度，设置字体为黑体，字号为小四，字形为加粗。

（2）设置文本框的填充效果，颜色为双色，底纹样式为中心辐射，如图3-4-11所示。

（3）调整文本框大小，效果如图3-4-12所示。

## 操作7　设置带圈字符

插入一个矩形文本框，在矩形文本框中插入一个带圈的字符，操作如下：

（1）选中矩形文本框，右键单击，在弹出的快捷菜单中选择"添加文字"。

（2）设置文字的字号为初号。

（3）选择"格式"→"中文版式"→"带圈字符"命令，弹出"带圈字符"对话框，如图3-4-13所示。

（4）样式选择"增大圈号"，圈号文字输入"诗"，圈号选择"○"，单击"确定"按钮，带圈字符效果如图 3-4-14 所示。

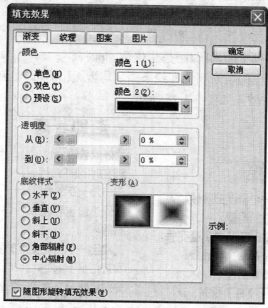

图 3-4-11　文本框填充效果图

校　园　文　学

图 3-4-12　文本框效果图

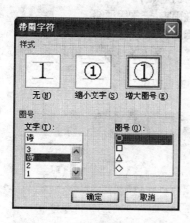

图 3-4-13　"带圈字符"对话框

图 3-4-14　带圈字符效果

❋小提示：设置带圈字符时必须先设置字号，否则字号增大增小都会影响带圈字符的设置效果。

### 操作 8　插入四个横排文本框

四个文本框中的图片和文字素材都包含在助教系统光盘任务素材中。

（1）在第一个文本框中插入图片"路·jpg"。

（2）在第二个文本框中插入诗"路"中的文字。

（3）在第三个文本框中插入诗"若即若离"中的文字。

（4）在第四个文本框中插入图片"感悟生活·jpg"。

（5）设置四个文本框的填充颜色和线条颜色均为无，并且调整到合适的位置。

四个文本框的设置效果如图 3-4-15 所示。

## 若即若离

我好似曾嗅到过
绑在时间脚丫上
——那朵花的香味
好似也曾迷恋过
而后
沉浸出一个美轮美奂的梦境
我曾伫足于远处
弥望这晴空之下的花海
波澜不惊，声势浩荡？
风也曾欣喜若狂地奔腾
原本，曾想
将这梦境裱上金黄色的框
却因忘带了心爱的油纸伞
在四月的烟雨中
让它在雨帘·云雾里缥缈
承受灵魂与灵魂的若即若离

浪花文学社·王佩

## 路

徘徊在一个错误的阶段，
没有前进的渴望，
清晨醒来时窗外的鸟语花香，
都不再是从前孤枝独簇。
没有了新意的起点，
就像春天没有了雨露。
错误的抉择，
就像没有前进的路。
曾经的祈盼，
曾经的幻想，
都变成昨日的星辰。
无意惊扰春天的梦，
却是激起海浪的墙。

电测 0931·李旭

图 3-4-15　四个文本框的设置效果

## 操作 9　设置首字下沉

插入文章"那些日子"中的文字。

（1）单击文字中的任意位置。

（2）选择菜单栏上"格式"→"首字下沉"命令，打开"首字下沉"对话框，如图 3-4-16所示。

（3）位置选择"下沉"，下沉行数为3，其他选项任意设置。

（4）单击"确定"按钮，效果如图 3-4-17所示。

图 3-4-16　"首字下沉"对话框

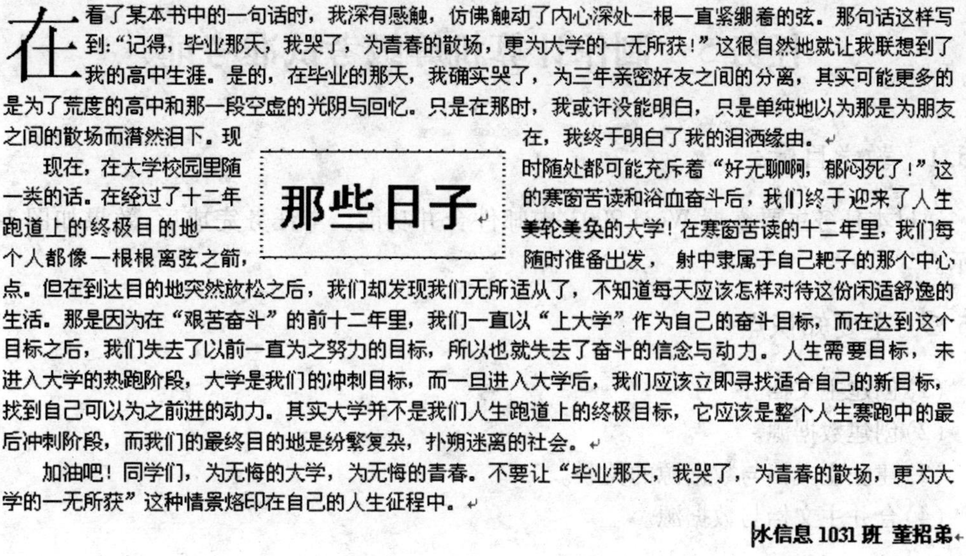

**在**看了某本书中的一句话时，我深有感触，仿佛触动了内心深处一根一直紧绷着的弦。那句话这样写到："记得，毕业那天，我哭了，为青春的散场，更为大学的一无所获！"这很自然地就让我联想到了我的高中生涯。是的，在毕业的那天，我确实哭了，为三年亲密好友之间的分离，其实可能更多的是为了荒度的高中和那一段空虚的光阴与回忆。只是在那时，我或许没能明白，只是单纯地以为那是为朋友之间的散场而潸然泪下。现在，我终于明白了我的泪洒缘由。

现在，在大学校园里随一类的话。在经过了十二年跑道上的终极目的地——个人都像一根根离弦之箭。

那些日子

时随处都可能充斥着"好无聊啊，郁闷死了！"这的寒窗苦读和浴血奋斗后，我们终于迎来了人生美轮美奂的大学！在寒窗苦读的十二年里，我们每随时准备出发，射中隶属于自己靶子的那个中心点。但在到达目的地突然放松之后，我们却发现我们无所适从了，不知道每天应该怎样对待这份闲适舒逸的生活。那是因为在"艰苦奋斗"的前十二年里，我们一直以"上大学"作为自己的奋斗目标，而在达到这个目标之后，我们失去了以前一直为之努力的目标，所以也就失去了奋斗的信念与动力。人生需要目标，未进入大学的热跑阶段，大学是我们的冲刺目标，而一旦进入大学后，我们应该立即寻找适合自己的新目标，找到自己可以为之前进的动力。其实大学并不是我们人生跑道上的终极目标，它应该是整个人生赛跑中的最后冲刺阶段，而我们的最终目的地是纷繁复杂，扑朔迷离的社会。

加油吧！同学们，为无悔的大学，为无悔的青春。不要让"毕业那天，我哭了，为青春的散场，更为大学的一无所获"这种情景烙印在自己的人生征程中。

水信息 1031 班　董招弟

图 3-4-17　首字下沉设置效果

## 练一练

1. 打开助教系统光盘项目 3 任务 4 中的 word41. doc 文档，按要求完成下列操作并以原文件名保存。

(1) 将文中所有错词"网罗"替换为"网络"，将标题段文字（"首届中国网络媒体论坛在青岛开幕"）设置为三号空心黑体、红色、加粗、居中，并添加波浪下划线。

(2) 将正文各段文字（"6 月 22 日……评选办法等。"）设置为 12 磅宋体；第一段首字下沉，下沉行数为 2，距正文 0.2 厘米；除第一段外的其余各段，左、右各缩进 1.5 字符，首行缩进 2 字符，段前间距 1 行。

(3) 将正文第三段（"论坛的主题是……管理和自律。"）分为等宽两栏，栏宽 17 字符。

(4) 给表格添加标题"利民连锁店集团销售统计表"，并设置为小二号楷体_GB2312、加粗、居中。

(5) 在表格底部插入一空行，在该行第一列的单元格中输入行标题"小计"，其余各单元格中填入该列各单元格中数据的总和。

2. 打开助教系统光盘项目 3 任务 4 中的 word42. doc 文档，按要求完成下列操作并以原文件名保存。

(1) 将文本内容设置为小四号、仿宋_GB2312，分散对齐，文中所有"计算机"设置为加粗。

(2) 将正文部分复制 2 次，将后两段合为一段。将新的一段分为等宽的三栏，栏宽为 8 字符，栏间加分隔线。

# 任务 5　制作计算机等级考试准考证

## 3.5.1　教学目标

通过本任务主要掌握 Word 2003 中邮件合并功能。本任务完成后，效果如图 3-5-1 所示。

## 3.5.2　主要知识点

（1）创建主文档。

（2）创建数据源。

（3）建立主文档与数据源的关联。

（4）合并主文档与数据源。

## 3.5.3　实现步骤

**操作 1　创建主文档**

（1）启动 Word 2003。

（2）选择菜单"文件"→"页面设置"命令，打开"页面设置"对话框，选择"页边距"选项卡，将上、下、左、右页边距设为 1 厘米，方向为纵向，"应用于"选择"整篇文档"选项。

（3）选择"纸张"选项卡，"纸张大小"选择"自定义"选项，高度为 16 厘米，宽度为 11 厘米。

（4）输入准考证固定不变的内容，如图 3-5-2 所示。

图 3-5-1　准考证

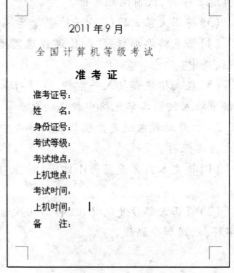

图 3-5-2　主文档

（5）单击常用工具栏上的"保存"按钮，将此文档保存在"D:\计算机应用基础\Word\任务 5"中，文档名为"准考证模板.doc"。

**操作2　创建数据源**

数据源是一个表格，可以指定现有表格为数据源，也可以在邮件合并时创建。在此新建了一个表格文档（准考证信息表.doc），如图 3-5-3 所示。

| 准考证号 | 姓名 | 身份证号 | 考试等级 | 考试地点 | 上机地点 | 考试时间 | 上机时间 | 相片 |
|---|---|---|---|---|---|---|---|---|
| 14005115000514 | 张芊妮 | 142727XXXXXXX0310 | 一级 | | D1 | | 4月27号14:30-16:30 | |
| 14005115000515 | 李力 | 142703XXXXXXX0311 | 二级 JAVA | 实训楼 307 | D4 | 4月26号8:30-10:30 | 4月27号14:30-16:30 | |
| 14005115000516 | 李思明 | 142202XXXXXXX3599 | 二级 VB | 实训楼 313 | D8 | 4月26号8:30-10:30 | 4月27号14:30-16:30 | |
| 14005115000517 | 王高飞 | 142402XXXXXXX451X | 二级 C | 实训楼 319 | D2 | 4月26号8:30-10:30 | 4月27号14:30-16:30 | |

**图 3-5-3　准考证信息表**

**✿ 小提示：**将该表格数据建立好之后以"准考证信息表.doc"为名保存起来，以便以后使用。

**操作3　建立主文档与数据源的关联**

（1）选择"工具"→"信函与邮件"→"邮件合并"命令，打开"邮件合并"任务窗格，如图 3-5-4 所示。

（2）在"选择文档类型"栏中选择"信函"，单击"下一步：正在启动文档"按钮，打开"邮件合并"任务窗格步骤 2，如图 3-5-5 所示。

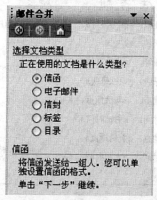

**图 3-5-4　"邮件合并"任务窗格**

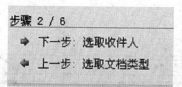

**图 3-5-5　任务窗格步骤 2**

（3）在"选择开始文档"栏中选择"使用当前文档"，单击"下一步：选取收件人"。单击"浏览"按钮，出现"选取数据源"对话框，选中数据源"准考证信息表．doc"文档，如图3-5-6所示。

（4）打开"邮件合并"工具栏，如图3-5-7所示。

图 3-5-6　数据源"准考证信息表．doc"

图 3-5-7　"邮件合并"工具栏

要使数据源中的数据能插入到主文档的指定位置，应先将"合并域"插入主文档。

（5）定位鼠标在主文档的"准考证号"前，单击"邮件合并"工具栏的"插入域"按钮，打开"插入合并域"对话框，如图3-5-8所示。选择"准考证号"域选项，单击"插入"按钮。用同样的方法完成"姓名"及"相片"域的插入，效果如图3-5-9所示。

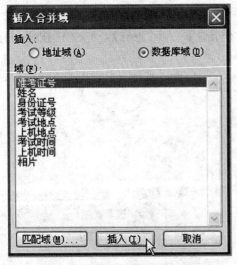

图 3-5-8　"插入合并域"对话框

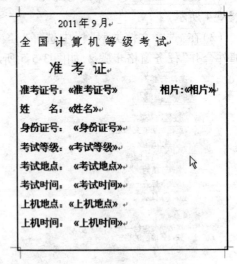

图 3-5-9　插入域的准考证

#### 操作4　合并主文档与数据源

插入合并域完成后，就将主文档与数据源合并起来，单击"邮件合并"工具栏"合并到新文档"按钮 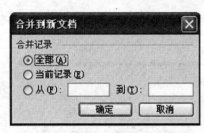，出现"合并到新文档"对话框，如图 3-5-10 所示。选择"全部"单选按钮，单击"确定"按钮，可生成一个新文档，即所有同学的准考证，如图 3-5-11 所示。

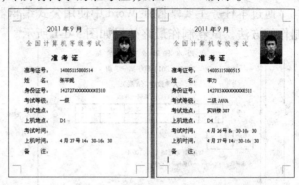

图 3-5-10　"合并到新文档"对话框　　　　图 3-5-11　生成的准考证

## 练一练

打开助教系统光盘项目 3 任务 5 中的 word51.doc，按要求完成下列操作并以原文件名保存。

教师座谈会信息表与请柬样本如下，请利用邮件合并功能制作请柬。

| 嘉宾姓名 | 月 | 日 | 时 | 地　点 | 主　题 | 年 | 月 | 日 |
|---|---|---|---|---|---|---|---|---|
| 张亚斌 | 9 | 10 | 上午 10 | 实训楼南一 | 教师节表彰 | 2011 | 9 | 2 |
| 王利 | 9 | 10 | 上午 10 | 实训楼南一 | 教师节表彰 | 2011 | 9 | 2 |
| 李利生 | 9 | 10 | 上午 10 | 实训楼南一 | 教师节表彰 | 2011 | 9 | 2 |
| 吴太亮 | 9 | 12 | 下午 2 | 二楼会议室 | 教师代表座谈 | 2011 | 9 | 5 |
| 岳明成 | 9 | 12 | 下午 2 | 二楼会议室 | 教师代表座谈 | 2011 | 9 | 5 |
| 范建国 | 9 | 12 | 下午 2 | 二楼会议室 | 教师代表座谈 | 2011 | 9 | 5 |

**请　柬**

张亚斌同志：

　　兹定于 9 月 10 日上午 10 时，在实训楼南一召开教师节表彰会，敬请光临指导。

　　此致

敬礼

水利职业技术学院

2011.9.2

# 任务 6　制作数学试卷

## 3.6.1　教学目标

通过本任务主要掌握在 Word 中使用公式编辑器输入特殊的符号和公式来完成试卷制作的方法。试卷制作最终效果如图 3-6-1 所示。

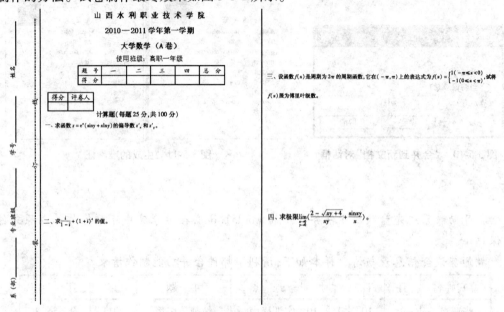

**图 3-6-1　试卷制作效果**

## 3.6.2　主要知识点

（1）制作试卷。
（2）保护文档。
（3）文档的恢复。

## 3.6.3　实现步骤

**操作 1　制作试卷**

1. 制作密封线
1）创建空白文档
启动 Word 2003，创建一个空白文档，保存目录为 D:\Word\任务 6\制作数学试卷。
2）页面设置
选择菜单"文件"→"页面设置"命令，打开"页面设置"对话框，选择"页边距"选项卡，设置上、下页边距分别为 2.4 厘米和 3.2 厘米，左、右页边距均为 1.8 厘米，方向选择

"横向",页码范围选择"对称页边距。"

打开"纸张"选项卡,纸张选择"自定义大小",宽度为 39.2 厘米,高度为 27.1 厘米,如图 3-6-2 所示。

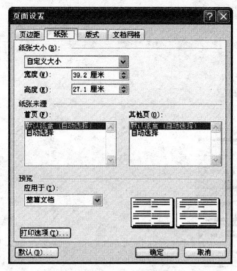

图 3-6-2　纸张设置对话框

3)分栏

选择菜单"格式"→"分栏",打开"分栏"对话框,选择三栏,其他参数设置如图 3-6-3 所示,单击"确定"按钮。

4)插入文本框

在文档的第一栏中插入一个文本框,设置文本框的颜色与线条为无,高度为 25.32 厘米,宽度为 2.7 厘米。文字方向的选择如图 3-6-4 所示。

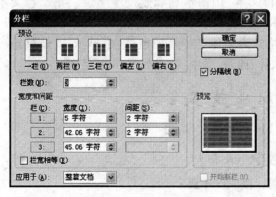

图 3-6-3　"分栏"对话框

图 3-6-4　文字方向设置

把文本框拖到试卷的最左端并调整位置,然后输入四组文字"系(部)"、"专业班级"、"学号"、"姓名",把光标分别定位在每组文字之后,每组文字后都空 15 字符宽度(即 15 个空格键),然后选中这 15 个字符,单击"下划线"按钮 **U**。

在文本框的第二列插入竖直线按钮 ，并选中直线,单击绘图栏上的虚线线型按钮,选择"短划线"线型,并设置直线的长度为5.78厘米,如图3-6-5所示。

　　复制相同的三条直线并调整位置,插入3个文本框,分别输入"装"、"订"、"线"三个字,并设置文本框的颜色和线条均为无,文字方向为如图3-6-4所示。调整文本框大小和位置,密封线最终效果如图3-6-6所示。

图3-6-5　直线线型　　　　　　　　　图3-6-6　密封线效果

❋**小提示**:制作密封线条时,也可以通过在键盘上输入多个"-"来完成虚线的设置。

2. 制作试卷头

1)输入文本

　　选择文档的第二栏,在上端输入第一行文本"山西水利职业技术学院",第二行文本"2010—2011学年第一学期",第三行文本"大学数学(A卷)",第四行文本"使用班级:高职一年级",上述前三行文本字体设置格式为宋体、三号、加粗,居中显示,并调整第一行文字的宽度。第四行文本设置格式为宋体、四号、居中,效果如图3-6-7所示。

**山 西 水 利 职 业 技 术 学 院**

**2010—2011 学年第一学期**

**大学数学（A卷）**

使用班级：高职一年级

图3-6-7　试卷头效果

2)插入评分表格

　　插入两个表格,第一个表格2行6列,第二个表格2行2列,并调整它们的位置及字体大小,效果如图3-6-8所示。

| 题 号 | 一 | 二 | 三 | 四 | 总 分 |
|---|---|---|---|---|---|
| 得 分 | | | | | |

| 得分 | 评卷人 |
|---|---|
| | |

图 3-6-8　评分表格效果

**3. 制作试题内容**

在试卷头的下部和文档的第三栏制作试题内容。

(1) 输入题目文本:计算题(每题 25 分,共 100 分)。

(2) 输入第一道题:求函数 $z = e^x(\sin y + x\ln y)$ 的偏导数 $z'_x$ 和 $z'_y$。

这里只介绍公式的输入过程:

①单击"插入"→"对象"命令,打开"对象"对话框,选择"Microsoft 公式 3.0",如图 3-6-9 所示。单击"确定"按钮,打开公式编辑器,如图 3-6-10 所示。

图 3-6-9　"对象"对话框

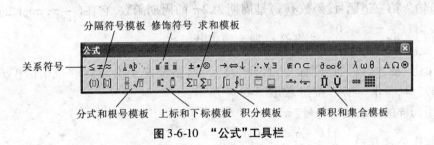

图 3-6-10　"公式"工具栏

②在编辑框中输入"$z = e$",然后单击"公式"工具栏的"上标和下标模板"按钮 ,选择其中的上标按钮 ,在编辑框中插入上标"$x$",如图 3-6-11 所示。

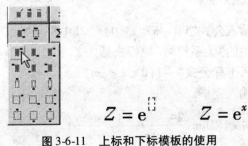

图 3-6-11　上标和下标模板的使用

③再将光标移到虚线框外，输入"$(\sin y + x\ln y)\, z$"后，单击"上标和下标模板"按钮▨，如图 3-6-12 所示。在上标虚线框中单击"修饰符号"按钮▨▨▨，选择"单撇"按钮▨输入 '；在下标虚线框中输入"$x$"，完成公式 $z'_x$ 的输入。

④重复上述操作，完成公式 $z'_y$ 的输入。

⑤第一道题的公式输入完成。

（3）输入第二道题：求 $\dfrac{i}{1-i} + (1+i)^4$ 的值。

①在编辑框中插入"分式和根号模板" ▨√▌，插入"标准尺寸分式"按钮▨，如图 3-6-13 所示。

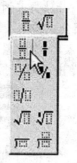

图 3-6-12　上标和下标输入　　　　　图 3-6-13　"分式和根号模板"的使用

②在分子虚线框中输入"$i$"，再将光标移到分母虚线框中，输入"$1-i$"。

③公式 $(1+i)^4$ 的输入同上。

④第二道题的公式输入完成。

（4）输入第三道题：设函数 $f(x)$ 是周期为 $2\pi$ 的周期函数，它在 $(-\pi, \pi)$ 上的表达式为 $f(x) = \begin{cases} 1\,(-\pi \leqslant x < 0) \\ -1\,(0 \leqslant x < \pi) \end{cases}$，试将 $f(x)$ 展为傅里叶级数。

①单击"插入"→"符号"命令，打开"符号"对话框，"子集"选择"拉丁语扩充 – B"，选择符号"$f$"，单击"插入"按钮，如图 3-6-14 所示。

②用同样的方法插入符号"$\pi$"。

③制作公式 $f(x) = \begin{cases} 1\,(-\pi \leqslant x < 0) \\ -1\,(0 \leqslant x < \pi) \end{cases}$。

先参照上述方法输入"$f(x) =$"，然后单击"分隔符号模板"按钮▨▨。在弹出的菜单中，选择"左大括号"按钮▨；在虚线框中，再选择"上标和下标模板"中的"上标和下标"按钮▨，如图 3-6-15 所示。

④在上标虚线框中输入公式"$1(-\pi \leqslant x < 0)$"，其中符号"$\leqslant$"通过插入符号来实现，也可以通过公式编辑器中的"关系符号"模板来插入。

⑤用同样的方法输入下标公式"$-1(0 \leqslant x < \pi)$"。

⑥第三道题的公式输入完毕。

（5）输入第四道题：求极限 $\lim\limits_{\substack{x \to 0 \\ y \to 0}} \left( \dfrac{2 - \sqrt{xy + 4}}{xy} + \dfrac{\sin xy}{x} \right)$。

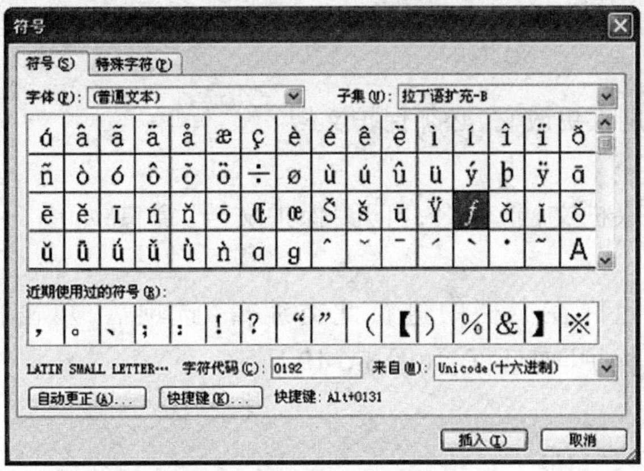


图 3-6-14　“符号”对话框

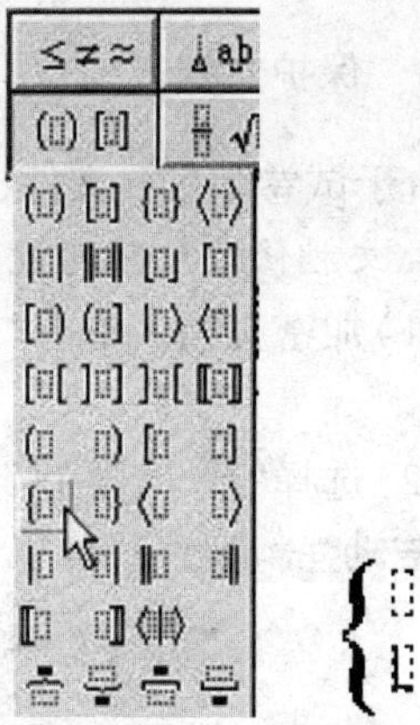

图 3-6-15　分隔符号模板

①选择“上标和下标模板”中的“带底标极限的大运算符”按钮，在底标虚线框中再选择上标和下标按钮，在上虚线框中输入“lim”，在下虚线框中的上标虚线框中输入公式“$x \to 0$”，在下标虚线框中输入公式“$y \to 0$”，如图 3-6-16 所示。

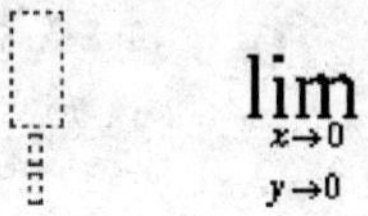


图 3-6-16　极限公式的输入

②选择“分式和根号模板”中的平方根按钮，完成公式“$\sqrt{xy+4}$”的输入。

③其他公式参照前述方法完成分式公式的输入。

④第四道题的公式输入完成。

(6)把四道题的文字补充完整，且调整合适的位置，至此试卷制作全部完成。

**✽小提示：**

(1)制作语文试卷时有时候需要给文字注音，通过选择“格式”→“中文版式”→“拼音指南”功能来实现，如图 3-6-17 所示。

(2)中文版式除上面讲到的“带圈字符”和“拼音指南”两种格式外，还有其他三种格式：纵横混排、合并字符和双行合一，这里就不一一叙述了。

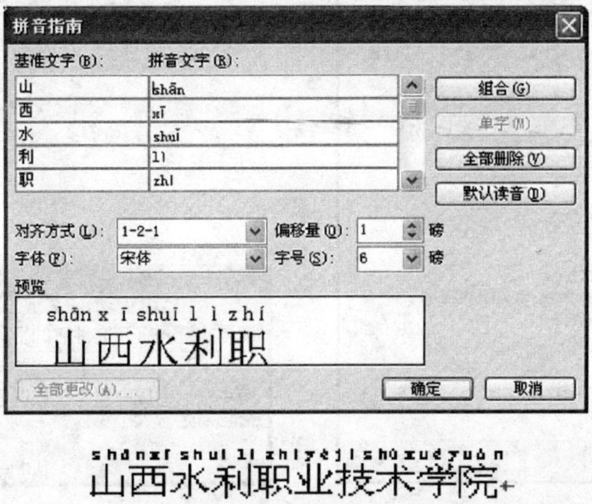


图 3-6-17　“拼音指南”对话框

### 操作2　保护文档

由于试卷是重要文件,为了防止别人更改它,必须保护文档。

1. 文档修改权限的设置

(1)加密文档。单击"工具"→"保护文档"命令,打开"保护文档"窗口,如图 3-6-18 所示。

(2)选择"编辑限制"下的"仅允许在文档中进行此类编辑"选项后,单击按钮 **[是,启动强制保护]**,打开"启动强制保护"对话框,如图 3-6-19 所示。

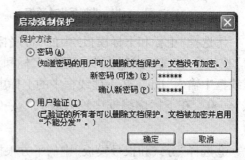

图 3-6-18　"保护文档"窗口　　　　　　　图 3-6-19　"启动强制保护"对话框

(3)输入新密码,再确认新密码,单击"确定"按钮,即可完成文档修改权限的设置。

2. 文档打开权限的设置

(1)单击"工具"→"选项"命令,打开"选项"对话框,选择"安全性"选项卡,如图 3-6-20所示。

(2)输入打开文件的密码,单击"确定"按钮,弹出"确认密码"对话框,如图 3-6-21 所示。再次输入打开文件的密码,单击"确定"即可完成打开权限的设置。

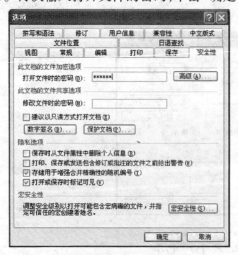

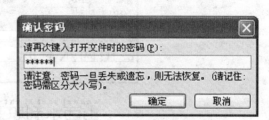

图 3-6-20　"选项"对话框　　　　　　　图 3-6-21　"确认密码"对话框

❋**小提示**：

（1）如果想取消文档保护，可以单击"工具"→"选项"命令，在打开的"选项"对话框中，选择 撤销文档保护(P) 按钮，弹出"取消保护文档"对话框，如图 3-6-22 所示。输入密码，即可取消文档保护。

（2）如果想取消打开权限密码或修改密码，在"选项"对话框中，输入打开文件的密码为空或输入新的密码，即可取消或更改。

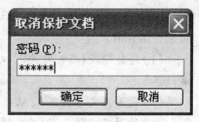

图 3-6-22　取消保护文档

## 操作 3　文档的恢复

当我们突然遇到死机、断电或非正常关机的情况时，有时来不及保存文档，这时会强制关闭正在编辑的文档，Word 2003 基本上可以恢复这些未保存的信息。

（1）当再次启动 Word 2003 时，会自动打开"文档恢复"窗口，会列出关机前正在编辑的 Word 2003 文档，如图 3-6-23 所示。

（2）在"可用文件"列表中选择需要保留的文件，可以打开被恢复的文档继续编辑。

❋**小提示**：在图 3-6-23 所示的窗格中，文档后面跟着的"状态指示器"说明了文档恢复过程中已经进行的操作。

（1）"原始文件"说明文件是最后一次我们手动保存的文件。

（2）"已恢复"说明文件来自恢复过程中已恢复的文件。

（3）如果在窗格中显示了多个恢复文件，那么每个文件都得进行"打开"或"另存为"操作，如图 3-6-24 所示，否则都自动恢复到"原始文件"状态。

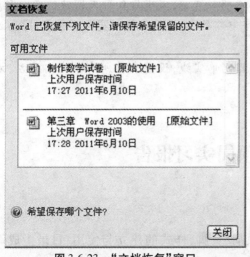

图 3-6-23　"文档恢复"窗口

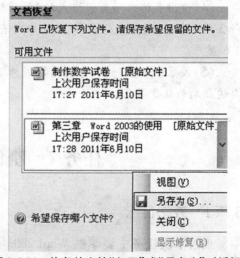

图 3-6-24　恢复的文档"打开"或"另存为"对话框

**练一练**

1. 打开助教系统光盘项目 3 任务 6 中的 word61. doc 文档,按要求完成下列操作并以原文件名保存。

(1)将标题段("电磁波")文字设置为二号、楷体_GB2312、阴影、倾斜,并添加绿色底纹。

(2)设置正文各段落("从科学的角度……公式 $c = \lambda f$。")为 1. 25 倍行距,段后间距 0. 5 行。设置正文第一段("从科学的角度……'朋友'。")悬挂缩进 2 字符;为正文其余各段落("电磁波是电磁场的一种运动形态……公式 $c = \lambda f$。")添加项目符号■。

(3)设置页面"纸张"为"16 开(18. 4 厘米×26 厘米)"。

(4)在文章末尾添加线性方程组 $\begin{cases} 3x_1 + 6x_2 + x_3 = 0 \\ 3x_1 + 3x_2 + x_3 = 3 \\ 6x_1 + 9x_2 + x_3 = 1 \end{cases}$。

(5)在线性方程组后添加题目:设矩阵 $A = \begin{pmatrix} 1 & 1 \\ 0 & -2 \\ 2 & 0 \end{pmatrix}$ 和矩阵 $B = \begin{pmatrix} 1 & 2 & -3 \\ 0 & -1 & 2 \end{pmatrix}$,求: $(BA)^{\mathrm{T}}$。

2. 打开助教系统光盘项目 3 任务 6 中的 word62. doc 文档,按要求完成下列操作并以原文件名保存。

(1)将标题段("奇瑞新车 QQ6 曝光")文字设置为二号、红色、楷体_GB2312、加粗,并添加着重号。

(2)将正文各段("日前……期待的力作。")中的中文文字设置为小四号、宋体,西文文字设置为小四号、Arial 字体,行距 18 磅,各段落段前间距 0. 2 行。

(3)设置页面上、下边距各为 4 厘米,页面垂直对齐方式为居中对齐。

(4)使用表格自动套用格式的"简明型 1"表格样式,将文中后 6 行文字转换成一个 6 行 2 列的表格,设置表格居中、表格中所有文字中部居中,设置表格列宽为 5 厘米、行高为 0. 6 厘米。

(5)设置表格第一、二行间的框线为 1 磅蓝色单实线,设置表格所有单元格的左、右页边距均为 0. 3 厘米。

# 任务 7　制作顶岗实习报告

## 3.7.1　教学目标

通过本次任务主要掌握 Word 2003 中页眉/页脚、样式的建立与使用、目录生成等功能。

## 3.7.2 主要知识点

(1)制作封面。

(2)创建报告页眉/页脚。

(3)定制实习报告样式。

(4)使用样式设置实习报告格式。

(5)制作实习报告目录。

## 3.7.3 实现步骤

### 操作1 制作封面

(1)启动 Word 2003,将默认的文档 1 保存在 D:\项目 3\任务 7 中,选择菜单"文件"→"页面设置"命令,打开"页面设置"对话框,选择"页边距"选项,设置页边距上、下、左、右分别为 2.5 厘米、2.5 厘米、2.6 厘米、2.4 厘米,页面方向为纵向。

(2)输入封面内容,如图 3-7-1 所示。

(3)输入顶岗实习报告内容。

### 操作2 创建报告页眉/页脚

(1)选择菜单"文件"→"页面设置"命令,打开"页面设置"对话框,选择"版式"选项卡。

(2)在"页眉和页脚"栏中勾选"奇偶页不同"和"首页不同"两个选项,如图 3-7-2 所示。

(3)选择菜单"视图"→"页眉和页脚"命令,打开"页眉和页脚"工具栏,同时进入"页眉和页脚视图"。

(4)将光标定位到"奇数页页眉"处,输入"山西水利职业技术学院",左对齐。

(5)将光标定位到"偶数页页眉"处,输入"顶岗实习报告",右对齐。

(6)将光标分别定位到"奇数页脚"和"偶数页脚"处,单击工具栏中的"插入'自动图文集'"按钮,选择"第 X 页共 Y 页",效果如图 3-7-3 所示。

### 操作3 定制实习报告样式

(1)选中如图 3-7-4 所示的第三段文字"在工作中经常会使用……",设置其格式为宋体、小四、两端对齐、21 磅行距、首行缩进 2 字符。

(2)单击"格式"工具栏中的"样式和格式"菜单,在右侧弹出的菜单中单击"新样式",在弹出的对话框中"名称"框内输入"实习报告正文",作为新建样式的名称,如图 3-7-5所示。

(3)单击"确定"按钮,新的样式就建好了。

(4)选中如图 3-7-4 所示的"三、实习中遇到的问题及解决方法",设置其格式为宋体、三号、1.5 倍行距。

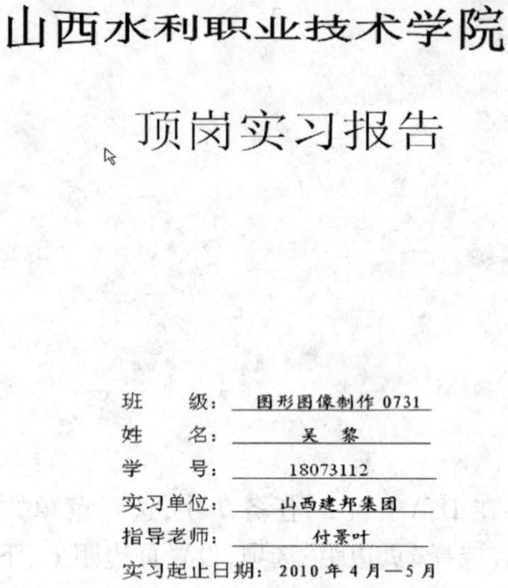

山西水利职业技术学院

顶岗实习报告

班　　级：　图形图像制作 0731

姓　　名：　　　吴　黎

学　　号：　　18073112

实习单位：　山西建邦集团

指导老师：　　付景叶

实习起止日期：2010 年 4 月—5 月

图 3-7-1　顶岗实习报告封面

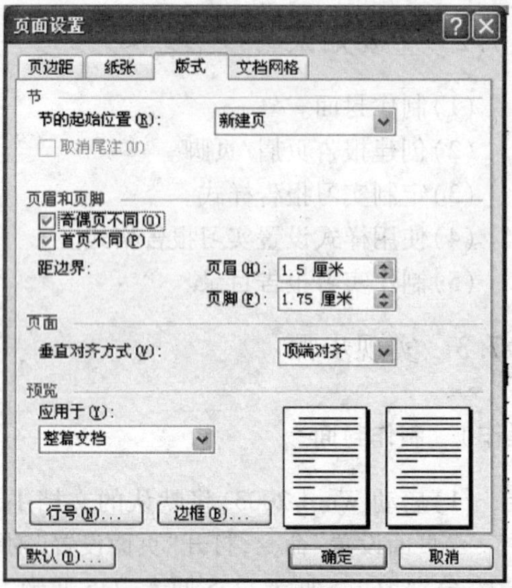

图 3-7-2　"页面设置"对话框"版式"选项卡

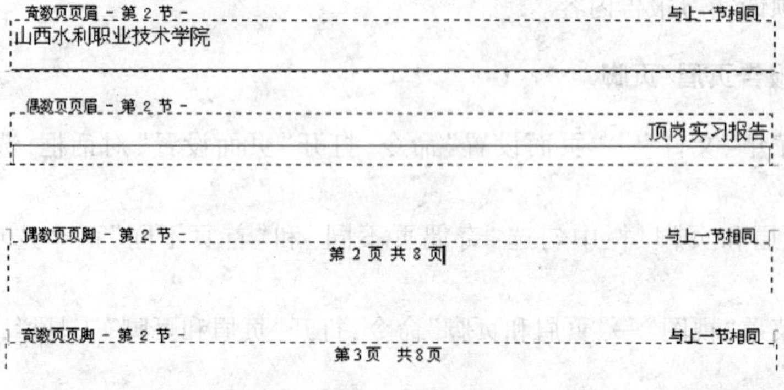

**竞数页页眉 - 第 2 节 -**
山西水利职业技术学院　　　　　　　　　　　　　　　　　　　　与上一节相同

**偶数页页眉 - 第 2 节 -**
　　　　　　　　　　　　　　　　　　　　　　　　　　顶岗实习报告

**偶数页页脚 - 第 2 节 -**　　　　　　　　　　　　　　　　　　与上一节相同
第 2 页 共 8 页

**奇数页页脚 - 第 2 节 -**　　　　　　　　　　　　　　　　　　与上一节相同
第 3 页 共 8 页

图 3-7-3　页眉和页脚设置效果

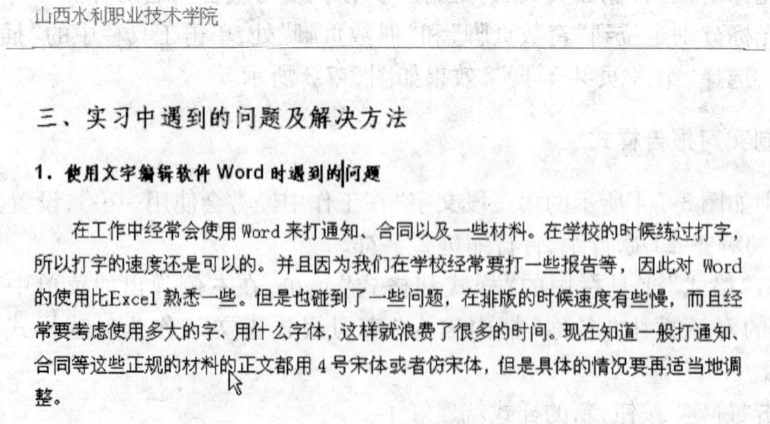

山西水利职业技术学院

### 三、实习中遇到的问题及解决方法

#### 1. 使用文字编辑软件 Word 时遇到的问题

　　在工作中经常会使用 Word 来打通知、合同以及一些材料。在学校的时候练过打字，所以打字的速度还是可以的。并且因为我们在学校经常要打一些报告等，因此对 Word 的使用比 Excel 熟悉一些。但是也碰到了一些问题，在排版的时候速度有些慢，而且经常要考虑使用多大的字、用什么字体，这样就浪费了很多的时间。现在知道一般打通知、合同等这些正规的材料的正文都用 4 号宋体或者仿宋体，但是具体的情况要再适当地调整。

图 3-7-4　报告内容

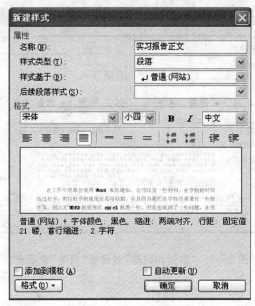

图 3-7-5  "新建样式"对话框

(5)重复(2)和(3)操作,将此样式定义为"一级标题"。

(6)选中图 3-7-4 所示的"1. 使用文字编辑软件 Word 时遇到的问题",设置其格式为华文仿宋、四号、单倍行距。

(7)重复(2)和(3)操作,将此样式定义为"二级标题"。

**操作 4  使用样式设置实习报告格式**

(1)使用样式可以很方便地进行格式设置,选中想要设置的文字,选择菜单"格式"→"样式和格式"命令,打开"样式和格式"任务窗格,如图 3-7-6 所示。

(2)在"请选择要应用的格式"列表中选择想要的格式,单击该选项即可。

(3)使用上述方法,可以为全文设置格式。

**操作 5  制作实习报告目录**

(1)将光标定位在需要插入目录的页面中,通常是首页或末页,输入"目录"字符,将其格式设置为:宋体、三号、字符间距 20 磅、居中、1.5 倍行距。

(2)选择菜单"插入"→"引用""→索引和目录"命令,打开"索引和目录"对话框,选择"目录"选项卡,如图 3-7-7 所示。

图 3-7-6  "样式和格式"任务窗格

(3)在此对话框中勾选"显示页码"和"页码右对齐"复选框;"制表符前导符"选择"........";显示级别选择"3"。

(4)单击"确定"按钮,自动生成目录,如图 3-7-8 所示。

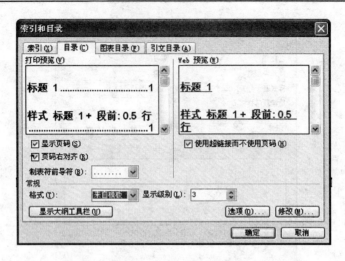

图 3-7-7 “索引和目录”对话框“目录”选项卡

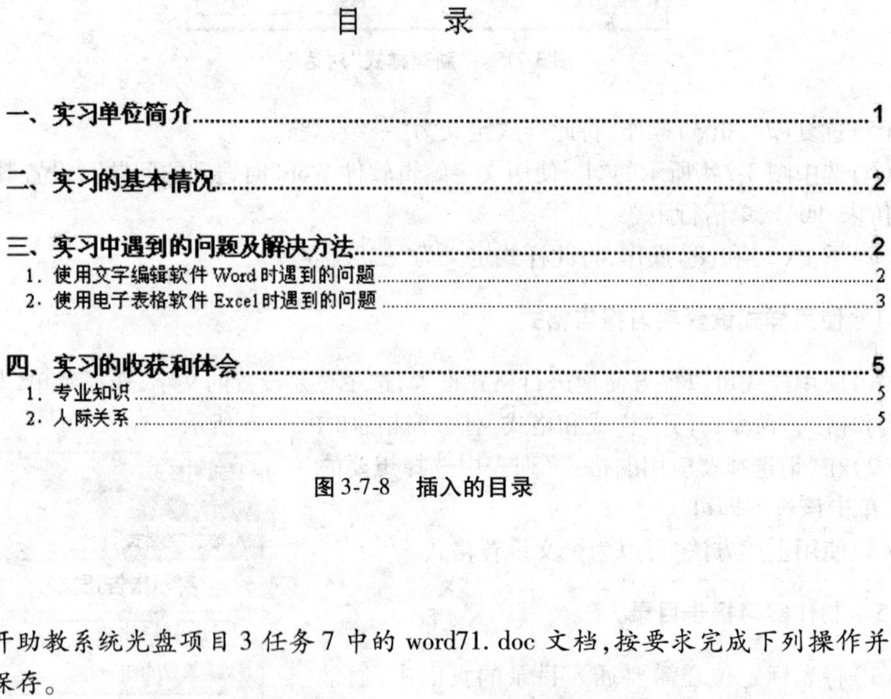

目 录

一、实习单位简介 ............................................ 1

二、实习的基本情况 ............................................ 2

三、实习中遇到的问题及解决方法 ............................................ 2

1. 使用文字编辑软件 Word 时遇到的问题 ............................................ 2

2. 使用电子表格软件 Excel 时遇到的问题 ............................................ 3

四、实习的收获和体会 ............................................ 5

1. 专业知识 ............................................ 5

2. 人际关系 ............................................ 5

图 3-7-8 插入的目录

## 练一练

打开助教系统光盘项目 3 任务 7 中的 word71. doc 文档,按要求完成下列操作并以原文件名保存。

(1)把下面的文章设置页眉/页脚,页眉内容为“山西水利职业技术学院”,页脚“第 x 页”。

(2)把文章中的每一段第一句话设置为样式“标题 1”,第二句话设置为“标题 2”,第三句话设置为“标题 3”,然后生成目录。

山西水利职业技术学院简介

山西水利职业技术学院是一所以工科为主、文理结合的公办全日制普通高等学校,在半个多世纪的办学历程中,学院坚持“立足山西、面向全国,立足水利、面向市场,立足当前、面向未来"的办学思想,秉承"上善若水、敦学笃行"的校训,与时俱进,深化教育教学改革,加快学院发展步伐,全面提高教育教学质量和整体办学水平,积累了丰富的办学经验和深厚的文化底蕴。2008 年获山西省人才培养工作水平评估优秀院校,2009 年被水利部确定为部级示范院校建设单位。

学院以高等专科教育为主,保留中等职业教育,面向全国招生。设有水利工程系、建筑工程系、信息工程系、管理工程系、测绘工程系、道桥工程系、环境工程系、中职部等,开设相应的二十个专业。在人才培养过程中,学院以就业为导向,以素质教育为中心,以职业能力为主线,以"工学结合"为途径培养高素质、高技能人才。校内生产性节水灌溉技术实训场和水利建设施工技术实训场,被确定为山西省实践教学示范基地,水利工程为省级教学改革试点专业,城市水利和水利水电建筑工程为水利部示范建设专业,"水利工程制图"、"农田水利学"、"水利工程测量"为省级精品课程。

学院拥有一支教学水平高、教学经验丰富、实践能力强的"双师素质"教学团队,其中副教授以上高级职称教师 85 人,硕士研究生学历教师 86 人,"双师型"教师 76 人,博士学历教师 7 人。主持或参与了国家、地方科研项目的教师达 50 多名。

学院设运城校区和太原校区。运城校区位于全国十大魅力城市之一的运城市,拥有完善的现代教学设施和各类实验、实训场馆。太原校区位于胜利桥西滨河路旁,位置优越。

学院积极实行奖、助、贷、免措施。品学兼优的学生每学年可获得 8000 元的国家奖学金和 5000 元的国家励志奖学金;家庭困难的学生,每学年可获得 2000 元的国家助学金;中专生每人均可获得 1500 元国家助学金;农业与农村用水专业减免学费。学院每年还划拨专项经费,用于优秀毕业生的奖励和家庭经济困难学生的资助,并设有贫困生入学绿色通道,确保每一位被录取的考生顺利入学并完成学业。

学院高度重视毕业生就业工作,设有健全的就业服务体系,开辟了广阔的就业市场,面向武警水电部队、水利、建筑、铁路、城镇建设、给排水、交通、道桥、测绘、地质、IT 等行业建立了 100 多个稳定的就业基地,一次性就业率连续多年在 90% 以上。

# 项目4　Excel 2003 的使用

## 任务1　制作学生成绩表(上)

### 4.1.1　教学目标

通过本任务主要掌握 Excel 2003 中数据输入、单元格引用、条件格式、公式和函数、工作簿保存与打印等功能。本任务完成后效果如图 4-1-1 所示。

| 序号 | 学号 | 班级 | 姓名 | 准考证号 | 性别 | 是否党 | 计算机应用 | C语言 | VB程序设 | 力学 | 工程造价 | 总分 | 均分 | 名次 |
|---|---|---|---|---|---|---|---|---|---|---|---|---|---|---|
| 1 | 5093101 | 计算机应用093 | 李新 | 01101 | 男 | FALSE | 74 | 65 | 87 | 73 | 85 | 384 | 76.80 | 10 |
| 2 | 5093102 | 计算机应用093 | 郝心怡 | 01102 | 女 | TRUE | 86 | 91 | 90 | 78 | 62 | 407 | 81.40 | 4 |
| 3 | 5093103 | 计算机应用093 | 孙英 | 01103 | 女 | FALSE | 77 | 60 | 69 | 89 | 93 | 388 | 77.60 | 7 |
| 4 | 5093104 | 计算机应用093 | 金翔 | 01104 | 男 | FALSE | 73 | 85 | 51 | 79 | 67 | 355 | 71.00 | 22 |
| 5 | 5093105 | 计算机应用093 | 王春晓 | 01105 | 女 | FALSE | 78 | 62 | 68 | 56 | 73 | 337 | 67.40 | 24 |
| 6 | 5093106 | 计算机应用093 | 姚林 | 01106 | 男 | FALSE | 89 | 93 | 87 | 78 | 78 | 425 | 85.00 | 1 |
| 7 | 5093107 | 计算机应用093 | 钱民 | 01107 | 男 | FALSE | 60 | 67 | 75 | 86 | 55 | 343 | 68.60 | 23 |
| 8 | 5093108 | 计算机应用093 | 张平 | 01108 | 男 | TRUE | 80 | 71 | 79 | 91 | 66 | 387 | 77.40 | 8 |
| 9 | 5093109 | 计算机应用093 | 张磊 | 01109 | 男 | FALSE | 75 | 78 | 66 | 90 | 67 | 376 | 75.20 | 16 |
| 10 | 5093110 | 计算机应用093 | 王力 | 01110 | 男 | TRUE | 81 | 73 | 62 | 73 | 75 | 364 | 72.80 | 19 |
| 11 | 5093111 | 计算机应用093 | 张雨涵 | 01111 | 女 | FALSE | 68 | 78 | 93 | 52 | 86 | 377 | 75.40 | 14 |
| 12 | 5093112 | 计算机应用093 | 高晓东 | 01112 | 男 | FALSE | 76 | 89 | 67 | 89 | 91 | 412 | 82.40 | 3 |
| 13 | 5093113 | 计算机应用093 | 张在旭 | 01113 | 男 | FALSE | 73 | 78 | 89 | 91 | 90 | 421 | 84.20 | 2 |
| 14 | 5093114 | 计算机应用093 | 黄立 | 01114 | 男 | FALSE | 85 | 62 | 93 | 89 | 53 | 382 | 76.40 | 12 |
| 15 | 5093115 | 计算机应用093 | 李英 | 01115 | 女 | FALSE | 78 | 68 | 87 | 93 | 69 | 395 | 79.00 | 5 |
| 16 | 8093101 | 水利工程0932 | 扬海东 | 00101 | 男 | FALSE | 75 | 81 | 68 | 87 | 75 | 386 | 77.20 | 9 |
| 17 | 8093102 | 水利工程0932 | 陈松 | 00102 | 男 | FALSE | 38 | 56 | 78 | 90 | 71 | 333 | 66.60 | 25 |
| 18 | 8093103 | 水利工程0932 | 王文辉 | 00103 | 男 | TRUE | 66 | 62 | 93 | 69 | 73 | 363 | 72.60 | 20 |
| 19 | 8093104 | 水利工程0932 | 王靖宇 | 00104 | 男 | FALSE | 66 | 81 | 73 | 51 | 89 | 360 | 72.00 | 21 |
| 20 | 8093105 | 水利工程0932 | 靳丽 | 00105 | 女 | FALSE | 67 | 73 | 78 | 78 | 81 | 377 | 75.40 | 14 |
| 21 | 7093101 | 建筑工程0934 | 许敏 | 00131 | 女 | FALSE | 75 | 62 | 89 | 93 | 62 | 381 | 76.20 | 13 |
| 22 | 7093102 | 建筑工程0934 | 卜瑞 | 00132 | 女 | FALSE | 86 | 77 | 73 | 73 | 62 | 371 | 74.20 | 17 |
| 23 | 7093103 | 建筑工程0934 | 刘敏平 | 00133 | 男 | FALSE | 91 | 60 | 85 | 78 | 69 | 383 | 76.60 | 11 |
| 24 | 7093104 | 建筑工程0934 | 牛平 | 00134 | 男 | FALSE | 90 | 69 | 78 | 87 | 69 | 393 | 78.60 | 6 |
| 25 | 7093105 | 建筑工程0934 | 高情 | 00135 | 女 | FALSE | 73 | 85 | 78 | 73 | 62 | 371 | 74.20 | 17 |
| | | 最高分 | | | | | 91 | 93 | 93 | 93 | 93 | | | |
| | | 最低分 | | | | | 38 | 56 | 51 | 51 | 53 | | | |

图4-1-1　学生成绩表

### 4.1.2　主要知识点

(1)工作簿的创建与保存。

(2)输入表格数据。

(3)数据的填充。

(4)条件格式。

(5)应用公式和函数。

(6)单元格的引用方法。

(7)数据排序。

(8)排列名次。

(9)工作表的打印。

### 4.1.3  实现步骤

**操作 1  工作簿的创建与保存**

（1）单击"开始"→"程序"→"Microsoft Excel"命令，启动 Excel 2003，创建一个默认名为"Book1"的工作簿，并在主界面的右侧弹出任务窗格，如图 4-1-2 所示。

图 4-1-2  Excel 2003 主界面

（2）单击常用工具栏中的"保存"按钮 ，或选择"文件"→"保存"命令。此时，如果要保存的文件是第一次存盘，将弹出"另存为"对话框（如果该文件已被保存过，则不弹出对话框）。

（3）"保存位置"为 D:\excel\任务 1 文件夹，在"文件名"文本框中输入工作簿的名字"学生成绩管理表"，如图 4-1-3 所示，单击"保存"按钮。

图 4-1-3  "另存为"对话框

**操作 2  输入表格数据**

单击任务窗格右上角的关闭按钮，关闭任务窗格，输入表格数据，如图 4-1-4 所示。

| 序号 | 学号 | 班级 | 姓名 | 准考证 | 性别 | 是否党 | 计算机应用 | C语言 | VB程序设 | 力学 | 工程造价 |
|---|---|---|---|---|---|---|---|---|---|---|---|
| 1 | 5093101 | 计算机应用093 | 李新 | 01101 | 男 | FALSE | 74 | 65 | 87 | 73 | 85 |
| 2 | 5093102 | 计算机应用093 | 郝心怡 | 01102 | 女 | TRUE | 86 | 91 | 90 | 78 | 62 |
| 3 | 5093103 | 计算机应用093 | 孙英 | 01103 | 女 | FALSE | 77 | 60 | 69 | 89 | 93 |
| 4 | 5093104 | 计算机应用093 | 金翔 | 01104 | 女 | FALSE | 73 | 85 | 51 | 79 | 67 |
| 5 | 5093105 | 计算机应用093 | 王春晓 | 01105 | 女 | FALSE | 78 | 62 | 68 | 56 | 73 |
| 6 | 5093106 | 计算机应用093 | 姚林 | 01106 | 男 | FALSE | 89 | 93 | 87 | 78 | 78 |
| 7 | 5093107 | 计算机应用093 | 钱民 | 01107 | 男 | FALSE | 60 | 67 | 75 | 86 | 55 |
| 8 | 5093108 | 计算机应用093 | 张平 | 01108 | 男 | TRUE | 80 | 71 | 79 | 91 | 66 |
| 9 | 5093109 | 计算机应用093 | 张磊 | 01109 | 男 | FALSE | 75 | 78 | 66 | 90 | 67 |
| 10 | 5093110 | 计算机应用093 | 王力 | 01110 | 男 | TRUE | 81 | 73 | 62 | 73 | 75 |
| 11 | 5093111 | 计算机应用093 | 张雨涵 | 01111 | 女 | FALSE | 68 | 78 | 93 | 52 | 86 |
| 12 | 5093112 | 计算机应用093 | 高晓东 | 01112 | 男 | FALSE | 76 | 89 | 67 | 89 | 91 |
| 13 | 5093113 | 计算机应用093 | 张在旭 | 01113 | 男 | FALSE | 73 | 78 | 89 | 91 | 90 |
| 14 | 5093114 | 计算机应用093 | 黄立 | 01114 | 男 | FALSE | 85 | 62 | 93 | 89 | 53 |
| 15 | 5093115 | 计算机应用093 | 李英 | 01115 | 女 | FALSE | 78 | 68 | 87 | 93 | 69 |
| 16 | 8093101 | 水利工程0932 | 扬海东 | 00101 | 男 | FALSE | 75 | 81 | 68 | 87 | 75 |
| 17 | 8093102 | 水利工程0932 | 陈松 | 00102 | 男 | FALSE | 38 | 56 | 78 | 90 | 71 |
| 18 | 8093103 | 水利工程0932 | 王文辉 | 00103 | 男 | TRUE | 66 | 62 | 93 | 69 | 73 |
| 19 | 8093104 | 水利工程0932 | 王靖宇 | 00104 | 男 | FALSE | 66 | 81 | 73 | 51 | 89 |
| 20 | 8093105 | 水利工程0932 | 靳丽 | 00105 | 女 | FALSE | 67 | 73 | 78 | 78 | 81 |
| 21 | 7093101 | 建筑工程0934 | 许敏 | 00131 | 女 | FALSE | 75 | 62 | 89 | 93 | 62 |
| 22 | 7093102 | 建筑工程0934 | 卜瑞 | 00132 | 女 | FALSE | 86 | 77 | 73 | 73 | 62 |
| 23 | 7093103 | 建筑工程0934 | 刘敏平 | 00133 | 女 | FALSE | 91 | 60 | 85 | 78 | 69 |
| 24 | 7093104 | 建筑工程0934 | 牛平 | 00134 | 男 | FALSE | 90 | 69 | 78 | 87 | 69 |
| 25 | 7093105 | 建筑工程0934 | 高倩 | 00135 | 女 | FALSE | 73 | 85 | 78 | 73 | 62 |

**图 4-1-4　学生成绩表数据**

### 操作3　数据的填充

**1. 序号输入（使用鼠标自动填充）**

在 A2 单元格中输入"1"，在 A3 单元格中输入"2"，将光标置于所选单元格的右下角，当光标呈黑十字时，按住鼠标左键拖动填充柄经过待填充的区域，松开鼠标左键，则序列数据按内定的规律被填充到鼠标拖动所经过的各单元格，如图 4-1-5 所示。

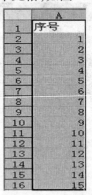

**图 4-1-5　序号填充效果**

**2. 学号的输入（使用菜单填充）**

在待填充区域的起始单元格中输入初始值（如在 B2 单元格中输入学号"5093101"），如图 4-1-6 所示。然后选定待选区域的单元格，选择"编辑"→"填充"→"序列"命令，弹出"序列"对话框，如图 4-1-7 所示，选定相关项后，单击"确定"按钮。

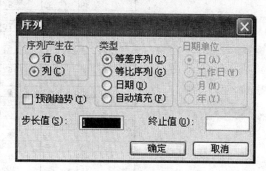

图 4-1-6　"输入学号"效果图　　　　　　　图 4-1-7　"序列"对话框

✤小提示：

（1）数字以文本的形式输入（如准考证号、身份证号的输入）时，在输入内容的前面应加一个英文状态下的单引号，输入完成后按回车键即可。

（2）整数（如考试的分数）直接输入即可。

（3）输入分数（如 $\frac{2}{3}$）时，应在单元格中先输入 0 再输入空格，然后输入分数。

（4）输入日期时，用减号"－"或者斜杠"/"分隔日期的年、月、日，如 1998－03－21 或 1999/06/03。输入时间时，用"："分隔，Excel 默认以 24 小时记时，若采用 12 小时制，时间后面加空格再加 AM 或 PM，如 17：02：35、8：12：31 PM。

**操作 4　条件格式**

（1）选定学生成绩数据区域 H2：L26。

（2）选择"格式"→"条件格式"命令，弹出如图 4-1-8 所示对话框，在该对话框中选择条件运算符为"小于"，条件值为"60"。

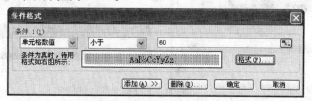

图 4-1-8　"条件格式"对话框

（3）单击"格式"按钮，弹出"单元格格式"对话框，选择"25% 灰色"图案底纹，单击"确定"返回"条件格式"对话框。

单击"确定"按钮，设置结果如图 4-1-9 所示。

| 计算机应用 | C语言 | VB程序设计 | 力学 | 工程造价 |
|---|---|---|---|---|
| 74 | 65 | 87 | 73 | 85 |
| 86 | 91 | 90 | 78 | 62 |
| 77 | 60 | 69 | 89 | 93 |
| 73 | 85 | 51 | 79 | 67 |
| 78 | 62 | 68 | 56 | 73 |
| 89 | 93 | 87 | 78 | 78 |
| 60 | 67 | 75 | 86 | 55 |
| 80 | 71 | 79 | 91 | 66 |
| 75 | 78 | 66 | 90 | 67 |
| 81 | 73 | 62 | 73 | 75 |
| 68 | 78 | 93 | 52 | 86 |
| 76 | 89 | 67 | 89 | 91 |
| 73 | 85 | 89 | 91 | 90 |
| 85 | 62 | 93 | 89 | 53 |
| 78 | 68 | 87 | 93 | 69 |
| 75 | 81 | 68 | 87 | 75 |
| 38 | 56 | 78 | 90 | 71 |
| 66 | 62 | 93 | 69 | 89 |
| 66 | 81 | 73 | 51 | 89 |
| 67 | 73 | 78 | 78 | 81 |
| 75 | 62 | 89 | 93 | 62 |
| 86 | 77 | 73 | 73 | 62 |

图 4-1-9　"条件格式"设置结果

### 操作 5　应用公式和函数

公式是由运算符、数据、单元格引用位置、函数等组成的。公式必须以等号" ＝ "开头,系统将等号" ＝ "后面的字符串识别为公式。

**1. 求总分**

方法一:使用自动求和按钮求和。将鼠标移至 M2 单元格,单击工具栏中的求和按钮"∑",按回车键计算出 M2 单元格的分数。然后选中 M2 单元格,将光标移至右下角,当光标变成黑十字时,拖动鼠标至 M26 就会填充该列。

方法二:使用 SUM 函数求和。选定 M2 单元格,然后单击"$f_x$"按钮,此时会弹出如图 4-1-10 所示对话框。从中选择 SUM 函数后,单击"确定"按钮,会弹出如图 4-1-11 所示对话框。按"Number1"文本框后的按钮,会弹出如图 4-1-12 所示的对话框,然后用鼠标选择需要求和的单元格后,该文本框中会自动填充单元格的名称,单击就会返回到如图 4-1-11 所示对话框。最后单击"确定"按钮,就会自动求和。

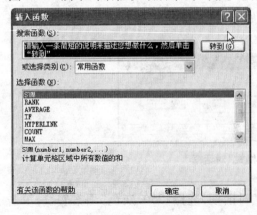

图 4-1-10　"插入函数"对话框

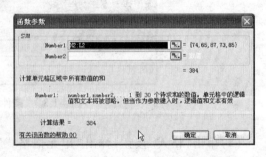

图 4-1-11　"函数参数"对话框(a)

图 4-1-12  "函数参数"对话框(b)

❈小提示:使用 SUM 函数时,其语法格式为 SUM(Ref),此处 Ref 为参与计算的单元格区域。例如:SUM(E2:H2)表示求 E2、F2、G2、H2 四个单元格内的数字的和。操作为:将鼠标移到 I2 单元格,然后输入" = SUM(E2:H2)"后回车,即可求出 E2、F2、G2、H2 四个单元格内的数字的和。

2. 求平均分

求平均分用 AVERAGE 函数,其语法格式为 AVERAGE(Ref),此处 Ref 为参与计算的单元格区域。例如:AVERAGE( H2:L2)是求 H2:L2 区域内的数字的平均值。操作为:将鼠标移到 N2 单元格,然后输入" = AVERAGE( H2:L2)"后回车,即可求出 H2:L2 区域内的数字的平均值,如图 4-1-13 所示。

| 姓名 | 准考证号 | 性别 | 是否党 | 计算机应用 | C语言 | VB程序设 | 力学 | 工程造价 | 总分 | 均分 |
|---|---|---|---|---|---|---|---|---|---|---|
| 李新 | 01101 | 男 | FALSE | 74 | 65 | 87 | 73 | 85 | 384 | 76.80 |
| 郝心怡 | 01102 | 女 | TRUE | 86 | 91 | 90 | 78 | 62 | 407 | 81.40 |
| 孙英 | 01103 | 女 | FALSE | 77 | 60 | 69 | 89 | 93 | 388 | 77.60 |
| 金翔 | 01104 | 女 | FALSE | 73 | 85 | 51 | 79 | 67 | 355 | 71.00 |
| 王春晓 | 01105 | 女 | FALSE | 78 | 62 | 68 | 56 | 73 | 337 | 67.40 |
| 姚林 | 01106 | 男 | FALSE | 89 | 93 | 87 | 78 | 78 | 425 | 85.00 |
| 钱民 | 01107 | 男 | FALSE | 60 | 67 | 75 | 86 | 55 | 343 | 68.60 |
| 张平 | 01108 | 男 | TRUE | 80 | 71 | 79 | 91 | 66 | 387 | 77.40 |
| 张磊 | 01109 | 男 | FALSE | 75 | 78 | 66 | 90 | 67 | 376 | 75.20 |
| 王力 | 01110 | 男 | TRUE | 81 | 73 | 62 | 73 | 75 | 364 | 72.80 |
| 张雨涵 | 01111 | 女 | FALSE | 68 | 78 | 93 | 52 | 86 | 377 | 75.40 |
| 高晓东 | 01112 | 男 | FALSE | 76 | 89 | 67 | 89 | 91 | 412 | 82.40 |
| 张在旭 | 01113 | 男 | FALSE | 73 | 78 | 89 | 91 | 90 | 421 | 84.20 |
| 黄立 | 01114 | 男 | FALSE | 85 | 62 | 93 | 89 | 53 | 382 | 76.40 |
| 李英 | 01115 | 女 | FALSE | 78 | 68 | 87 | 93 | 69 | 395 | 79.00 |
| 扬海东 | 00101 | 男 | FALSE | 75 | 81 | 68 | 87 | 75 | 386 | 77.20 |
| 陈松 | 00102 | 男 | FALSE | 38 | 56 | 78 | 90 | 71 | 333 | 66.60 |
| 王文辉 | 00103 | 男 | TRUE | 66 | 62 | 93 | 69 | 73 | 363 | 72.60 |
| 王靖宇 | 00104 | 男 | FALSE | 66 | 81 | 73 | 51 | 89 | 360 | 72.00 |
| 靳丽 | 00105 | 女 | FALSE | 67 | 73 | 78 | 78 | 81 | 377 | 75.40 |
| 许敏 | 00131 | 女 | FALSE | 75 | 62 | 89 | 93 | 62 | 381 | 76.20 |
| 卜瑞 | 00132 | 女 | FALSE | 86 | 77 | 73 | 73 | 62 | 371 | 74.20 |
| 刘敏平 | 00133 | 女 | FALSE | 91 | 60 | 85 | 78 | 69 | 383 | 76.60 |
| 牛平 | 00134 | 男 | FALSE | 90 | 69 | 78 | 87 | 69 | 393 | 78.60 |
| 高情 | 00135 | 女 | FALSE | 73 | 85 | 78 | 73 | 62 | 371 | 74.20 |
| 最高分 | | | | 91 | 93 | 93 | 93 | 93 | | |
| 最低分 | | | | 38 | 56 | 51 | 51 | 53 | | |

图 4-1-13  "总分、平均分、最高分、最低分"求出后的效果

3. 求最高分和最低分

求最高分和最低分用 MAX 和 MIN 函数,语法格式分别为 MAX(Ref)和 MIN(Ref)。例如:求"计算机应用基础"课程最高分,将光标定位在 H27 单元格,然后输入" = MAX(H2:H26)"后回车;求"计算机应用基础"最低分,将光标定位在 H28 单元格,然后输入" = MIN(H2:H26)"后回车。用同样的方法求出其他课程的最高分与最低分,如图 4-1-13 所示。

### 操作6　单元格的引用方法

在公式中可直接引用单元格的名称或单元格地址。

（1）相对地址引用：指引用时使用单元格的行号和列号来表示单元格地址的方法。如求总分时在 M2 单元格中可以使用公式"＝ H2＋I2＋J2＋K2＋L2"。将此公式复制到 M3 单元格时，公式将会自动改变为"＝ H3＋I3＋J3＋K3＋L3"。

（2）绝对地址引用。绝对地址用以固定表示工作表中的某一位置，引用时在单元格的行号与列号前面加一个"＄"符号。例如，单元格 A1 的绝对地址为 ＄A＄1，单元格 B2 的绝对地址为 ＄B＄2，现将单元格 A1 的内容与单元格 B2 的内容求和并将结果放至单元格 C3 内，则单元格 C3 内的公式应写为"＝ ＄A＄1＋＄B＄2"。将此公式复制到 C5 单元格时，公式不会发生变化。

（3）混合地址引用。例如，使用 RANK 函数求排名时，公式为"＝ RANK（M2，M2：M26）"，其中 M2：M26 这个区域的地址在使用的过程中不希望发生变化，则将 M2：M26变为绝对地址引用 ＄M＄2：＄M＄26，但 M2 单元格地址是要求变化的，所以 M2 单元格是相对地址引用。在此公式中，有相对地址引用和绝对地址引用，所以称为混合地址引用。

### 操作7　数据排序

将学生按成绩进行排序，方法如下：

（1）使用常用工具栏上的排序按钮排序。选定要排序的单元格区域 N2：N26，单击常用工具栏中的升序按钮🔼或降序按钮🔽，即可完成选定区域的数据排序。

（2）使用菜单命令排序。

将学生信息按主要关键字"总分"降序进行排序，步骤如下：

①选择数据列表中的任一单元格。

②选择"数据"→"排序"命令，弹出"排序"对话框。

③在"主要关键字"中选择"总分""降序"，在"我的数据区域"中选择"有标题行"，如图 4-1-14 所示。

④单击"确定"按钮，数据清单中将显示排序的结果，如图 4-1-15 所示。

图 4-1-14　"排序"对话框

### 操作8　排列名次

将鼠标移到 O2 单元格，并输入公式"＝RANK（M2，＄M＄2：＄M＄26）"。该公式的含义是：M2 单元格数值在 M2：M26 固定范围内的排列位置（数值越大，位置越后）。最后，选中 M2 单元格并拖动填充柄到结束处，即可实现全部名次的计算，如图 4-1-16 所示。

| 序号 | 学号 | 班级 | 姓名 | 准考证号 | 性别 | 是否党 | 计算机应用 | C语言 | VB程序设计 | 力学 | 工程造价 | 总分 | 均分 |
|---|---|---|---|---|---|---|---|---|---|---|---|---|---|
| 6 | 5093106 | 计算机应用093 | 姚林 | 01106 | 男 | FALSE | 89 | 93 | 87 | 78 | 78 | 425 | 85.00 |
| 13 | 5093113 | 计算机应用093 | 张在旭 | 01113 | 男 | FALSE | 73 | 78 | 89 | 91 | 90 | 421 | 84.20 |
| 12 | 5093112 | 计算机应用093 | 高晓东 | 01112 | 男 | FALSE | 76 | 89 | 67 | 89 | 91 | 412 | 82.40 |
| 2 | 5093102 | 计算机应用093 | 郝心怡 | 01102 | 女 | TRUE | 86 | 91 | 90 | 78 | 62 | 407 | 81.40 |
| 15 | 5093115 | 计算机应用093 | 李英 | 01115 | 女 | FALSE | 78 | 68 | 87 | 93 | 69 | 395 | 79.00 |
| 24 | 7093104 | 建筑工程0934 | 牛平 | 00134 | 男 | FALSE | 90 | 69 | 78 | 87 | 69 | 393 | 78.60 |
| 3 | 5093103 | 计算机应用093 | 孙英 | 01103 | 女 | FALSE | 77 | 60 | 69 | 89 | 93 | 388 | 77.60 |
| 8 | 5093108 | 计算机应用093 | 张平 | 01108 | 男 | TRUE | 80 | 71 | 79 | 91 | 66 | 387 | 77.40 |
| 16 | 8093101 | 水利工程0932 | 扬海东 | 00101 | 男 | FALSE | 75 | 81 | 68 | 87 | 75 | 386 | 77.20 |
| 1 | 5093101 | 计算机应用093 | 李新 | 01101 | 男 | FALSE | 74 | 65 | 87 | 73 | 85 | 384 | 76.80 |
| 23 | 7093103 | 建筑工程0934 | 刘敏平 | 00133 | 女 | FALSE | 91 | 60 | 85 | 78 | 69 | 383 | 76.60 |
| 14 | 5093114 | 计算机应用093 | 黄立 | 01114 | 男 | FALSE | 85 | 62 | 93 | 89 | 52 | 382 | 76.40 |
| 21 | 7093101 | 建筑工程0934 | 许敏 | 00131 | 女 | FALSE | 75 | 62 | 89 | 93 | 62 | 381 | 76.20 |
| 11 | 5093111 | 计算机应用093 | 张雨涵 | 01111 | 女 | FALSE | 68 | 78 | 93 | 52 | 86 | 377 | 75.40 |
| 20 | 8093105 | 水利工程0932 | 靳丽 | 00105 | 女 | FALSE | 67 | 73 | 78 | 78 | 81 | 377 | 75.40 |
| 9 | 5093109 | 计算机应用093 | 张磊 | 01109 | 男 | FALSE | 75 | 78 | 66 | 90 | 67 | 376 | 75.20 |
| 22 | 7093102 | 建筑工程0934 | 卜瑞 | 00132 | 女 | FALSE | 86 | 77 | 73 | 73 | 62 | 371 | 74.20 |
| 25 | 7093105 | 建筑工程0934 | 高倩 | 00135 | 女 | FALSE | 73 | 85 | 78 | 73 | 62 | 371 | 74.20 |
| 10 | 5093110 | 计算机应用093 | 王力 | 01110 | 男 | TRUE | 81 | 73 | 62 | 73 | 75 | 364 | 72.80 |
| 18 | 8093103 | 水利工程0932 | 王文辉 | 00103 | 男 | TRUE | 66 | 62 | 93 | 69 | 73 | 363 | 72.60 |
| 19 | 8093104 | 水利工程0932 | 王靖宇 | 00104 | 男 | FALSE | 66 | 81 | 73 | 51 | 89 | 360 | 72.00 |
| 4 | 5093104 | 计算机应用093 | 金翔 | 01104 | 女 | FALSE | 73 | 85 | 51 | 79 | 67 | 355 | 71.00 |
| 7 | 5093107 | 计算机应用093 | 钱民 | 01107 | 男 | FALSE | 60 | 67 | 75 | 86 | 55 | 343 | 68.60 |
| 5 | 5093105 | 计算机应用093 | 王春晓 | 01105 | 女 | FALSE | 78 | 62 | 68 | 56 | 73 | 337 | 67.40 |
| 17 | 8093102 | 水利工程0932 | 陈松 | 00102 | 男 | FALSE | 38 | 56 | 78 | 90 | 71 | 333 | 66.60 |

图 4-1-15　成绩排行榜

| 序号 | 学号 | 班级 | 姓名 | 准考证号 | 性别 | 是否党 | 计算机应用 | C语言 | VB程序设计 | 力学 | 工程造价 | 总分 | 均分 | 名次 |
|---|---|---|---|---|---|---|---|---|---|---|---|---|---|---|
| 1 | 5093101 | 计算机应用093 | 李新 | 01101 | 男 | FALSE | 74 | 65 | 87 | 73 | 85 | 384 | 76.80 | 10 |
| 2 | 5093102 | 计算机应用093 | 郝心怡 | 01102 | 女 | TRUE | 86 | 91 | 90 | 78 | 62 | 407 | 81.40 | 4 |
| 3 | 5093103 | 计算机应用093 | 孙英 | 01103 | 女 | FALSE | 77 | 60 | 69 | 89 | 93 | 388 | 77.60 | 7 |
| 4 | 5093104 | 计算机应用093 | 金翔 | 01104 | 女 | FALSE | 73 | 85 | 51 | 79 | 67 | 355 | 71.00 | 22 |
| 5 | 5093105 | 计算机应用093 | 王春晓 | 01105 | 女 | FALSE | 78 | 62 | 68 | 56 | 73 | 337 | 67.40 | 24 |
| 6 | 5093106 | 计算机应用093 | 姚林 | 01106 | 男 | FALSE | 89 | 93 | 87 | 78 | 78 | 425 | 85.00 | 1 |
| 7 | 5093107 | 计算机应用093 | 钱民 | 01107 | 男 | FALSE | 60 | 67 | 75 | 86 | 55 | 343 | 68.60 | 23 |
| 8 | 5093108 | 计算机应用093 | 张平 | 01108 | 男 | TRUE | 80 | 71 | 79 | 91 | 66 | 387 | 77.40 | 8 |
| 9 | 5093109 | 计算机应用093 | 张磊 | 01109 | 男 | FALSE | 75 | 78 | 66 | 90 | 67 | 376 | 75.20 | 15 |
| 10 | 5093110 | 计算机应用093 | 王力 | 01110 | 男 | TRUE | 81 | 73 | 62 | 73 | 75 | 364 | 72.80 | 19 |
| 11 | 5093111 | 计算机应用093 | 张雨涵 | 01111 | 女 | FALSE | 68 | 78 | 93 | 52 | 86 | 377 | 75.40 | 14 |
| 12 | 5093112 | 计算机应用093 | 高晓东 | 01112 | 男 | FALSE | 76 | 89 | 67 | 89 | 91 | 412 | 82.40 | 3 |
| 13 | 5093113 | 计算机应用093 | 张在旭 | 01113 | 男 | FALSE | 73 | 78 | 89 | 91 | 90 | 421 | 84.20 | 2 |
| 14 | 5093114 | 计算机应用093 | 黄立 | 01114 | 男 | FALSE | 85 | 62 | 93 | 89 | 53 | 382 | 76.40 | 12 |
| 15 | 5093115 | 计算机应用093 | 李英 | 01115 | 女 | FALSE | 78 | 68 | 87 | 93 | 69 | 395 | 79.00 | 5 |
| 16 | 8093101 | 水利工程0932 | 扬海东 | 00101 | 男 | FALSE | 75 | 81 | 68 | 87 | 75 | 386 | 77.20 | 9 |
| 17 | 8093102 | 水利工程0932 | 陈松 | 00102 | 男 | FALSE | 38 | 56 | 78 | 90 | 71 | 333 | 66.60 | 25 |
| 18 | 8093103 | 水利工程0932 | 王文辉 | 00103 | 男 | TRUE | 66 | 62 | 93 | 69 | 73 | 363 | 72.60 | 20 |
| 19 | 8093104 | 水利工程0932 | 王靖宇 | 00104 | 男 | FALSE | 66 | 81 | 73 | 51 | 89 | 360 | 72.00 | 21 |
| 20 | 8093105 | 水利工程0932 | 靳丽 | 00105 | 女 | FALSE | 67 | 73 | 78 | 78 | 81 | 377 | 75.40 | 14 |
| 21 | 7093101 | 建筑工程0934 | 许敏 | 00131 | 女 | FALSE | 75 | 62 | 89 | 93 | 62 | 381 | 76.20 | 13 |
| 22 | 7093102 | 建筑工程0934 | 卜瑞 | 00132 | 女 | FALSE | 86 | 77 | 73 | 73 | 62 | 371 | 74.20 | 16 |
| 23 | 7093103 | 建筑工程0934 | 刘敏平 | 00133 | 女 | FALSE | 91 | 60 | 85 | 78 | 69 | 383 | 76.60 | 11 |
| 24 | 7093104 | 建筑工程0934 | 牛平 | 00134 | 男 | FALSE | 90 | 69 | 78 | 87 | 69 | 393 | 78.60 | 6 |
| 25 | 7093105 | 建筑工程0934 | 高倩 | 00135 | 女 | FALSE | 73 | 85 | 78 | 73 | 62 | 371 | 74.20 | 17 |

图 4-1-16　排列名次

**操作 9　工作表的打印**

在实际工作中,为了方便查看和保存,建立好的工作表往往需要按要求打印出来。在 Excel 2003 中,打印时需要注意以下四个方面。

1. 建立页眉和页脚

学生成绩表的页眉和页脚包含了许多有用信息,例如学生成绩表的页码或表标题等, 只需单击"文件"→"页面设置"→"页眉/页脚"命令即可完成操作。

例如,在"页眉"居中位置中插入"山西水利职业技术学院学生成绩表",字体为宋体、 加粗,字体大小 48 磅;在"页脚"左对齐位置上插入"审核人:",在居中位置上插入"日 期",在右对齐位置上插入"页码"。操作步骤如下:

(1)在打开的"页面设置"对话框中点击"自定义页眉"按钮,如图 4-1-17 所示。

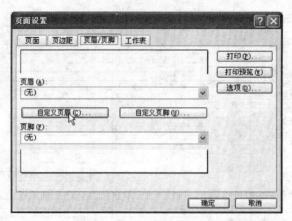

**图 4-1-17　"页面设置"对话框"页眉/页脚"选项卡**

（2）在打开的"页眉"对话框中输入"山西水利职业技术学院学生成绩表"，然后将其选中，再单击"字体"按钮，如图 4-1-18 所示。

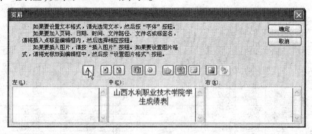

**图 4-1-18　"页眉"字体设置**

（3）在打开的"字体"对话框，按如图 4-1-19 所示进行设置，最后单击"确定"按钮。

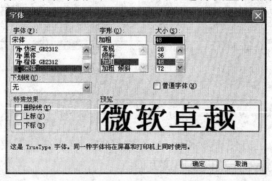

**图 4-1-19　"字体"对话框**

（4）在"页脚"左对齐的位置上插入"审核人："，在居中位置上插入"日期"，在右对齐位置上插入"页码"，如图 4-1-20 所示进行设置，最后单击"确定"按钮。

（5）在返回的"页面设置"对话框中单击"确定"按钮，即可完成页眉和页脚的设置。

**2. 打印行或列标题**

如果 Excel 制作的报表大小超过了一页，要保证第一页以后的各页均能看到行或列的标题，以便正确标示各行或各列数据的具体含义。

图 4-1-20　"页脚"设置

操作方法是单击"文件"菜单中的"页面设置"命令,打开"页面设置"对话框的"工作表"选项卡。当每一页需要重复打印列标题时,请将光标插入"顶端标题行"框,然后用鼠标选中包含列标题的所有单元格,即可输入引用;或者将列标题的单元格引用直接输入"顶端标题行"框。

如果每一页需要重复出现行标题(一般在 A 列),可以按相同方法将光标插入"左端标题列"框,然后按上面介绍的方法设置行标题的引用,如图 4-1-21 所示。

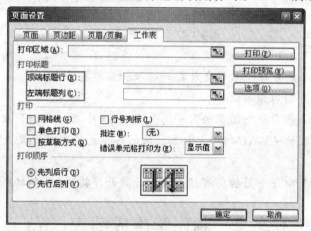

图 4-1-21　"页面设置"对话框"工作表"选项卡

### 3. 使所有数据可见

如果某一单元格中的文本或数字超出了列宽,那么打印出来的文本将被截断,打印出来的数字则会显示为"######"。为此,打印之前必须确保工作表中的所有数据可见。

如果发现了某一列的宽度不够,只需将光标放到该列列标右侧的边线处,待光标变成双向箭头后双击边线,即可自动增加列宽,以适应数据的长度。

也可以单击"格式"菜单中的"单元格"命令。打开"单元格"对话框的"对齐"选项卡,选中"文本控制"下的"自动换行",即可使数据自动换行,以适应列宽。

### 4. 使用容易查看的格式

国内的各种报表习惯设置网格线,我们可以打开"页面设置"对话框的"工作表"选项卡,选中"打印"下的"网格线"即可。也可以选中需要设置网格线的所有单元格,单击 Excel 格式工具栏中的"边框"下拉按钮,打开对话框,从中选择需要的边框样式。

**练一练**

打开助教系统光盘项目 4 任务 1 中的电子表格 Excel11. XLS,如图 4-1-22 所示,按照下列要求完成对此文档的操作并保存。

| A | B | C | D | E | F | G | H | I | J | K | L |
|---|---|---|---|---|---|---|---|---|---|---|---|
| 1993年欧洲10个国家月失业人口统计表(万人) | | | | | | | | | | | |
| 月份 | RUS | UKR | BYL | KAZ | UZB | KIR | TAJ | AZR | ARM | MOL | 合计 |
| 一月 | 62.80 | 7.32 | 3.14 | 3.56 | 1.08 | 0.19 | 0.86 | 0.69 | 6.18 | 1.42 | |
| 二月 | 69.22 | 7.72 | 4.71 | 3.72 | 1.33 | 0.23 | 0.89 | 0.76 | 6.80 | 1.36 | |
| 三月 | 73.00 | 7.95 | 5.28 | 3.93 | 1.49 | 0.24 | 0.97 | 0.77 | 7.67 | 1.28 | |
| 四月 | 75.06 | 7.88 | 5.36 | 4.06 | 1.57 | 0.26 | 1.13 | 0.75 | 8.19 | 1.22 | |
| 五月 | 71.71 | 7.58 | 5.44 | 3.94 | 1.52 | 0.27 | 1.27 | 0.70 | 8.60 | 1.11 | |
| 六月 | 74.05 | 7.33 | 5.49 | 3.76 | 1.51 | 0.27 | 1.17 | 0.67 | 8.76 | 0.98 | |
| 七月 | 71.68 | 7.58 | 5.82 | 3.73 | 1.54 | 0.27 | 1.26 | 1.77 | 8.97 | 0.96 | |
| 八月 | 71.39 | 7.81 | 6.20 | 3.68 | 1.50 | 0.28 | 1.31 | 1.81 | 8.32 | 1.02 | |
| 九月 | 70.60 | 7.87 | 6.34 | 3.72 | 1.44 | 0.26 | 1.37 | 1.88 | 8.69 | 1.04 | |
| 十月 | 72.84 | 7.95 | 6.58 | 3.91 | 1.41 | 0.28 | 1.91 | 1.85 | 9.32 | 1.08 | |
| 十一月 | 73.01 | 7.60 | 6.25 | 3.86 | 1.38 | 0.32 | 1.88 | 1.91 | 9.51 | 0.99 | |
| 十二月 | 72.08 | 7.46 | 6.51 | 3.65 | 1.40 | 0.31 | 1.65 | 1.68 | 9.69 | 0.85 | |
| 月平均 | | | | | | | | | | | |

图 4-1-22　工作表 Sheet1

(1)求出 Sheet1 表中每个月的合计数并填入相应单元格中;

(2)将 Sheet1 复制到 Sheet2 中;

(3)求出 Sheet2 表中每个国家的月平均失业人数(小数取 2 位),填入相应单元格中;

(4)将 Sheet1 表的 A3: A15 和 L3: L15 区域的各单元格内容设置为"水平居中"及"垂直居中";

(5)将 Sheet1 表中每个月的所有信息按合计数升序排列(不包括"月平均")。

# 任务 2　制作学生成绩表(下)

## 4.2.1　教学目标

在任务 1 中,我们学会了建立表格,在本任务中主要是给表格加边框、底纹、颜色,设置数字格式,调整行高和列宽,增减行、列、单元格等,即美化表格。本任务完成后效果如图 4-2-1 所示。

## 4.2.2　主要知识点

(1)调整行高和列宽。

(2)增减行、列、单元格。

(3)单元格格式的用法。

(4)设置表格边框线。

(5)多工作表。

**山西水利职业技术学院第一考场学生考试成绩表**

| 序号 | 学号 | 班级 | 姓名 | 准考证号 | 性别 | 是否党员 | 计算机应用基 | C语言 | B程序设计 | 力学 | 工程造价 | 总分 | 均分 | 名次 |
|---|---|---|---|---|---|---|---|---|---|---|---|---|---|---|
| 1 | 5093101 | 计算机应用0931班 | 李新 | 01101 | 男 | FALSE | 74 | 65 | 87 | 73 | 85 | 384 | 76.80 | 10 |
| 2 | 5093102 | 计算机应用0931班 | 郝心怡 | 01102 | 女 | TRUE | 86 | 91 | 90 | 78 | 62 | 407 | 81.40 | 4 |
| 3 | 5093103 | 计算机应用0931班 | 孙英 | 01103 | 女 | FALSE | 77 | 60 | 69 | 89 | 93 | 388 | 77.60 | 7 |
| 4 | 5093104 | 计算机应用0931班 | 金翔 | 01104 | 女 | FALSE | 73 | 85 | 51 | 79 | 67 | 355 | 71.00 | 22 |
| 5 | 5093105 | 计算机应用0931班 | 王春晓 | 01105 | 女 | FALSE | 78 | 62 | 68 | 55 | 73 | 337 | 67.40 | 24 |
| 6 | 5093106 | 计算机应用0931班 | 姚林 | 01106 | 男 | FALSE | 89 | 93 | 87 | 78 | 78 | 425 | 85.00 | 1 |
| 7 | 5093107 | 计算机应用0931班 | 钱民 | 01107 | 男 | FALSE | 60 | 67 | 75 | 86 | 55 | 343 | 68.60 | 23 |
| 8 | 5093108 | 计算机应用0931班 | 张平 | 01108 | 男 | TRUE | 80 | 71 | 79 | 91 | 66 | 387 | 77.40 | 8 |
| 9 | 5093109 | 计算机应用0931班 | 张磊 | 01109 | 男 | FALSE | 75 | 78 | 66 | 90 | 67 | 376 | 75.20 | 16 |
| 10 | 5093110 | 计算机应用0931班 | 王力 | 01110 | 男 | TRUE | 81 | 73 | 62 | 73 | 75 | 364 | 72.80 | 19 |
| 11 | 5093111 | 计算机应用0931班 | 张雨涵 | 01111 | 女 | FALSE | 68 | 78 | 93 | 52 | 86 | 377 | 75.40 | 14 |
| 12 | 5093112 | 计算机应用0931班 | 高晓东 | 01112 | 男 | FALSE | 76 | 89 | 67 | 89 | 91 | 412 | 82.40 | 3 |
| 13 | 5093113 | 计算机应用0931班 | 张在旭 | 01113 | 男 | FALSE | 73 | 78 | 89 | 91 | 90 | 421 | 84.20 | 2 |
| 14 | 5093114 | 计算机应用0931班 | 黄立 | 01114 | 男 | FALSE | 85 | 62 | 93 | 89 | 53 | 382 | 76.40 | 12 |
| 15 | 5093115 | 计算机应用0931班 | 李英 | 01115 | 女 | FALSE | 78 | 68 | 87 | 93 | 69 | 395 | 79.00 | 5 |
| 16 | 8093101 | 水利工程0932班 | 汤海东 | 00101 | 男 | FALSE | 75 | 81 | 68 | 87 | 75 | 386 | 77.20 | 9 |
| 17 | 8093102 | 水利工程0932班 | 陈松 | 00102 | 男 | FALSE | 38 | 56 | 78 | 90 | 71 | 333 | 66.60 | 25 |
| 18 | 8093103 | 水利工程0932班 | 王文辉 | 00103 | 男 | TRUE | 66 | 62 | 93 | 69 | 73 | 363 | 72.60 | 20 |
| 19 | 8093104 | 水利工程0932班 | 王靖宇 | 00104 | 男 | FALSE | 66 | 81 | 73 | 51 | 89 | 360 | 72.00 | 21 |
| 20 | 8093105 | 水利工程0932班 | 靳丽 | 00105 | 女 | FALSE | 67 | 73 | 78 | 78 | 81 | 377 | 75.40 | 14 |
| 21 | 7093101 | 建筑工程0934班 | 许敏 | 00131 | 女 | FALSE | 75 | 62 | 89 | 93 | 62 | 381 | 76.20 | 13 |
| 22 | 7093102 | 建筑工程0934班 | 卜瑞 | 00132 | 女 | FALSE | 86 | 77 | 73 | 73 | 62 | 371 | 74.20 | 17 |
| 23 | 7093103 | 建筑工程0934班 | 刘敏平 | 00133 | 女 | FALSE | 91 | 60 | 85 | 78 | 69 | 383 | 76.60 | 11 |
| 24 | 7093104 | 建筑工程0934班 | 牛平 | 00134 | 男 | FALSE | 90 | 69 | 78 | 87 | 69 | 393 | 78.60 | 6 |
| 25 | 7093105 | 建筑工程0934班 | 高倩 | 00135 | 女 | FALSE | 73 | 85 | 78 | 73 | 62 | 371 | 74.20 | 17 |
| | | | 最高分 | | | | 91 | 93 | 93 | 93 | 93 | | | |
| | | | 最低分 | | | | 38 | 56 | 51 | 51 | 53 | | | |

图 4-2-1　学生成绩表

### 4.2.3　实现步骤

**操作 1　调整行高和列宽**

1．用鼠标调整行高和列宽

(1)选定需要调整的列或行(若只调整一行,不用选定)。

(2)移动光标到选定列或行的标号之间的分隔线处,使光标呈黑十字状,按住鼠标左键左右或上下拖动,直至调整到需要的列宽或行高时,松开鼠标左键即可。

2．用菜单命令调整行高和列宽

(1)选定需要调整的列(一列或多列)或行。

(2)选择“格式”→“行”,弹出如图 4-2-2 所示对话框,在对话框中对行高进行设置。选择“格式”→“列”,可对列宽进行设置。

**操作 2　增减行、列、单元格**

1．插入整行或整列

打开任务 1 中制作好的学生成绩表,将光标定位在 A1 单元格,选择“插入”→“行”,即插入一行空行。在 A1 单元格中输入“山西水利职业技术学院第一考场学生考试成绩表”,选中工 A1：O1 单元格,单击工具栏上的“合并及居中”  按钮,选中标题,设置格式为:字体隶书,字号 24 磅,加粗,行高 40 磅,颜色红色,如图 4-2-3 所示。

图 4-2-2　“行高”对话框

| 序号 | 学号 | 班级 | 姓名 | 准考证号 | 性别 | 是否党 | 计算机应用 | C语言 | VB程序设 | 力学 | 工程造价 | 总分 | 均分 | 名次 |
|---|---|---|---|---|---|---|---|---|---|---|---|---|---|---|
| 1 | 5093101 | 计算机应用093 | 李新 | 01101 | 男 | FALSE | 74 | 65 | 87 | 73 | 85 | 384 | 76.80 | 10 |
| 2 | 5093102 | 计算机应用093 | 郝心怡 | 01102 | 女 | TRUE | 86 | 91 | 90 | 78 | 62 | 407 | 81.40 | 4 |
| 3 | 5093103 | 计算机应用093 | 孙英 | 01103 | 女 | FALSE | 77 | 60 | 69 | 89 | 93 | 388 | 77.60 | 7 |
| 4 | 5093104 | 计算机应用093 | 金翔 | 01104 | 女 | FALSE | 73 | 85 | 51 | 79 | 67 | 355 | 71.00 | 22 |
| 5 | 5093105 | 计算机应用093 | 王春晓 | 01105 | 女 | FALSE | 78 | 62 | 68 | 56 | 73 | 337 | 67.40 | 24 |
| 6 | 5093106 | 计算机应用093 | 姚林 | 01106 | 男 | FALSE | 89 | 93 | 87 | 78 | 78 | 425 | 85.00 | 1 |

图 4-2-3　插入标题的学生成绩表

✻**小提示**：若想在某行上方插入一行，可右击其行标题，从弹出的快捷菜单中选择"插入"命令即可。若选择了连续的几行，则同时会插入相同数目的空行。列的插入方法与插入行的方法类似。

2. 插入空白的单元格

当要插入一个或多个单元格时，选择预插入位置的单元格或区域，右击并选择快捷菜单中的"插入"命令或选择"插入"→"单元格"命令，并在如图 4-2-4 所示的对话框中选择插入的方式。

3. 行、列、单元格删除

选定要删除的行、列或单元格，右击并选择快捷菜单中的"删除"命令。

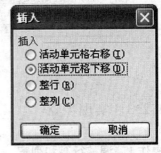

图 4-2-4　"插入"对话框

**操作 3　单元格格式的用法**

（1）选中区域 N3：N27，在选中区域内单击鼠标右键，选择快捷菜单中的"设置单元格格式"命令，打开"单元格格式"对话框，选择"数字"选项卡。在"分类"列表中选择"数值"，将"小数位数"设为"2"，如图 4-2-5 所示。若选择"使用千位分隔符( , )"，则显示的数据在千位位置会加一逗号。

图 4-2-5　"数字"选项卡

（2）设置对齐方式。在"单元格格式"对话框中,选择"对齐"选项卡,"水平对齐"选"居中","垂直对齐"保持默认值"居中"不变,如图 4-2-6 所示。单击"确定"按钮,数字格式设置如图 4-2-7 所示。

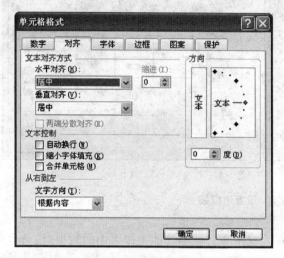

图 4-2-6　"对齐"选项卡

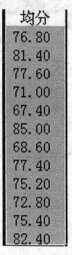

图 4-2-7　数字格式设置

❈小提示:在图 4-2-5 中,还可以设置数字格式为"货币"、"会计专用"、"日期"、"时间"、"百分比"、"科学记数"等其他类型,其设置方法与上述方法类似。

**操作4　设置表格边框线**

设置 A2: O27 单元格区域的边框线:四周为"粗线",内部为"细线"。操作方法如下:

（1）选中 A2: O27 单元格区域,单击"格式"→"单元格"命令,打开"单元格格式"对话框,单击"边框"选项卡,在"线条"区域的"样式"列表框中选择"粗线"型,在"预置"区域中单击"外边框"按钮,如图 4-2-8(a)所示。

（2）在"线条"区域的"样式"列表框中选择"细线"型,在"预置"区域中单击"内部"按钮,如图 4-2-8(b)所示,单击"确定"按钮,完成边框线的设置。

❈小提示:设置表格格式可以采用"表格自动套用格式"的方法,选择"格式"→"表格自动套用格式",会弹出"表格自动套用格式"对话框,选择指定的格式,单击"确定"按钮即可。

**操作5　多工作表**

一个工作簿中可以包含多张工作表,其中文档下方的"Sheet1、Sheet2、Sheet3"为工作表的名称。文档窗口只能显示一张工作表的内容,称为当前工作表。

对于工作表可以进行更改名称标签、切换工作表、工作表的移动和复制、插入空工作表等操作。方法为:单击右键,从弹出的快捷菜单中选择相应的命令。

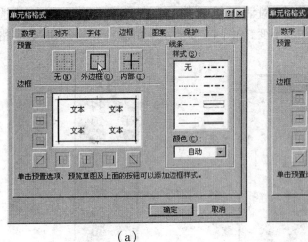 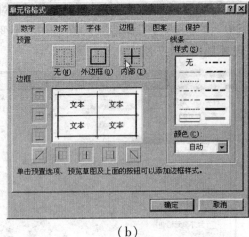

　　　　　（a）　　　　　　　　　　　　　　　（b）

**图 4-2-8　设置边框线**

　　在工作表的计算操作中,需要用到同一工作簿文件中其他工作表中的数据时,可在公式中引用其他工作表中的单元格。引用格式如下:工作表名! 单元格地址。例如:若想在工作表 Sheet1 D6 单元格中放入 C6 与工作表 Sheet2 中单元格 B2 的乘积,可在 Sheet1 的 D6 单元格中输入" = C6 * Sheet2! B2"。另外,也可以引用不同工作簿文件中的单元格,此时需要注明工作簿的文件名。

### 练一练

　　1. 打开助教系统光盘项目 4 任务 2 中的电子表格 Excel21. XLS,如图 4-2-9 所示,按照下列要求完成对此文档的操作并保存。

| A | B | C | D |
|---|---|---|---|
| 货号 | 品名 | 库存量 | 单价 |
| 1001 | 单芯塑线 | 150 | 20 |
| 1002 | 双芯塑线 | 90 | 22 |
| 1003 | 三芯塑线 | 5 | 19 |
| 2001 | 单芯花线 | 203 | 21 |
| 2003 | 双芯花线 | 173 | 22 |
| 2005 | 三芯花线 | 86 | 35 |
| 3002 | 高频电缆 | 112 | 30 |
| 3007 | 七芯电缆 | 250 | 28 |
| 3012 | 九芯电缆 | 302 | 25 |
| 4004 | 漆包线 | 73 | 24 |

**图 4-2-9　工作表 Sheet1 ( a )**

　　（1）在 Sheet1 表后插入工作表 Sheet2 和 Sheet3,并将 Sheet1 复制到 Sheet2 和 Sheet3 中;

　　（2）将 Sheet2 第 2、4、6、8、10 行以及 A 列和 C 列删除;

　　（3）在 Sheet3 第 E 列的第一个单元格中输入"总价",并求出对应行相应总价,保留

两位小数(总价 = 库存量×单价);

　(4)将 Sheet3 表内容按"总价"升序排列;

　(5)将 Sheet3 表设置自动套用格式为"简单"格式,各单元格内容水平对齐方式为居中,各列数据以最适合的列宽显示。

　2.打开助教系统光盘项目 4 任务 2 中的电子表格 Excel22. XLS,如图 4-2-10 所示,按照下列要求完成对此文档的操作并保存。

| | A | B | C | D | E | F | G | H |
|---|---|---|---|---|---|---|---|---|
| | \multicolumn{8}{c}{C公司生产总值统计表(万元)} | | | | | | |
| | 季度 | 月份 | 1997年 | 1998年 | 1999年 | 2000年 | 四年合计 | 同月平均数 |
| | 四季度 | 十二月 | 606.7 | 718.3 | 785.1 | 813.4 | 2923.5 | 730.875 |
| | 四季度 | 十一月 | 616.8 | 709.6 | 766.3 | 766.5 | 2859.2 | 714.8 |
| | 二季度 | 六月 | 611 | 667.9 | 741.5 | 806.3 | 2826.7 | 706.675 |
| | 四季度 | 十月 | 596.3 | 677 | 748.8 | 785.3 | 2807.4 | 701.85 |
| | 二季度 | 五月 | 590 | 653.2 | 806.6 | 746.3 | 2796.1 | 699.025 |
| | 三季度 | 八月 | 565.5 | 684.9 | 739.5 | 797.2 | 2787.1 | 696.775 |
| | 三季度 | 九月 | 599.6 | 676.4 | 776.3 | 725.6 | 2777.9 | 694.475 |
| | 三季度 | 七月 | 557.6 | 627.9 | 790.1 | 782 | 2757.6 | 689.4 |
| | 二季度 | 四月 | 575.2 | 633.2 | 778.6 | 738.2 | 2725.3 | 681.325 |
| | 一季度 | 一月 | 540.9 | 581.3 | 708.6 | 791 | 2621.8 | 655.45 |
| | 一季度 | 三月 | 570.6 | 626.2 | 758.7 | 663.1 | 2618.9 | 654.725 |
| | 一季度 | 二月 | 460.6 | 523.3 | 625.5 | 630.3 | 2239.7 | 559.925 |

图 4-2-10　工作表 Sheet1(b)

　(1)将工作表 Sheet1 按"四年合计"递增次序进行排序;

　(2)将工作表 Sheet1 复制到 Sheet2 中;

　(3)将工作表 Sheet1 中单元格区域 C3:F14 的数字格式设置为使用千位分隔符样式,保留三位小数;

　(4)将 Sheet2 中的"四年合计"列数据设置为"货币"格式,货币符号为"¥",小数位数为"3";

　(5)将 Sheet2 设置自动套用格式为"古典 1"格式。

# 任务 3　制作成绩统计分析表

## 4.3.1　教学目标

通过本任务主要掌握 Excel 2003 中条件统计函数、简单筛选、条件筛选、图表制作等功能。

## 4.3.2　主要知识点

　(1)建立成绩统计分析表。

　(2)制作各科等级表。

　(3)简单条件筛选(自动筛选)。

　(4)复杂条件筛选(高级筛选)。

(5)制作成绩统计分析图。

## 4.3.3　实现步骤

### 操作1　建立成绩统计分析表

1. 求及格率

及格率是指某一科成绩大于等于60分的人数占总体的比例。例如,求任务1中"计算机应用基础"这门课的及格率,操作步骤如下:

(1)选中H29单元格,并输入公式"=COUNTIF(H2:H26,">=60")/COUNT(H2:H26)"后回车。

(2)把鼠标指针移动到H29单元格填充柄上,按下鼠标左键向右拖动鼠标,即可算出其他课程的及格率。

(3)选中H29:L29单元格区域,单击"格式"→"单元格",在弹出的"单元格格式"对话框中选择"数字"标签,从中选择"百分比",小数位数为"2"。效果如图4-3-1所示。

| | | | | | | | |
|---|---|---|---|---|---|---|---|
| 各科及格率 | | | 96.0% | 96.0% | 96.0% | 88.0% | 92.0% |
| 各科优秀率 | | | 8.0% | 8.0% | 16.0% | 24.0% | 12.0% |
| 90~100(人) | | | 2 | 2 | 4 | 6 | 3 |
| 80~89(人) | | | 6 | 5 | 6 | 6 | 4 |
| 70~79(人) | | | 11 | 7 | 8 | 9 | 6 |
| 60~69(人) | | | 5 | 10 | 6 | 1 | 10 |
| 0~59(人) | | | 1 | 1 | 1 | 3 | 2 |

图4-3-1　"及格率、优秀率、各分数段人数"效果

✲**小提示**:在改变H29:L29单元格区域的数字样式时,还可以选中H29:L29单元格区域,单击格式工具栏上的"百分比样式"按钮%,将及格率设置成百分比样式,然后单击格式工具栏上的"增加小数位数"按钮,将及格率保留2位小数。

2. 求优秀率

优秀率是指某一科成绩大于等于90分的人数占总体的比例。例如,求任务1中"计算机应用基础"这门课的优秀率,操作步骤如下:

(1)选中H30单元格,并输入公式"=COUNTIF(H2:H26,">=90")/COUNT(H2:H26)"后回车。

(2)把鼠标指针移动到H30单元格填充柄上,按下鼠标左键向右拖动鼠标,即可算出其他课程的优秀率。

(3)选中H30:L30单元格区域,单击"格式"→"单元格",在弹出的"单元格格式"对话框中选择"数字"标签,从中选择"百分比",小数位数为"2"。效果如图4-3-1所示。

3. 统计各分数段的人数

在成绩表中分别求出各科90~100分的人数、80~89分的人数、70~79分的人数、

60～69 分的人数、0～59 分的人数,操作步骤如下:

(1)在学生成绩表中,选中 H31 单元格,在编辑栏处输入公式"= COUNTIF( H2: H26," > =90")"后按回车(对应"90～100 分的人数")。

(2)选中 H32 单元格,在编辑栏处输入公式"= COUNTIF( H2: H26," > =80") − H31"后按回车(对应"80～89 分的人数")。

(3)选中 H33 单元格,在编辑栏处输入公式"= COUNTIF( H2: H26," > =70") − H31 − H32"后按回车(对应"70～79 分的人数")。

(4)选中 H34 单元格,在编辑栏处输入公式"= COUNTIF( H2: H26," > =60") − H31 − H32 − H33"后按回车(对应"60～69 分的人数")。

(5)选中 H35 单元格,在编辑栏处输入公式"= COUNTIF( H2: H26," <60")"后按回车(对应"0～59 分的人数"),如图 4-3-1 所示。

**操作 2　制作各科等级表**

1. 清除单元格数据

将原有"第一考场学生考试成绩表"(任务 2 及本任务操作 1 完成的工作表)复制成新工作表,并将其命名为"计算机考试成绩等级表"。然后将其中的"C 语言"、"VB 程序设计"、"力学"、"工程造价"、"总分"、"均分"、"名次"、"最高分"、"最低分"、"各科及格率"、"各科优秀率"、"90～100(人)"、"80～89(人)"、"70～79(人)"、"60～69(人)"、"0～59(人)"的内容全部删除,最后所得如图 4-3-2 所示。

| | A | B | C | D | E | F | G | H | I |
|---|---|---|---|---|---|---|---|---|---|
| 1 | 序号 | 学号 | 班级 | 姓名 | 准考证号 | 性别 | 是否党员 | 计算机应用基础 | 等级 |
| 2 | 1 | 5093101 | 计算机应用0931班 | 李新 | 01101 | 男 | FALSE | 74 | |
| 3 | 2 | 5093102 | 计算机应用0931班 | 郝心怡 | 01102 | 女 | TRUE | 86 | |
| 4 | 3 | 5093103 | 计算机应用0931班 | 孙英 | 01103 | 女 | FALSE | 77 | |
| 5 | 4 | 5093104 | 计算机应用0931班 | 金翔 | 01104 | 男 | FALSE | 73 | |
| 6 | 5 | 5093105 | 计算机应用0931班 | 王春晓 | 01105 | 女 | FALSE | 78 | |
| 7 | 6 | 5093106 | 计算机应用0931班 | 姚林 | 01106 | 男 | FALSE | 89 | |
| 8 | 7 | 5093107 | 计算机应用0931班 | 钱民 | 01107 | 男 | FALSE | 66 | |
| 9 | 8 | 5093108 | 计算机应用0931班 | 张平 | 01108 | 男 | TRUE | 80 | |
| 10 | 9 | 5093109 | 计算机应用0931班 | 张磊 | 01109 | 男 | FALSE | 75 | |
| 11 | 10 | 5093110 | 计算机应用0931班 | 王力 | 01110 | 男 | TRUE | 81 | |
| 12 | 11 | 5093111 | 计算机应用0931班 | 张雨涵 | 01111 | 女 | FALSE | 68 | |
| 13 | 12 | 5093112 | 计算机应用0931班 | 高晓东 | 01112 | 男 | FALSE | 76 | |
| 14 | 13 | 5093113 | 计算机应用0931班 | 张在旭 | 01113 | 男 | FALSE | 73 | |
| 15 | 14 | 5093114 | 计算机应用0931班 | 黄立 | 01114 | 男 | FALSE | 85 | |
| 16 | 15 | 5093115 | 计算机应用0931班 | 李英 | 01115 | 女 | FALSE | 78 | |
| 17 | 16 | 8093101 | 水利工程0932班 | 扬海东 | 00101 | 男 | FALSE | 75 | |
| 18 | 17 | 8093102 | 水利工程0932班 | 陈松 | 00102 | 男 | FALSE | 38 | |
| 19 | 18 | 8093103 | 水利工程0932班 | 王文辉 | 00103 | 男 | TRUE | 66 | |
| 20 | 19 | 8093104 | 水利工程0932班 | 王靖宇 | 00104 | 男 | FALSE | 66 | |
| 21 | 20 | 8093105 | 水利工程0932班 | 靳丽 | 00105 | 女 | FALSE | 67 | |
| 22 | 21 | 7093101 | 建筑工程0934班 | 许敏 | 00131 | 女 | FALSE | 75 | |
| 23 | 22 | 7093102 | 建筑工程0934班 | 卜瑞 | 00132 | 女 | FALSE | 86 | |
| 24 | 23 | 7093103 | 建筑工程0934班 | 刘敏平 | 00133 | 女 | FALSE | 91 | |
| 25 | 24 | 7093104 | 建筑工程0934班 | 牛平 | 00134 | 男 | FALSE | 90 | |
| 26 | 25 | 7093105 | 建筑工程0934班 | 高倩 | 00135 | 女 | FALSE | 73 | |

图 4-3-2　清除单元格数据

操作步骤如下:

(1)选中"第一考场学生考试成绩表"的工作标签,按住 Ctrl 键把"第一考场学生考试成绩表"拖动到目标位置后,先释放鼠标,再放开 Ctrl 键。然后将复制后的工作表重命名为"计算机考试成绩等级表"。

(2)在"计算机考试成绩等级表"中,选中"C 语言"、"VB 程序设计"、"力学"、"工程造价"、"总分"、"均分"、"名次"的内容所在的单元格区域 I1:O26。

(3)在菜单栏中选择"编辑"→"清除"→"内容"命令,或按住 Delete 键,只清除选定单元格的内容,而保留了单元格的格式。

(4)选中"等级"列,用鼠标将其拖动到"计算机应用基础"列后(即将 P 列的内容移到 I 列)。

(5)同上操作将"最高分"、"最低分"、"各科及格率"、"各科优秀率"、"90～100(人)"、"80～89(人)""70～79(人)"、"60～69(人)"、"0～59(人)"的内容全部删除。

2. 使用 IF 函数将"计算机成绩"分等级

条件函数 IF 最多可以嵌套 7 层。

学生分数与等级的对应关系如表 4-3-1 所示。

表 4-3-1　学生分数与等级的对应关系

| 分数 | 等级 |
| --- | --- |
| [90,100] | 优秀 |
| [80,90) | 良好 |
| [70,80) | 中 |
| [60,70) | 及格 |
| [0,60) | 不及格 |

操作步骤如下:

(1)在"计算机考试成绩等级表"工作表中,选中 I2 单元格。

(2)在 I2 单元格中输入公式" = IF(H2 > = 90,"优秀",IF(H2 > = 80,"良好",IF(H2 > = 70,"中",IF(H2 > = 60,"及格","不及格")))))"后按回车键,如图 4-3-3 所示。

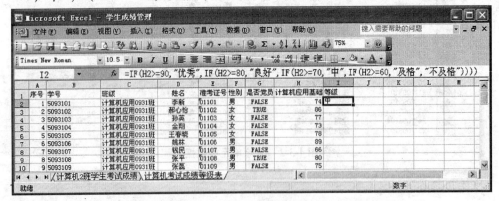

图 4-3-3　求各科等级

(3)选中 I2 单元格,把鼠标移动到该单元格的下方,当鼠标变成拖动柄时,按住鼠标左键拖动到 I26 单元格后,就可以得到计算机考试成绩的等级,如图 4-3-4 所示。

图 4-3-4　各科等级表

**操作 3　简单条件筛选(自动筛选)**

数据筛选是指从数据库或数据清单众多的数据行中找出满足一定条件的几行或几列数据,把所有不满足条件的记录行暂时隐藏起来,只显示那些满足条件的记录行,筛选前与筛选后的工作表都是同一个。Excel 提供了两种筛选方式,它们分别是"自动筛选"与"高级筛选"。自动筛选适用于简单条件,通常是在一个数据表的同一列中查找满足条件的值;高级筛选能提供多条件的、复杂的条件查询。

例如,在"第一考场学生考试成绩表"工作表中,筛选出"计算机应用基础"成绩大于80 分且小于 95 分,所在班级是"计算机应用 0931 班"的男生的记录。操作步骤如下:

(1)选取该工作表中的任意一个单元格,选择菜单"数据"→"筛选"→"自动筛选"命令,就会在该工作表的表头行中的每一个单元格后出现下拉列表的按钮,如图 4-3-5 所示。

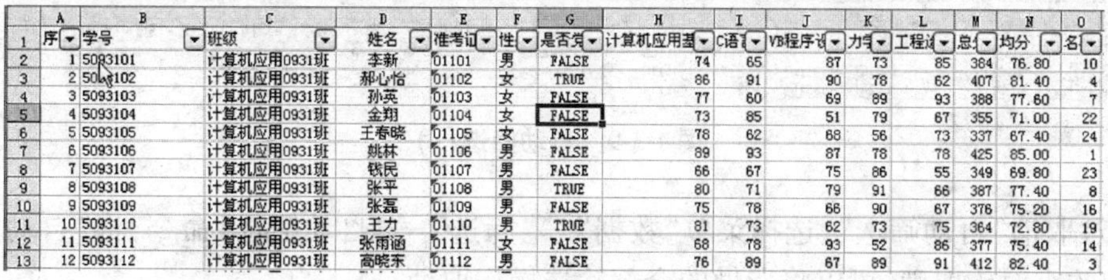

图 4-3-5　自动筛选(a)

(2)选择"性别"下拉列表中的"男",可以筛选出信息表中的男性学生的记录,如图 4-3-6所示。

| | A | B | C | D | E | F | G | H | I | J | K | L | M | N | O |
|---|---|---|---|---|---|---|---|---|---|---|---|---|---|---|---|
| 1 | 序 | 学号 | 班级 | 姓名 | 准考证 | 性 | 是否贫 | 计算机应用基 | C语言 | VB程序设 | 力学 | 工程诗 | 总分 | 均分 | 名 |
| 2 | 1 | 5093101 | 计算机应用0931班 | 李新 | 01101 | 男 | FALSE | 74 | 65 | 87 | 73 | 85 | 384 | 76.80 | 10 |
| 7 | 6 | 5093106 | 计算机应用0931班 | 姚林 | 01106 | 男 | FALSE | 89 | 93 | 87 | 78 | 78 | 425 | 85.00 | 1 |
| 8 | 7 | 5093107 | 计算机应用0931班 | 钱民 | 01107 | 男 | FALSE | 66 | 67 | 75 | 86 | 55 | 349 | 69.80 | 23 |
| 9 | 8 | 5093108 | 计算机应用0931班 | 张平 | 01108 | 男 | TRUE | 80 | 71 | 79 | 91 | 66 | 387 | 77.40 | 8 |
| 10 | 9 | 5093109 | 计算机应用0931班 | 张磊 | 01109 | 男 | FALSE | 75 | 78 | 66 | 90 | 67 | 376 | 75.20 | 16 |
| 11 | 10 | 5093110 | 计算机应用0931班 | 王力 | 01110 | 男 | TRUE | 81 | 73 | 62 | 73 | 75 | 364 | 72.80 | 19 |
| 13 | 12 | 5093112 | 计算机应用0931班 | 高晓东 | 01112 | 男 | FALSE | 76 | 89 | 67 | 89 | 91 | 412 | 82.40 | 3 |
| 14 | 13 | 5093113 | 计算机应用0931班 | 张在旭 | 01113 | 男 | FALSE | 73 | 78 | 89 | 91 | 90 | 421 | 84.20 | 2 |
| 15 | 14 | 5093114 | 计算机应用0931班 | 黄立 | 01114 | 男 | FALSE | 85 | 62 | 93 | 89 | 53 | 382 | 76.40 | 12 |
| 16 | 8093101 | | 水利工程0932班 | 扬海东 | 00101 | 男 | FALSE | 75 | 81 | 88 | 87 | 75 | 386 | 77.20 | 7 |
| 18 | 17 | 8093102 | 水利工程0932班 | 陈松 | 00102 | 男 | FALSE | 38 | 56 | 78 | 90 | 71 | 333 | 66.60 | 25 |
| 19 | 18 | 8093103 | 水利工程0932班 | 王文辉 | 00103 | 男 | TRUE | 66 | 62 | 93 | 69 | 73 | 363 | 72.60 | 20 |

**图 4-3-6 自动筛选(b)**

(3)选择"班级"下拉列表中的"计算机应用 0931 班",可以筛选出信息表中的班级是计算机应用 0931 班学生的记录,如图 4-3-7 所示。

| | A | B | C | D | E | F | G | H | I | J | K | L | M | N | O |
|---|---|---|---|---|---|---|---|---|---|---|---|---|---|---|---|
| 1 | 序 | 学号 | 班级 | 姓名 | 准考证 | 性 | 是否贫 | 计算机应用基 | C语言 | VB程序设 | 力学 | 工程诗 | 总分 | 均分 | 名 |
| 2 | 1 | 5093101 | 计算机应用0931班 | 李新 | 01101 | 男 | FALSE | 74 | 65 | 87 | 73 | 85 | 384 | 76.80 | 10 |
| 7 | 6 | 5093106 | 计算机应用0931班 | 姚林 | 01106 | 男 | FALSE | 89 | 93 | 87 | 78 | 78 | 425 | 85.00 | 1 |
| 8 | 7 | 5093107 | 计算机应用0931班 | 钱民 | 01107 | 男 | FALSE | 66 | 67 | 75 | 86 | 55 | 349 | 69.80 | 23 |
| 9 | 8 | 5093108 | 计算机应用0931班 | 张平 | 01108 | 男 | TRUE | 80 | 71 | 79 | 91 | 66 | 387 | 77.40 | 8 |
| 10 | 9 | 5093109 | 计算机应用0931班 | 张磊 | 01109 | 男 | FALSE | 75 | 78 | 66 | 90 | 67 | 376 | 75.20 | 16 |
| 11 | 10 | 5093110 | 计算机应用0931班 | 王力 | 01110 | 男 | TRUE | 81 | 73 | 62 | 73 | 75 | 364 | 72.80 | 19 |
| 13 | 12 | 5093112 | 计算机应用0931班 | 高晓东 | 01112 | 男 | FALSE | 76 | 89 | 67 | 89 | 91 | 412 | 82.40 | 3 |
| 14 | 13 | 5093113 | 计算机应用0931班 | 张在旭 | 01113 | 男 | FALSE | 73 | 78 | 89 | 91 | 90 | 421 | 84.20 | 2 |
| 15 | 14 | 5093114 | 计算机应用0931班 | 黄立 | 01114 | 男 | FALSE | 85 | 62 | 93 | 89 | 53 | 382 | 76.40 | 12 |

**图 4-3-7 自动筛选(c)**

(4)选择"计算机应用基础"下拉列表中的"自定义…",就会弹出"自定义自动筛选方式"对话框,从第一个下拉列表中选择"大于 80"("80"可以直接输入),在"与"和"或"中选择"与",从第二个下拉列表中选择"小于 95",如图 4-3-8 所示。筛选出来的最终结果如图 4-3-9 所示。

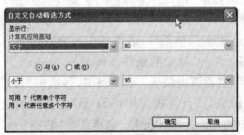

**图 4-3-8 自动筛选(d)**

**图 4-3-9 自动筛选(e)**

(5)取消"自动筛选",选择菜单"数据"→"筛选"→"自动筛选"命令,将"自动筛选"命令前的小对钩取消,可以将所做的全部筛选操作取消。

**操作 4 复杂条件筛选(高级筛选)**

在高级筛选中需要设置条件区域。条件区域是由条件标记和条件值构成的。其中条件标记和数据区域的列标记相同,可直接从数据区域中直接复制过来;条件值则需要在条件标记下方构造,是执行高级筛选的关键部分。条件区域可以在数据表的上方,也可以在数据表的下方,但是注意条件区域和数据区域不能直接连接,必须至少用一个空白行或几个空白行将其隔开。

**1. 单列多条件**

若某一个条件标记下面输入了两个或多个筛选条件,则将其称为单列多条件,此时只要在条件标记下自上而下依次输入筛选条件即可。例如,找出"计算机应用基础"成绩大于等于 90 分或小于等于 60 分的学生记录,操作步骤如下:

首先在数据表的最上方插入四行空白行,在 A1 单元格中输入"计算机应用基础",在 A2 单元格中输入" > =90",在 A3 单元格中输入" < =60",如图 4-3-10 所示。

| | A | B | C | D | E | F | G | H | I |
|---|---|---|---|---|---|---|---|---|---|
| 1 | 计算机应用基础 | | | | | | | | |
| 2 | >=90 | | | | | | | | |
| 3 | <=60 | | | | | | | | |
| 4 | | | | | | | | | |
| 5 | 序号 | 学号 | 班级 | 姓名 | 准考证号 | 性别 | 是否党员 | 计算机应用基础 | C语言 |
| 6 | 1 | 5093101 | 计算机应用0931班 | 李新 | 01101 | 男 | FALSE | 74 | 65 |
| 7 | 2 | 5093102 | 计算机应用0931班 | 郝心怡 | 01102 | 女 | TRUE | 86 | 91 |
| 8 | 3 | 5093103 | 计算机应用0931班 | 孙英 | 01103 | 女 | FALSE | 77 | 60 |
| 9 | 4 | 5093104 | 计算机应用0931班 | 金翔 | 01104 | 女 | FALSE | 73 | 85 |
| 10 | 5 | 5093105 | 计算机应用0931班 | 王春晓 | 01105 | 女 | FALSE | 78 | 62 |
| 11 | 6 | 5093106 | 计算机应用0931班 | 姚林 | 01106 | 男 | FALSE | 89 | 93 |
| 12 | 7 | 5093107 | 计算机应用0931班 | 钱民 | 01107 | 男 | FALSE | 60 | 67 |
| 13 | 8 | 5093108 | 计算机应用0931班 | 张平 | 01108 | 男 | TRUE | 80 | 71 |

**图 4-3-10　高级筛选(a)**

然后选中数据表中的任意一个单元格,单击"数据"→"筛选"→"高级筛选"命令,此时会弹出"高级筛选"对话框。在该对话框中,单击"列表区域"文本框后的 按钮后,用鼠标选择数据区域,再次单击文本框后的 按钮,返回到"高级筛选"对话框。单击"条件区域"文本框后的 按钮后,用鼠标选择条件区域,再次单击文本框后的 按钮,返回到"高级筛选"对话框,如图 4-3-11 所示。

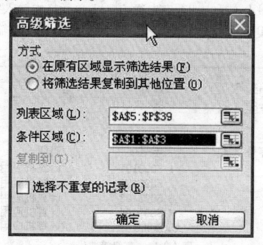

**图 4-3-11　高级筛选(b)**

在"方式"中选择"在原有区域显示筛选结果",然后单击"确定"按钮,就会筛选出相应的记录,如图 4-3-12所示。

| | A | B | C | D | E | F | G | H | I |
|---|---|---|---|---|---|---|---|---|---|
| 1 | 计算机应用基础 | | | | | | | | |
| 2 | >=90 | | | | | | | | |
| 3 | <=60 | | | | | | | | |
| 4 | | | | | | | | | |
| 5 | 序号 | 学号 | 班级 | 姓名 | 准考证号 | 性别 | 是否党员 | 计算机应用基础 | C语言 V. |
| 12 | 7 | 5093107 | 计算机应用0931班 | 钱民 | 01107 | 男 | FALSE | 60 | 67 |
| 22 | 17 | 8093102 | 水利工程0932班 | 陈松 | 0102 | 男 | FALSE | 38 | 56 |
| 28 | 23 | 7093103 | 建筑工程0934班 | 刘敏平 | 00133 | 女 | FALSE | 91 | 60 |
| 29 | 24 | 7093104 | 建筑工程0934班 | 牛平 | 00134 | 男 | FALSE | 90 | 69 |

图 4-3-12　　高级筛选(c)

**✻小提示**：若要找出"计算机应用基础"成绩大于等于65且小于等于90的学生记录，需要注意条件值应该错开列写，如图4-3-13所示。

| | A | B | C | D | E | F |
|---|---|---|---|---|---|---|
| 1 | 计算机应用基础 | | | | | |
| 2 | >=65 | | | | | |
| 3 | | <=90 | | | | |
| 4 | | | | | | |
| 5 | 序号 | 学号 | 班级 | 姓名 | 准考证号 | 性别 |
| 6 | 1 | 5093101 | 计算机应用0931班 | 李新 | 01101 | 男 |
| 7 | 2 | 5093102 | 计算机应用0931班 | 郝心怡 | 01102 | 女 |
| 8 | 3 | 5093103 | 计算机应用0931班 | 孙英 | 01103 | 女 |
| 9 | 4 | 5093104 | 计算机应用0931班 | 金翔 | 01104 | 女 |
| 10 | 5 | 5093105 | 计算机应用0931班 | 王春晓 | 01105 | 女 |
| 11 | 6 | 5093106 | 计算机应用0931班 | 姚林 | 01106 | 男 |

图 4-3-13　　高级筛选(d)

2. 多列单条件

多列单条件是指筛选条件由多个条件标记构成，但每个条件标记下面只有一个条件。例如，找出"力学"成绩大于等于80，"性别"为"男"的学生记录。操作步骤如下：

首先在数据表的最上方插入四行空白行，在 A1 单元格中输入"力学"，在 A2 单元格中输入"> = 80"，在 B1 单元格中输入"性别"，在 B2 单元格中输入"男"，如图 4-3-14所示。

| | A | B | C |
|---|---|---|---|
| 1 | 力学 | 性别 | |
| 2 | >=80 | 男 | |
| 3 | | | |
| 4 | | | |
| 5 | 序号 | 学号 | 班级 |
| 6 | 1 | 5093101 | 计算机应用0931班 |
| 7 | 2 | 5093102 | 计算机应用0931班 |
| 8 | 3 | 5093103 | 计算机应用0931班 |
| 9 | 4 | 5093104 | 计算机应用0931班 |
| 10 | 5 | 5093105 | 计算机应用0931班 |

图 4-3-14　　高级筛选(e)

然后选中数据表中的任意一个单元格，单击"数据"→"筛选"→"高级筛选"命令，此时会弹出"高级筛选"对话框。在该对话框中，单击"列表区域"文本框后的▦按钮后，用鼠标选择数据区域,再次单击文本框后的 ![]按钮,返回到"高级筛选"对话框。单击"条件区域"文本框后的 ![]按钮后,用鼠标选择条件区域,再次单击文本框后的 ![]按钮,返回到"高级筛选"对话框,单击"确定"按钮,此时会筛选出相应的记录,如图 4-3-15 所示。

| | A | B | C | D | E | F | G | H | I | J | K | L | M | N | O |
|---|---|---|---|---|---|---|---|---|---|---|---|---|---|---|---|
| 1 | 力学 | 性别 | | | | | | | | | | | | | |
| 2 | >=80 | 男 | | | | | | | | | | | | | |
| 3 | | | | | | | | | | | | | | | |
| 4 | | | | | | | | | | | | | | | |
| 5 | 序号 | 学号 | 班级 | 姓名 | 准考证号 | 性别 | 是否党员 | 计算机应用基础 | C语言 | VB程序设计 | 力学 | 工程造价 | 总分 | 均分 | 名次 |
| 12 | 7 | 5093107 | 计算机应用0931班 | 钱民 | 01107 | 男 | FALSE | 60 | 67 | 75 | 86 | 55 | 343 | 68.60 | 23 |
| 13 | 8 | 5093108 | 计算机应用0931班 | 张平 | 01108 | 男 | TRUE | 80 | 71 | 79 | 91 | 66 | 387 | 77.40 | 8 |
| 14 | 9 | 5093109 | 计算机应用0931班 | 张磊 | 01109 | 男 | FALSE | 75 | 78 | 66 | 90 | 67 | 376 | 75.20 | 16 |
| 17 | 12 | 5093112 | 计算机应用0931班 | 高晓东 | 01112 | 男 | FALSE | 76 | 89 | 67 | 89 | 91 | 412 | 82.40 | 3 |
| 18 | 13 | 5093113 | 计算机应用0931班 | 张在旭 | 01113 | 男 | FALSE | 73 | 78 | 89 | 91 | 90 | 421 | 84.20 | 2 |
| 19 | 14 | 5093114 | 计算机应用0931班 | 黄立 | 01114 | 男 | FALSE | 85 | 62 | 93 | 89 | 53 | 382 | 76.40 | 12 |
| 21 | 16 | 8093101 | 水利工程0932班 | 扬海东 | 00101 | 男 | FALSE | 75 | 81 | 68 | 87 | 75 | 386 | 77.20 | 9 |
| 22 | 17 | 8093102 | 水利工程0932班 | 陈松 | 00102 | 男 | FALSE | 38 | 56 | 78 | 90 | 71 | 333 | 66.60 | 25 |
| 29 | 24 | 7093104 | 建筑工程0934班 | 牛平 | 00134 | 男 | FALSE | 90 | 69 | 78 | 87 | 69 | 393 | 78.60 | 6 |

图 4-3-15　高级筛选(f)

**操作 5　制作成绩统计分析图**

Excel 中的图表分两种:一种是嵌入式图表,它和创建图表的数据源放置在同一张工作表中,打印时也同时打印;另一种是独立式图表,它是一张独立的图表工作表,打印时也将与数据表分开打印。

图表的生成有两种途径:利用图表向导分四个步骤生成图表,利用"图表"工具栏或直接按下 F11 键快速创建图表。不论是由哪类途径生成图表,一般都要先选定生成图表的数据区域。正确地选定数据区域是生成图表的关键。选定的数据区域可以是连续的,也可以是不连续的。但需要注意,若选定的区域不连续,第二个区域应和第一个区域所在的行或列具有相同的矩形;若选定的区域有文字,则文字应在区域的最左列或最上行,用来说明图表中数据的含义。

1. 利用图表向导生成图表

在如图 4-3-16 所示的成绩统计分析表上选取欲绘制图表的数据区域,假定为 D31:D35、H31:L35。

利用图表向导生成图表的操作步骤如下:

(1)单击常用工具栏上的"图表向导"按钮或选择"插入"→"图表"命令启动图表向导。

(2)弹出"图表向导 –4 步骤之 1 –图表类型"对话框,如图 4-3-17 所示。在"图表类型"中选择"柱形图",在"子图表类型"中选择"簇状柱形图"。

(3)单击"下一步"按钮,会弹出"图表向导 –4 步骤之 2 –图表源数据"对话框,设置图表的数据区域及数据系列相关信息,如图 4-3-18 所示。

● 数据区域:由于在启动图表向导前,就已经选好数据的来源,因此数据区域栏内的内容已经设置好。

● 系列:"系列"栏窗口用来展示各数据系列的标题名称。在"系列"文本框内添加或删除数据系列,图表会随之变动,但不会影响到工作表的数据,如图 4-3-19 所示。

| A | B | C | D | E | F | G | H | I | J | K | L |
|---|---|---|---|---|---|---|---|---|---|---|---|
| 序号 | 学号 | 班级 | 姓名 | 准考证号 | 性别 | 是否党员 | 计算机应用基础 | C语言 | VB程序设计 | 力学 | 工程造价 |
| 1 | 5093101 | 计算机应用0931班 | 李新 | 01101 | 男 | FALSE | 74 | 65 | 87 | 73 | 85 |
| 2 | 5093102 | 计算机应用0931班 | 郝心怡 | 01102 | 女 | TRUE | 86 | 91 | 90 | 78 | 62 |
| 3 | 5093103 | 计算机应用0931班 | 孙英 | 01103 | 女 | FALSE | 77 | 60 | 69 | 89 | 93 |
| 4 | 5093104 | 计算机应用0931班 | 金翔 | 01104 | 女 | FALSE | 73 | 85 | 51 | 79 | 67 |
| 5 | 5093105 | 计算机应用0931班 | 王春晓 | 01105 | 女 | FALSE | 78 | 62 | 68 | 56 | 73 |
| 6 | 5093106 | 计算机应用0931班 | 姚林 | 01106 | 男 | FALSE | 89 | 93 | 87 | 78 | 78 |
| 7 | 5093107 | 计算机应用0931班 | 钱民 | 01107 | 男 | FALSE | 66 | 67 | 75 | 86 | 66 |
| 8 | 5093108 | 计算机应用0931班 | 张平 | 01108 | 男 | TRUE | 80 | 71 | 79 | 91 | 22 |
| 9 | 5093109 | 计算机应用0931班 | 张磊 | 01109 | 男 | FALSE | 75 | 79 | 66 | 90 | 67 |
| 10 | 5093110 | 计算机应用0931班 | 王力 | 01110 | 男 | TRUE | 81 | 73 | 62 | 73 | 75 |
| 11 | 5093111 | 计算机应用0931班 | 张雨涵 | 01111 | 女 | FALSE | 68 | 78 | 93 | 52 | 86 |
| 12 | 5093112 | 计算机应用0931班 | 高晓东 | 01112 | 男 | FALSE | 76 | 89 | 67 | 89 | 91 |
| 13 | 5093113 | 计算机应用0931班 | 张在旭 | 01113 | 男 | FALSE | 73 | 78 | 89 | 91 | 90 |
| 14 | 5093114 | 计算机应用0931班 | 黄立 | 01114 | 男 | FALSE | 85 | 62 | 93 | 89 | 91 |
| 15 | 5093115 | 计算机应用0931班 | 李英 | 01115 | 女 | FALSE | 78 | 68 | 87 | 93 | 69 |
| 16 | 8093101 | 水利工程0932班 | 扬海东 | 00101 | 男 | FALSE | 75 | 81 | 68 | 87 | 75 |
| 17 | 8093102 | 水利工程0932班 | 陈松 | 00102 | 男 | FALSE | 38 | 56 | 78 | 90 | 71 |
| 18 | 8093103 | 水利工程0932班 | 王文辉 | 00103 | 男 | TRUE | 66 | 62 | 93 | 69 | 73 |
| 19 | 8093104 | 水利工程0932班 | 王靖宇 | 00104 | 男 | FALSE | 66 | 81 | 73 | 50 | 89 |
| 20 | 8093105 | 水利工程0932班 | 靳丽 | 00105 | 女 | FALSE | 67 | 73 | 78 | 78 | 81 |
| 21 | 7093101 | 建筑工程0934班 | 许敏 | 00131 | 女 | FALSE | 75 | 62 | 89 | 93 | 62 |
| 22 | 7093102 | 建筑工程0934班 | 卜瑞 | 00132 | 女 | FALSE | 86 | 77 | 73 | 73 | 62 |
| 23 | 7093103 | 建筑工程0934班 | 刘毅平 | 00133 | 女 | FALSE | 91 | 60 | 85 | 78 | 69 |
| 24 | 7093104 | 建筑工程0934班 | 牛平 | 00134 | 男 | FALSE | 90 | 69 | 78 | 87 | 69 |
| 25 | 7093105 | 建筑工程0934班 | 高倩 | 00135 | 女 | FALSE | 73 | 85 | 78 | 73 | 62 |
|  |  |  | 最高分 |  |  |  | 91 | 93 | 93 | 93 | 93 |
|  |  |  | 最低分 |  |  |  | 38 | 56 | 51 | 50 | 22 |
|  |  |  | 及格率 |  |  |  | 96.00% | 96.00% | 96.00% | 88.00% | 96.00% |
|  |  |  | 优秀率 |  |  |  | 8.00% | 8.00% | 16.00% | 24.00% | 16.00% |
|  |  |  | 90-100（人） |  |  |  | 2 | 2 | 4 | 6 | 4 |
|  |  |  | 80-89（人） |  |  |  | 6 | 5 | 6 | 6 | 4 |
|  |  |  | 70-79（人） |  |  |  | 11 | 7 | 8 | 9 | 6 |
|  |  |  | 60-69（人） |  |  |  | 5 | 10 | 6 | 1 | 10 |
|  |  |  | 0-59（人） |  |  |  | 1 | 1 | 1 | 3 | 1 |

图 4-3-16　成绩统计分析表

图 4-3-17　图表向导(a)

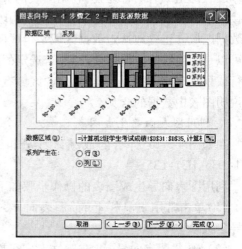

图 4-3-18　图表向导(b)

　　例如，将"系列 1"修改为"计算机应用基础"，步骤如下：首先将系列中的"系列 1"选中，把鼠标移动到名称框后面的▦按钮，就会弹出来"图表向导－4 步骤之 2－图表源数据－名称"对话框，然后用鼠标选中 H1 单元格，如图 4-3-20 所示。再次单击文本框后面的▦按钮，就会发现将图表中的"系列 1"名称已更换为"计算机应用基础"。

　　按上面的操作依次将"系列 2"修改为"C 语言"、"系列 3"修改为"VB 程序设计"、"系列 4"修改为"力学"、"系列 5"修改为"工程造价"。

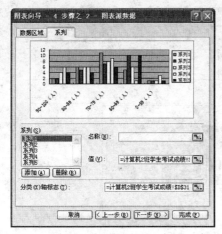

图 4-3-19　图表向导(c)

图 4-3-20　图表向导(d)

(4)单击"下一步"按钮,弹出"图表向导－4 步骤之 3 - 图表选项"对话框。该操作是让用户设置一些数据以外的选项,包括标题、坐标轴、网格线、图例、数据标志、数据表等,如图 4-3-21 所示。

例如,在"图表标题"文本框中输入"成绩统计分析表",在"分类(X)轴"文本框中输入"分数段",在"数值(Y)轴"文本框中输入"人数"。

(5)单击"下一步"按钮,弹出"图表向导－4 步骤之 4 - 图表位置"对话框。该操作是设置图表的位置,如图 4-3-22 所示。

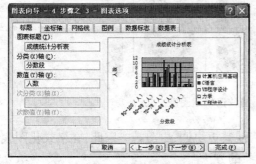

图 4-3-21　图表向导(e)

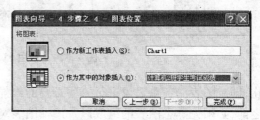

图 4-3-22　图表向导(f)

①选取"作为新工作表插入",则工作簿会插入一张新的工作表来存放图表。

②选取"作为其中的对象插入",表示要将图表放在现有的工作表中,成为工作表中的一个图表对象。例如,将所得图表放置在 D40:J60 区域中,如图 4-3-23 所示。

2. 利用快捷键 F11 快速创建图表

从图 4-3-16 所示的成绩统计分析表中选取欲绘制图表的数据区域 D31:D35、H31:L35,按下 F11 键,则 Excel 会以默认的图表类型(柱状图)快速产生一份图表文件,其结果如图 4-3-24 所示。

3. 格式化图表

图表建立完成后,如果图表显示的效果不太美观,可以对图表的外观进行适当格式

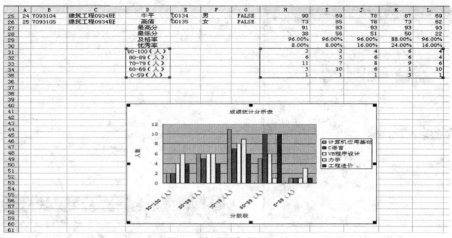

图 4-3-23　图表向导(g)

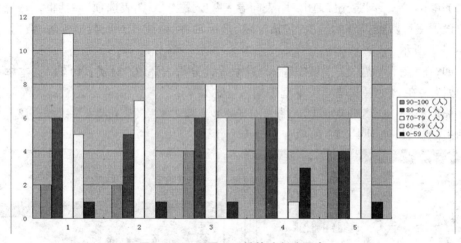

图 4-3-24　利用 F11 键快速创建图表

化,即对图表的各个对象进行一些必要的修饰,使其更协调、更美观。因此,在格式化图表之前,必须先熟悉图表的组成以及选择图表对象的方法。

选择图表对象进行格式化设置,通常可以采用以下四种方法:

(1)双击图表对象,直接打开格式设置对话框,这种方法最方便、快捷,也最常用。

(2)用鼠标指向图表对象,单击鼠标右键,从弹出的快捷菜单中选择格式设置命令。

(3)选定图表对象,此时"格式"菜单中会出现相应的格式设置命令。

(4)在"图表"工具栏的"图表对象"下拉列表中选择图表对象,再单击"图表"工具栏中的对象格式按钮,如图 4-3-25 所示,即可打开格式设置对话框。

图 4-3-25　"图表"工具栏

激活图表时,"图表"工具栏通常会自动弹出,若"图表"工具栏没有出现,只要用鼠标右键单击工具栏的任意位置,从弹出的快捷菜单中选择"图表"命令即可。

**练一练**

1. 打开助教系统光盘项目 4 任务 3 中的电子表格 Excel31. XLS,如图 4-3-26 所示,按照下列要求完成对此文档的操作并保存。

| | A | B | C | D | E | F |
|---|---|---|---|---|---|---|
| | 某商场销售情况表(单位:万元) | | | | | |
| | 部门名称 | 第一季度 | 第二季度 | 第三季度 | 第四季度 | 合计 |
| | 家电部 | 26.4 | 72.4 | 34.5 | 63.5 | |
| | 服装部 | 35.6 | 23.4 | 54.5 | 58.4 | |
| | 食品部 | 46.2 | 54.6 | 64.7 | 67.9 | |

图 4-3-26　"某商场销售情况表"工作表

(1)将 A1:F1 单元格合并为一个单元格,内容水平居中;计算"合计"列内的内容,将工作表命名为"某商场销售情况表",将其放入 G13:M20 的区域中。

(2)选取"某商场销售情况表"的"部门名称"列和"合计"列的单元格,建立"柱形棱锥图",X 轴上的项为部门名称(系列产生在"列"),图表标题为"商场销售情况图",插入到表 A7:F18 单元格区域内。

2. 打开助教系统光盘项目 4 任务 3 中的电子表格 Excel32. XLS,如图 4-3-27 所示,按照下列要求完成对此文档的操作并保存。

| A | B | C | D | E | I |
|---|---|---|---|---|---|
| 学生成绩表 | | | | | |
| 学号 | 数学 | 语文 | 英语 | 平均成绩 | 备注 |
| S1 | 112 | 98 | 106 | | |
| S2 | 98 | 102 | 109 | | |
| S3 | 117 | 99 | 99 | | |
| S4 | 115 | 112 | 108 | | |
| S5 | 104 | 96 | 90 | | |
| S6 | 101 | 110 | 105 | | |
| S7 | 93 | 102 | 91 | | |
| S8 | 95 | 99 | 106 | | |
| S9 | 114 | 103 | 104 | | |
| S10 | 89 | 106 | 96 | | |

图 4-3-27　"学生成绩表"工作表

(1)将工作表的 A1:F1 单元格合并为一个单元格,内容水平居中;计算学生的"平均成绩"列的内容(数值型,保留 2 位小数);如果"数学"、"语文"、"英语"的成绩均大于等于 100,则"备注"列内给出"优良"信息,否则内容为"/"(利用 IF 函数)。

(2)选取"学号"和"平均成绩"列内容,建立"簇状柱形图"(系列产生在"列"),图表标题为"平均成绩统计图",清除图例;将图表插入到表 A14:G27 单元格区域内,将工作表命名为"平均成绩统计表",保存文件。

3. 打开助教系统光盘项目 4 任务 3 中的电子表格 Excel33. XLS,如图 4-3-28 所示,按照下列要求完成对此文档的操作并保存。

| 分店名称 | 季度 | 产品型号 | 产品名称 | 单价（元） | 数量 | 销售额（万元） | 销售排名 |
|---|---|---|---|---|---|---|---|
| | | | | 产品销售情况表 | | | |
| 第1分店 | 1 | D01 | 电冰箱 | 2750 | 35 | 9.63 | 29 |
| 第1分店 | 1 | D02 | 电冰箱 | 3540 | 12 | 4.25 | 35 |
| 第1分店 | 1 | K01 | 空调 | 2340 | 43 | 10.06 | 28 |
| 第1分店 | 1 | K02 | 空调 | 4460 | 8 | 3.57 | 36 |
| 第1分店 | 1 | S01 | 手机 | 1380 | 87 | 12.01 | 22 |
| 第1分店 | 1 | S02 | 手机 | 3210 | 56 | 17.98 | 11 |
| 第1分店 | 2 | D01 | 电冰箱 | 2750 | 45 | 12.38 | 21 |
| 第1分店 | 2 | D02 | 电冰箱 | 3540 | 23 | 8.14 | 32 |
| 第1分店 | 2 | K01 | 空调 | 2340 | 79 | 18.49 | 8 |
| 第1分店 | 2 | K02 | 空调 | 4460 | 68 | 30.33 | 3 |
| 第1分店 | 2 | S01 | 手机 | 1380 | 91 | 12.56 | 20 |
| 第1分店 | 2 | S02 | 手机 | 3210 | 34 | 10.91 | 25 |
| 第2分店 | 1 | D01 | 电冰箱 | 2750 | 65 | 17.88 | 12 |
| 第2分店 | 1 | D02 | 电冰箱 | 3540 | 75 | 26.55 | 4 |
| 第2分店 | 1 | K01 | 空调 | 2340 | 33 | 7.72 | 33 |
| 第2分店 | 1 | K02 | 空调 | 4460 | 24 | 10.70 | 26 |
| 第2分店 | 1 | S01 | 手机 | 1380 | 65 | 8.97 | 31 |
| 第2分店 | 1 | S02 | 手机 | 3210 | 96 | 30.82 | 2 |
| 第2分店 | 2 | D01 | 电冰箱 | 2750 | 72 | 19.80 | 6 |
| 第2分店 | 2 | D02 | 电冰箱 | 3540 | 36 | 12.74 | 17 |
| 第2分店 | 2 | K01 | 空调 | 2340 | 54 | 12.64 | 19 |
| 第2分店 | 2 | K02 | 空调 | 4460 | 37 | 16.50 | 13 |
| 第2分店 | 2 | S01 | 手机 | 1380 | 73 | 10.07 | 27 |
| 第2分店 | 2 | S02 | 手机 | 3210 | 43 | 13.80 | 15 |
| 第3分店 | 1 | D01 | 电冰箱 | 2750 | 66 | 18.15 | 10 |
| 第3分店 | 1 | D02 | 电冰箱 | 3540 | 45 | 15.93 | 14 |
| 第3分店 | 1 | K01 | 空调 | 2340 | 39 | 9.13 | 30 |
| 第3分店 | 1 | K02 | 空调 | 4460 | 76 | 33.90 | 1 |
| 第3分店 | 1 | S01 | 手机 | 1380 | 84 | 11.59 | 24 |
| 第3分店 | 1 | S02 | 手机 | 3210 | 57 | 18.30 | 9 |
| 第3分店 | 2 | D01 | 电冰箱 | 2750 | 46 | 12.65 | 18 |
| 第3分店 | 2 | D02 | 电冰箱 | 3540 | 64 | 22.66 | 5 |
| 第3分店 | 2 | K01 | 空调 | 2340 | 51 | 11.93 | 23 |
| 第3分店 | 2 | K02 | 空调 | 4460 | 42 | 18.73 | 7 |
| 第3分店 | 2 | S01 | 手机 | 1380 | 35 | 4.83 | 34 |
| 第3分店 | 2 | S02 | 手机 | 3210 | 43 | 13.80 | 15 |

图 4-3-28　"产品销售情况表"工作表

对工作表"产品销售情况表"内数据清单的内容进行自动筛选,条件依次为第 2 季度、第 1 或第 3 分店、销售额大于或等于 15 万元,工作表名不变,保存 Excel33. XLS 工作簿。

# 任务 4　制作计算机等级考试分析表

## 4.4.1　教学目标

通过本任务主要掌握 Excel 2003 中分类汇总、制作数据透视表等功能。

## 4.4.2　主要知识点

（1）分类汇总各班成绩。

（2）制作数据透视表。

### 4.4.3　实现步骤

**操作 1　分类汇总各班成绩**

当用户对表格中的原始数据进行统计分析时,往往需要对其进行分类汇总。"分类"是对数据清单按某字段进行归类,将字段值相同的记录作为一类;"汇总"是对同类记录进行计数、求和、求平均值等运算。

注意:分类汇总只能对数据清单进行,数据清单的第一行必须有列标题。在进行分类汇总之前,必须根据要分类汇总的数据类对数据清单进行排序。

例如,求"第一考场学生考试成绩表"工作表中男生与女生"C 语言"、"VB 程序设计"总分的平均成绩,以及男生与女生的人数。操作步骤如下:

(1)首先排序并进行分类。因为要求男生与女生的平均成绩,以及男女生的人数,所以先根据"性别"分类,将男生与女生的记录分开,此操作通过"排序"来实现。选中"性别"列中任何一个单元格,然后单击工具栏上的"升序"或"降序"按钮完成男女生分类,如图 4-4-1 所示。

| | A | B | C | D | E | F | G | H | I |
|---|---|---|---|---|---|---|---|---|---|
| 1 | 序号 | 学号 | 班级 | 姓名 | 性别 | C语言 | VB程序设计 | 总分 | |
| 2 | 5 | 5093101 | 计算机应用0931班 | 李新 | 男 | 65 | 87 | 152 | |
| 3 | 6 | 5093106 | 计算机应用0931班 | 姚林 | 男 | 93 | 87 | 180 | |
| 4 | 7 | 5093107 | 计算机应用0931班 | 钱民 | 男 | 67 | 75 | 142 | |
| 5 | 8 | 5093108 | 计算机应用0931班 | 张平 | 男 | 71 | 79 | 150 | |
| 6 | 9 | 5093109 | 计算机应用0931班 | 张磊 | 男 | 78 | 66 | 144 | |
| 7 | 10 | 5093110 | 计算机应用0931班 | 王力 | 男 | 73 | 62 | 135 | |
| 8 | 12 | 5093112 | 计算机应用0931班 | 高晓东 | 男 | 89 | 67 | 156 | |
| 9 | 13 | 5093113 | 计算机应用0931班 | 张在旭 | 男 | 78 | 89 | 167 | |
| 10 | 14 | 5093114 | 计算机应用0931班 | 黄立 | 男 | 62 | 93 | 155 | |
| 11 | 16 | 8093101 | 水利工程0932班 | 扬海东 | 男 | 81 | 68 | 149 | |
| 12 | 17 | 8093102 | 水利工程0932班 | 陈松 | 男 | 56 | 78 | 134 | |
| 13 | 18 | 8093103 | 水利工程0932班 | 王文辉 | 男 | 62 | 93 | 155 | |
| 14 | 19 | 8093104 | 水利工程0932班 | 王靖宇 | 男 | 81 | 73 | 154 | |
| 15 | 24 | 7093104 | 建筑工程0934班 | 牛平 | 男 | 69 | 78 | 147 | |
| 16 | 2 | 5093102 | 计算机应用0931班 | 郝心怡 | 女 | 91 | 90 | 181 | |
| 17 | 3 | 5093103 | 计算机应用0931班 | 孙英 | 女 | 60 | 69 | 129 | |
| 18 | 4 | 5093104 | 计算机应用0931班 | 金翔 | 女 | 85 | 51 | 136 | |
| 19 | 5 | 5093105 | 计算机应用0931班 | 王春晓 | 女 | 62 | 68 | 130 | |
| 20 | 11 | 5093111 | 计算机应用0931班 | 张雨涵 | 女 | 78 | 93 | 171 | |
| 21 | 15 | 5093115 | 计算机应用0931班 | 李英 | 女 | 68 | 87 | 155 | |
| 22 | 20 | 8093105 | 水利工程0932班 | 靳丽 | 女 | 73 | 78 | 151 | |
| 23 | 21 | 7093101 | 建筑工程0934班 | 许敏 | 女 | 62 | 89 | 151 | |
| 24 | 22 | 7093102 | 建筑工程0934班 | 卜瑞 | 女 | 77 | 73 | 150 | |
| 25 | 23 | 7093103 | 建筑工程0934班 | 刘敏平 | 女 | 60 | 85 | 145 | |
| 26 | 25 | 7093105 | 建筑工程0934班 | 高倩 | 女 | 85 | 78 | 163 | |
| 27 | | | | | | | | | |

图 4-4-1　分类汇总(a)

(2)将男女生总分进行汇总。选定数据区域中的任意一个单元格,然后单击"数据"→"分类汇总",即会弹出"分类汇总"对话框。在该对话框"分类字段"下拉列表中选择"性别",在"汇总方式"下拉列表中选择"平均值",在"选定汇总项"下拉列表中选中"总分"项,并确认其他字段不被选中。选中"替换当前分类汇总"以及"汇总结果显示在数据下方",操作完成后如图 4-4-2 所示。

最后单击"确定"按钮就可以对男女生的总分求平均值,如图 4-4-3 所示。

(3)分别求出男生与女生的总人数。在以上操作基础上,选定数据区域的任一单元格再次单击"数据"→"分类汇总",即会弹出"分类汇总"对话框。在该对话框"分类字段"下拉列表中选择"性别",在"汇总方式"下拉列表中选择"计数",在"选定汇总项"下拉列表中选中"姓名"项,并确认其他字段均不被选中。同时取消选择"替换当前分类汇总"复选框,如图 4-4-4 所示。

最后单击"确定"按钮,操作完成后如图 4-4-5 所示。

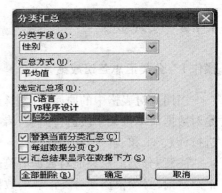

图 4-4-2　分类汇总(b)

### 操作 2　制作数据透视表

数据透视表是从工作表的数据清单中提取信息而成的,它可以对数据清单进行重行布局和分类

| 1 2 3 | | A | B | C | D | E | F | G | H | I |
|---|---|---|---|---|---|---|---|---|---|---|
| | 1 | 序号 | 学号 | 班级 | 姓名 | 性别 | C语言 | VB程序设计 | 总分 | |
| | 2 | 1 | 5093101 | 计算机应用0931班 | 李新 | 男 | 65 | 87 | 152 | |
| | 3 | 6 | 5093106 | 计算机应用0931班 | 姚林 | 男 | 93 | 87 | 180 | |
| | 4 | 7 | 5093107 | 计算机应用0931班 | 钱民 | 男 | 67 | 75 | 142 | |
| | 5 | 8 | 5093108 | 计算机应用0931班 | 张平 | 男 | 71 | 79 | 150 | |
| | 6 | 9 | 5093109 | 计算机应用0931班 | 张磊 | 男 | 78 | 66 | 144 | |
| | 7 | 10 | 5093110 | 计算机应用0931班 | 王力 | 男 | 73 | 62 | 135 | |
| | 8 | 12 | 5093112 | 计算机应用0931班 | 高晓东 | 男 | 89 | 67 | 156 | |
| | 9 | 13 | 5093113 | 计算机应用0931班 | 张在旭 | 男 | 78 | 89 | 167 | |
| | 10 | 14 | 5093114 | 计算机应用0931班 | 黄立 | 男 | 62 | 93 | 155 | |
| | 11 | 16 | 8093101 | 水利工程0932班 | 扬海东 | 男 | 81 | 68 | 149 | |
| | 12 | 17 | 8093102 | 水利工程0932班 | 陈松 | 男 | 56 | 78 | 134 | |
| | 13 | 18 | 8093103 | 水利工程0932班 | 王文辉 | 男 | 62 | 93 | 155 | |
| | 14 | 19 | 8093104 | 水利工程0932班 | 王靖宇 | 男 | 81 | 73 | 154 | |
| | 15 | 24 | 7093104 | 建筑工程0934班 | 牛平 | 男 | 69 | 78 | 147 | |
| | 16 | | | | | 男 平均值 | | | 151.4286 | |
| | 17 | 2 | 5093102 | 计算机应用0931班 | 郝心怡 | 女 | 91 | 90 | 181 | |
| | 18 | 3 | 5093103 | 计算机应用0931班 | 孙英 | 女 | 60 | 69 | 129 | |
| | 19 | 4 | 5093104 | 计算机应用0931班 | 金翔 | 女 | 85 | 51 | 136 | |
| | 20 | 5 | 5093105 | 计算机应用0931班 | 王春晓 | 女 | 62 | 68 | 130 | |
| | 21 | 11 | 5093111 | 计算机应用0931班 | 张雨涵 | 女 | 78 | 93 | 171 | |
| | 22 | 15 | 5093115 | 计算机应用0931班 | 李英 | 女 | 68 | 87 | 155 | |
| | 23 | 20 | 8093105 | 水利工程0932班 | 靳朋 | 女 | 73 | 78 | 151 | |
| | 24 | 21 | 7093101 | 建筑工程0934班 | 许敏 | 女 | 62 | 89 | 151 | |
| | 25 | 22 | 7093102 | 建筑工程0934班 | 卜瑞 | 女 | 77 | 73 | 150 | |
| | 26 | 23 | 7093103 | 建筑工程0934班 | 刘敏平 | 女 | 60 | 85 | 145 | |
| | 27 | 25 | 7093105 | 建筑工程0934班 | 高倩 | 女 | 85 | 78 | 163 | |
| | 28 | | | | | 女 平均值 | | | 151.0909 | |
| | 29 | | | | | 总计 平均值 | | | 151.28 | |
| | 30 | | | | | | | | | |
| | 31 | | | | | | | | | |

图 4-4-3　分类汇总(c)

汇总,还能立即计算出结果。在建立数据透视表时,须考虑如何汇总数据。

例如,利用"第一考场学生考试成绩表"工作表中的数据清单,建立数据透视表,显示各个班级的男生与女生的"C 语言"、"VB 程序设计"总成绩的信息。操作步骤如下:

(1)选中数据清单中的任意一个单元格,然后单击"数据"→"数据透视表和数据透视图"命令,就会打开"数据透视表和数据透视图向导—3 步骤之1"对话框。

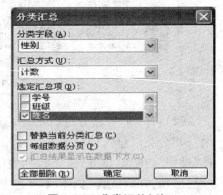

图 4-4-4　分类汇总(d)

在该对话框"请指定待分析数据的数据源类型"中选择"Microsoft Office Execl 数据列表或数据库",在"所需创建的报表类型"中选择"数据透视表",如图 4-4-6 所示。

| | | A | B | C | D | E | F | G | H | I |
|---|---|---|---|---|---|---|---|---|---|---|
| | 1 | 序号 | 学号 | 班级 | 姓名 | 性别 | C语言 | VB程序设计 | 总分 | |
| | 2 | 1 | 5093101 | 计算机应用0931班 | 李新 | 男 | 65 | 87 | 152 | |
| | 3 | 6 | 5093106 | 计算机应用0931班 | 姚林 | 男 | 93 | 87 | 180 | |
| | 4 | 7 | 5093107 | 计算机应用0931班 | 钱民 | 男 | 67 | 75 | 142 | |
| | 5 | 8 | 5093108 | 计算机应用0931班 | 张平 | 男 | 71 | 79 | 150 | |
| | 6 | 9 | 5093109 | 计算机应用0931班 | 张磊 | 男 | 78 | 66 | 144 | |
| | 7 | 10 | 5093110 | 计算机应用0931班 | 王力 | 男 | 73 | 62 | 135 | |
| | 8 | 12 | 5093112 | 计算机应用0931班 | 高晓东 | 男 | 89 | 67 | 156 | |
| | 9 | 13 | 5093113 | 计算机应用0931班 | 张在旭 | 男 | 78 | 89 | 167 | |
| | 10 | 14 | 5093114 | 计算机应用0931班 | 黄立 | 男 | 62 | 93 | 155 | |
| | 11 | 16 | 8093101 | 水利工程0932班 | 扬海东 | 男 | 81 | 68 | 149 | |
| | 12 | 17 | 8093102 | 水利工程0932班 | 陈松 | 男 | 56 | 78 | 134 | |
| | 13 | 18 | 8093103 | 水利工程0932班 | 王文辉 | 男 | 62 | 93 | 155 | |
| | 14 | 19 | 8093104 | 水利工程0932班 | 王靖宇 | 男 | 81 | 73 | 154 | |
| | 15 | 24 | 7093104 | 建筑工程0934班 | 牛平 | 男 | 69 | 78 | 147 | |
| | 16 | | | | | 男　平均值 | | | 151.4286 | |
| | 17 | | | | 14 | 男　计数 | | | | |
| | 18 | 2 | 5093102 | 计算机应用0931班 | 郝心怡 | 女 | 91 | 90 | 181 | |
| | 19 | 3 | 5093103 | 计算机应用0931班 | 孙英 | 女 | 60 | 69 | 129 | |
| | 20 | 4 | 5093104 | 计算机应用0931班 | 金翔 | 女 | 85 | 51 | 136 | |
| | 21 | 5 | 5093105 | 计算机应用0931班 | 王春晓 | 女 | 62 | 68 | 130 | |
| | 22 | 11 | 5093111 | 计算机应用0931班 | 张雨涵 | 女 | 78 | 93 | 171 | |
| | 23 | 15 | 5093115 | 计算机应用0931班 | 李英 | 女 | 68 | 87 | 155 | |
| | 24 | 20 | 8093105 | 水利工程0932班 | 靳丽 | 女 | 73 | 78 | 151 | |
| | 25 | 21 | 7093101 | 建筑工程0934班 | 许敏 | 女 | 62 | 89 | 151 | |
| | 26 | 22 | 7093102 | 建筑工程0934班 | 卜瑞 | 女 | 77 | 73 | 150 | |
| | 27 | 23 | 7093103 | 建筑工程0934班 | 刘敏平 | 女 | 60 | 85 | 145 | |
| | 28 | 25 | 7093105 | 建筑工程0934班 | 高倩 | 女 | 85 | 78 | 163 | |
| | 29 | | | | | 女　平均值 | | | 151.0909 | |
| | 30 | | | | 11 | 女　计数 | | | | |
| | 31 | | | | | 总计平均值 | | | 151.28 | |
| | 32 | | | | 25 | 总计数 | | | | |
| | 33 | | | | | | | | | |

图 4-4-5　分类汇总(e)

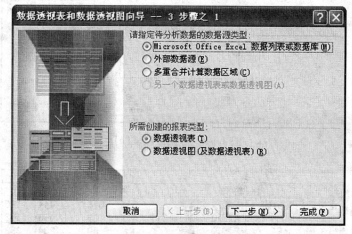

图 4-4-6　数据透视表(a)

（2）单击"下一步"按钮,弹出"数据透视表和数据透视图向导—3 步骤之 2"对话框,用鼠标在该对话框中选择建立数据透视表的数据区域,如图 4-4-7 所示。

（3）单击"下一步"按钮。弹出"数据透视表和数据透视图向导—3 步骤之 3"对话框,在"数据透视表显示位置"中选择"现有工作表",单击下面文本框后的 按钮后,用鼠标选中 C30: G39 单元格区域,用来确定透视表的位置。单击"布局"按钮,就会弹出"数据透视表和数据透视图向导—布局"对话框,拖动"班级"到"行"区域,拖动"性别"到"列"区域,拖动"C 语言"、"VB 程序设计"到数据区域,如图 4-4-8 所示。

（4）单击"确定"按钮,在返回到的"数据透视表和数据透视图向导—3 步骤之 3"对话框中单击"完成"按钮,即可显示数据透视表,如图 4-4-9 所示。

（5）单击数据透视表行标题和列标题的下拉列表选项,可进一步选择在数据透视表

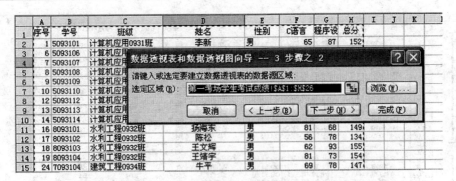

图4-4-7　数据透视表(b)

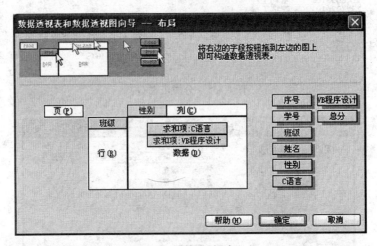

图4-4-8　数据透视表(c)

| 班级 | 数据 | 性别 | | 总计 |
|---|---|---|---|---|
| | | 男 | 女 | |
| 计算机应用0931班 | 求和项:C语言 | 676 | 444 | 1120 |
| | 求和项:VB程序设计 | 705 | 458 | 1163 |
| 建筑工程0934班 | 求和项:C语言 | 69 | 284 | 353 |
| | 求和项:VB程序设计 | 78 | 325 | 403 |
| 水利工程0932班 | 求和项:C语言 | 280 | 73 | 353 |
| | 求和项:VB程序设计 | 312 | 78 | 390 |
| 求和项:C语言汇总 | | 1025 | 801 | 1826 |
| 求和项:VB程序设计汇总 | | 1095 | 861 | 1956 |

图4-4-9　数据透视表(d)

中显示的数据。

## 练一练

1. 打开助教系统光盘项目4任务4中的电子表格Excel41. XLS,如图4-4-10所示,建立数据透视表,显示各分店各型号产品销售量总和、总销售额总和以及汇总信息,并保存。

2. 打开助教系统光盘项目4任务4中的电子表格Excel42. XLS,如图4-4-11所示,对工作表"某公司人员情况表"数据清单的内容进行分类汇总,汇总计算各部门基本工资的

| | A | B | C | D | E | F |
|---|---|---|---|---|---|---|
| 1 | | | 销售数量统计表 | | | |
| 2 | 经销店 | 型号 | 销售量 | 单价（元） | 总销售额（元） | |
| 3 | 1分店 | A001 | 267 | 33 | 8811 | |
| 4 | 2分店 | A001 | 237 | 33 | 9009 | |
| 5 | 1分店 | A002 | 271 | 45 | 12195 | |
| 6 | 2分店 | A002 | 257 | 45 | 11565 | |
| 7 | 2分店 | A003 | 232 | 29 | 6728 | |
| 8 | 1分店 | A003 | 226 | 29 | 6554 | |
| 9 | 2分店 | A004 | 304 | 63 | 19152 | |
| 10 | 1分店 | A004 | 290 | 63 | 18270 | |
| 11 | | | | | | |
| 12 | | | | | | |

**图 4-4-10　"销售数量统计表"工作表**

平均值（分类字段为"部门"，汇总方式为"平均值"，汇总项为"基本工资"），汇总结果显示在数据下方，并保存。

| | A | B | C | D | E | F | G | H | I | J |
|---|---|---|---|---|---|---|---|---|---|---|
| 1 | | | 某公司人员情况表 | | | | | | | |
| 2 | 序号 | 职工号 | 部门 | 组别 | 性别 | 年龄 | 职称 | 学历 | 基本工资 | |
| 3 | 1 | S001 | 事业部 | E3 | 男 | 36 | 高工 | 本科 | 5000 | |
| 4 | 2 | S042 | 事业部 | E1 | 男 | 28 | 工程师 | 硕士 | 5500 | |
| 5 | 3 | S053 | 研发部 | D1 | 女 | 26 | 工程师 | 硕士 | 5000 | |
| 6 | 4 | S041 | 事业部 | E1 | 男 | 29 | 工程师 | 本科 | 5000 | |
| 7 | 5 | S005 | 培训部 | T1 | 女 | 39 | 高工 | 本科 | 6000 | |
| 8 | 6 | S066 | 事业部 | E3 | 男 | 34 | 高工 | 博士 | 7000 | |
| 9 | 7 | S071 | 销售部 | S1 | 男 | 32 | 工程师 | 硕士 | 5000 | |
| 10 | 8 | S008 | 培训部 | T2 | 男 | 33 | 工程师 | 本科 | 5000 | |
| 11 | 9 | S009 | 研发部 | D1 | 男 | 25 | 助工 | 本科 | 4000 | |
| 12 | 10 | S010 | 事业部 | E1 | 男 | 27 | 助工 | 本科 | 4000 | |
| 13 | 11 | S011 | 事业部 | E2 | 男 | 26 | 工程师 | 本科 | 5000 | |
| 14 | 12 | S012 | 研发部 | D2 | 男 | 35 | 工程师 | 博士 | 6000 | |
| 15 | 13 | S013 | 销售部 | S2 | 女 | 37 | 高工 | 本科 | 7000 | |
| 16 | 14 | S064 | 研发部 | D3 | 男 | 36 | 工程师 | 硕士 | 5000 | |
| 17 | | | | | | | | | | |

**图 4-4-11　"某公司人员情况表"工作表**

# 项目 5　PowerPoint 2003 的使用

## 任务 1　制作毕业答辩演讲稿

### 5.1.1　教学目标

在 Office 组件中,Word 适用于文字处理,Excel 适用于数据处理,只有 PowerPoint 适用于材料展示,如学术演讲、毕业答辩、项目论证、产品展示、会议议程、个人或公司介绍等。这是因为 PowerPoint 所创建的演示文稿具有生动活泼、形象逼真的动画效果,能像幻灯片一样进行放映,具有很强的感染力。通过本任务主要掌握 PowerPoint 的基本操作、演示文稿的创建及浏览等。本任务完成后效果如图 5-1-1 所示。

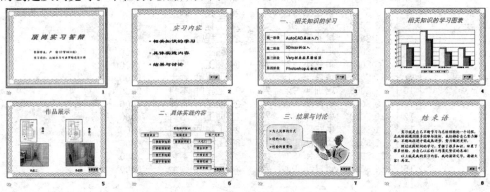

**图 5-1-1　"毕业答辩演讲稿"效果图**

### 5.1.2　主要知识点

(1)制作演示文稿。
(2)以各种视图浏览演示文稿。
(3)学做"毕业答辩演讲稿"。

### 5.1.3　实现步骤

**操作 1　制作演示文稿**

一份演示文稿通常由一张标题幻灯片和若干张普通幻灯片组成。

1. 启动 PowerPoint

单击任务栏上的"开始"按钮,选择"所有程序"→"Microsoft Office"→"Microsoft Office PowerPoint 2003"命令项,启动 PowerPoint 2003,同时系统会自动建立一个名为"演示

文稿 1"的空白 PowerPoint 演示文稿。在制作演示文稿之前,首先了解一下 PowerPoint 的工作界面,如图 5-1-2 所示。

图 5-1-2　PowerPoint 2003 **工作界面**

❋**小提示**:启动 PowerPoint 演示文稿还有其他方法。

方法一:双击桌面上的 Microsoft PowerPoint 快捷方式图标。

方法二:双击打开已存在的演示文稿 PowerPoint 文件。

2. 创建幻灯片

创建新演示文稿的常用方法有:新建空演示文稿、使用内容提示向导和设计模板。其中,空演示文稿不带任何设计,只具有布局格式的白底幻灯片,为读者提供了最大的创作空间;使用"内容提示向导"创建新演示文稿是最迅速的方法,它提供了建议内容和设计方案,是初学者常用的方法;使用"设计模板"创建的演示文稿具有统一的外观风格。下面分别介绍一下这几种常用方法的主要步骤:

1)创建空演示文稿

选择 PowerPoint 窗口菜单"文件"→"新建"命令,窗口右侧弹出"新建演示文稿"任务窗格,如图 5-1-3所示。单击"空演示文稿"选项,选择一种版式,创建新的空白演示文稿。

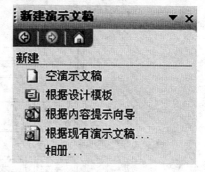

图 5-1-3　"新建演示文稿"任务窗格

❋**小提示**:新建空白演示文稿的方法有如下几种。

方法一:单击 PowerPoint 窗口常用工具栏上的"新建"按钮 ▯。

方法二:通过快捷键 Ctrl + N。

2)使用内容提示向导

在"新建演示文稿"任务窗格中,选择"根据内容提示向导",根据提示进行后续的每一步操作。

图 5-1-4　"幻灯片版式"任务窗格

❋**小提示**:任务窗格的显示与关闭:选择菜单"视图"→"任务窗格",或按 Ctrl + F1 组合键。

3)使用设计模板

在"新建演示文稿"任务窗格中,选择"根据设计模板",在任务窗格内的"应用设计模板"下拉列表中选取所需的版式。

3. 更改幻灯片版式

在标题幻灯片下面新建的幻灯片,默认情况下给出的是"标题和文本"版式,我们可以根据需要重新设置其版式。

(1)选择第一张幻灯片。

(2)在幻灯片的任意空白处单击鼠标右键,从弹出的快捷菜单中选择"幻灯片版式"命令,或者选择菜单"格式"→"幻灯片版式"命令,打开"幻灯片版式"任务窗格,如图 5-1-4 所示。

(3)在"幻灯片版式"任务窗格中,单击选择需要设置的版式。

❋**小提示**:要确定幻灯片所包含的对象及对象之间的位置关系,可使用幻灯片版式功能。"幻灯片版式"分为文字版式、内容版式、文字和内容版式及其他版式四种类型,如图 5-1-5 所示。

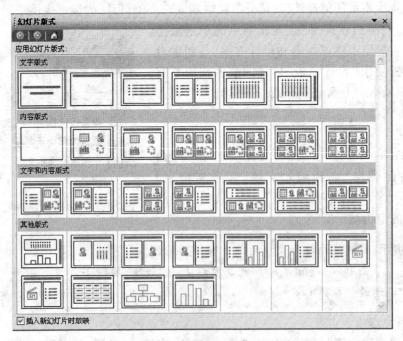

图 5-1-5　"幻灯片版式"内容

**操作 2　以各种视图浏览演示文稿**

PowerPoint 有 3 种主要视图:普通视图、幻灯片浏览视图和幻灯片放映视图。每种视图各有所长,适用于不同的应用场合。

打开一个已有的演示文稿,单击 PowerPoint 窗口左下角的视图切换按钮▣▨▽或选择"视图"菜单中相应的命令,可将演示文稿分别切换到不同的视图。

1. 普通视图▣

普通视图是最常用的视图,有 3 个工作区域,如图 5-1-6 所示:左侧为可在幻灯片文本大纲("大纲"选项卡)和幻灯片缩略图("幻灯片"选项卡)之间切换的区域;右侧为幻灯片区域,以大视图显示当前幻灯片;底部为备注区域。

**图 5-1-6　"普通视图"工作区**

"大纲"选项卡:主要用来组织和编辑幻灯片中的文本。

"幻灯片"选项卡:以缩略图大小的图形在演示文稿中观看幻灯片。使用缩略图能更方便地通过演示文稿导航并观看设计更改的效果,也可以重新排列、添加或删除幻灯片。

幻灯片区域:可以观看幻灯片的静态效果,同时可以添加和编辑幻灯片上的各种对象(文本、图片、表格、图表、绘图对象、文本框、电影、声音、超链接和动画)。

备注区域:用来为每个幻灯片添加备注说明信息。

✲**小提示**:按 F6 功能键可以顺时针方向快速地在普通视图的 3 个区域之间进行切换。

2. 幻灯片浏览视图▨

在该视图下,可以同时看到演示文稿中的所有幻灯片,这些幻灯片是以缩略图形式显示的。在该视图下,可以很容易地对幻灯片进行编辑操作(复制、删除、移动和插入幻灯片)。同时可以预览幻灯片切换、动画和排练时间等效果,但是不能单独对幻灯片内容进行编辑。

3. 幻灯片放映视图 🖳

在该视图中,以全屏方式显示当前幻灯片的内容和动画效果。

**操作 3　学做"毕业答辩演讲稿"**

1. 制作标题幻灯片

打开 PowerPoint 2003 之后,系统会自动新建一个空白演示文稿(见图 5-1-2)。此时,可以直接利用默认的格式新建演示文稿,同时单击菜单"文件"→"保存",将文件保存到 D:\PowerPoint\任务 1\毕业答辩演讲稿.ppt。

在主标题占位符处输入"顶岗实习答辩",副标题占位符处输入"答辩学生:卢倩(计管 0831 班)"与"实习岗位:运城市马可波罗陶瓷设计师"两行内容。

选中主标题"顶岗实习答辩"文字,选择菜单"格式"→"字体"命令,打开"字体"对话框,设置中文字体为黑体,字形为加粗倾斜,字号为 54 磅,效果为阴影,颜色为红色,如图 5-1-7 所示。

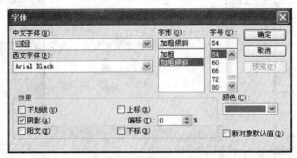

图 5-1-7　"字体"对话框

选中副标题"答辩学生:卢倩(计管 0831 班)"与"实习岗位:运城市马可波罗陶瓷设计师"两行文字,设置中文字体为仿宋_GB2312,字形为加粗,字号为 24 磅,颜色为黑色,对齐方式为左对齐。选择"格式"→"行距"命令,打开"行距"对话框,设置行距为 1.5 行。

调整文本框的大小和位置,设置完成的效果如图 5-1-8 所示。

图 5-1-8　首页效果

✿**小提示**:如果在演示文稿中还需要一张标题幻灯片,可以选择菜单"插入"→"新幻灯片"(或直接按 Ctrl + M 组合键),新建一个普通幻灯片。此时,从"幻灯片版式"任务窗格(见图 5-1-2)中选择一种标题版式即可。

2. 对象添加

1)添加新幻灯片

方法一:快捷键法。按 Ctrl + M 组合键,即可快速添加一张空白幻灯片。

方法二:回车键法。在"普通视图"下,将鼠标定在左侧的窗格中,然后按下回车键,同样可以快速插入一张新的空白幻灯片。

方法三:命令法。选择菜单"插入"→"新幻灯片"命令,也可新增一张空白的幻灯片。

2)插入文本框

通常情况下,在演示文稿的幻灯片中添加文本字符时,需要通过文本框来实现,步骤如下。

(1)执行"插入"→"文本框"→"水平(垂直)"命令,然后在幻灯片中拖拉出一个文本框来。

(2)将相应的字符输入到文本框中。

(3)设置字体、字号和字符颜色等。

(4)调整文本框的大小,并将其定位在幻灯片的合适位置上即可。

✿**小提示**:

(1)插入文本框也可以用"绘图"工具栏上的文本框按钮来实现,如图 5-1-9 所示,并输入字符。

(2)"绘图"工具栏可以通过单击菜单"视图"→"工具栏"→"绘图"命令显示与隐藏,通常情况下其位置在窗口的状态栏之上。

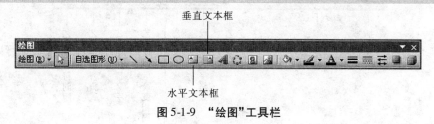

图 5-1-9　"绘图"工具栏

3)插入图片

为了增强文稿的可视性,向演示文稿中添加图片是一项基本的操作。

(1)执行"插入"→"图片"→"来自文件"命令,打开"插入图片"对话框。

(2)定位到需要插入图片所在的文件夹,选中相应的图片文件,然后按下"插入"按钮,将图片插入到幻灯片中。

(3)用"图片"工具栏(如图 5-1-10 所示)调整好图片的大小,并将其定位在幻灯片的合适位置上即可。

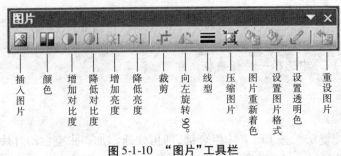

图 5-1-10　"图片"工具栏

❀小提示:定位图片位置时,按住 Ctrl 键,再按动方向键,可以实现图片的微量移动,达到精确定位图片的目的。

4)插入艺术字

Office 多个组件中都有艺术字功能,在演示文稿中插入艺术字可以大大提高演示文稿的放映效果。

选择菜单"插入"→"图片"→"艺术字"命令,打开"艺术字"对话框。选择一种样式后,单击"确定"按钮,打开"编辑艺术字"对话框。输入艺术字字符后,设置好字体、字号等要素,单击"确定"按钮返回。通过"艺术字"工具栏(如图 5-1-11 所示)调整好艺术字,并将其定位在合适的位置即可。

❀小提示:选中插入的艺术字,在其周围出现黄色的控制柄,拖动控制柄,可以调整艺术字的外形。

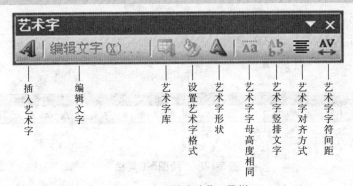

图 5-1-11　"艺术字"工具栏

5)插入自选图形

根据演示文稿的需要,经常要在其中绘制一些图形,利用"绘图"工具栏即可搞定。

方法一:选择菜单"插入"→"图片"→"自选图形"命令,打开"自选图形"工具栏(如图 5-1-12 所示),绘制自选图形。

方法二:通过"绘图"工具栏(见图 5-1-9)绘制所需的自选图形。

图 5-1-12　"自选图形"工具栏

❀**小提示**：如果选中相应的选项（如"矩形"），然后在按住 Shift 键的同时，拖动鼠标，即可绘制出正的图形（如"正方形"）。

6）插入图表

利用图表，可以更加直观地演示数据的变化情况。

选择菜单"插入"→"图表"命令，进入图表编辑状态。在数据表中编辑好相应的数据内容，然后在幻灯片空白处单击鼠标，即可退出图表编辑状态。调整好图表的大小，并将其定位在合适位置上即可。

❀**小提示**：如果发现数据有错误，直接双击图表，即可再次进入图表编辑状态，进行修改。

7）插入批注

审查他人的演示文稿时，可以利用批注功能提出自己的修改意见。

选中需要添加意见的幻灯片，选择菜单"插入"→"批注"命令，进入批注编辑状态，输入批注内容。当使用者将鼠标指向批注标示时，批注内容即可显示出来。右击批注标示，利用弹出的快捷菜单，可以对批注进行相应的编辑处理。

❀**小提示**：批注内容不会在放映过程中显示出来。

8）插入声音

选择菜单"插入"→"影片和声音"→"剪辑管理器中的声音"命令，在右侧弹出"剪贴画"任务窗格，如图 5-1-13 所示。选中相应的声音文件，然后弹出"您希望在幻灯片放映时如何开始播放声音？"对话框，如图 5-1-14 所示。

图 5-1-13　"剪贴画"
任务窗格

图 5-1-14　"如何开始播放声音"对话框

选择菜单"插入"→"影片和声音"→"文件中的声音"命令，打开"插入声音"对话框。定位到需要插入的声音文件所在的文件夹，选中相应的声音文件，然后单击"确定"按钮。

❀**小提示**:演示文稿支持 mp3、wma、wav、mid 等格式的声音文件。

选择菜单"插入"→"影片和声音"→"录制声音"命令,打开"录音"对话框,如图 5-1-15 所示。单击 ● 按钮开始录音,单击 ■ 按钮结束录音,单击 ▶ 按钮播放效果。满意后单击"确定"按钮。

图 5-1-15　"录音"对话框

❀**小提示**:插入声音文件后,会在幻灯片中显示一个小喇叭图片,在放映幻灯片时,通常会显示在画面中。为了不影响播放效果,通常将该图标移到幻灯片的边缘处。

9）插入视频

选择菜单"插入"→"影片和声音"→"剪辑管理器中的影片"命令,在右侧弹出"剪贴画"任务窗格(见图 5-1-13)。单击相应的媒体文件,调整大小、位置即可。

选择菜单"插入"→"影片和声音"→"文件中的影片"命令,打开"插入影片"对话框。定位到需要插入的视频文件所在的文件夹,选中相应的视频文件,然后单击"确定"按钮,选择在幻灯片放映时如何开始播放影片(是"自动"还是"在单击时")即可。

❀**小提示**:演示文稿支持 avi、wmv、mpg 等格式的视频文件。

10）插入 Flash 动画

选择菜单"视图"→"工具栏"→"控件工具箱"命令,展开"控件工具箱"工具栏。单击此工具栏中的"其他控件"按钮,在随后弹出的下拉列表中选择"Shockwave Flash Object"选项,然后在幻灯片中拖出一个矩形区域(为插放窗口)。选中此区域,单击工具栏中的"属性"按钮,打开"属性"对话框,在"Movie"选项后面的方框中输入需要插入的Flash 动画文件名(以 .SWF 为扩展名)及完整路径。

❀**小提示**:建议将 Flash 动画文件和演示文稿存放在同一文件夹中,这样只需要输入 Flash 文件名,而不需要输入路径。

11）插入公式

在制作一些专业技术性演示文稿时,常常需要在幻灯片中添加一些复杂的公式,可以利用"公式编辑器"来制作。

选择菜单"插入"→"对象"命令,打开"插入对象"对话框。在"对象类型"下面选中"Microsoft 公式 3.0"选项,确定进入"公式编辑器"状态,如图 5-1-16 所示。编辑完成后,关闭"公式编辑器"窗口,返回幻灯片编辑状态,即可插入公式。调整好大小,定位在合适的位置。

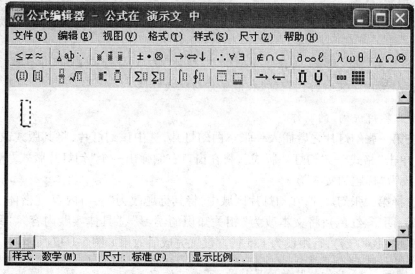

图 5-1-16　"公式编辑器"窗口

❈**小提示**：默认情况下，"公式编辑器"不是 Office 安装组件，在使用前需要通过安装程序进行添加后，才能正常使用。

12）插入其他演示文稿

如果在编辑某个演示文稿时，需要引用其他演示文稿中的部分幻灯片，可以通过下面的方法快速插入。

将光标定位在需要插入幻灯片的前面，选择"插入"→"幻灯片（从文件）"命令，打开"幻灯片搜索器"对话框。单击"浏览"按钮，打开对话框，定位到被引用演示文稿所在的文件夹中，选择相应的演示文稿，单击"确定"按钮返回。

❈**小提示**：

（1）如果需要引用演示文稿中的所有幻灯片，直接按下"全部插入"按钮就行了。

（2）在按住 Ctrl 键的同时，用鼠标点击不同的幻灯片，可以同时选中不连续的多幅幻灯片，然后将其插入。

（3）如果经常需要引用某些演示文稿中的幻灯片，在打开相应的演示文稿后，单击"添加到收藏夹"按钮，以后可以通过"收藏夹标签"进行快速调用。

13）插入 Excel 表格

PowerPoint 的表格功能不太强，需要添加表格时，可以先在 Excel 中制作好，然后将其插入到幻灯片中。

选择"插入"→"对象"命令，打开"插入对象"对话框。选中"由文件创建"选项，然后单击"浏览"按钮，定位到 Excel 表格文件所在的文件夹，选中相应的文件，单击"确定"按钮返回，即可将 Excel 表格插入到幻灯片中。

**✳小提示：**

（1）为了使插入的表格能够正常显示，需要在 Excel 中调整好行、列的数目及宽（高）度。

（2）如果在"插入对象"对话框中选中了"链接"选项，以后在 Excel 中修改了插入表格的数据，打开演示文稿时，相应的表格会自动随之修改。

3."毕业答辩讲稿"的制作

（1）在第一张幻灯片之后插入一张空白幻灯片，选中该幻灯片，将其版式改为"标题和文本"（单击"格式"→"幻灯片版式"，将在窗口右侧弹出一个"幻灯片版式"区域，将幻灯片版式改为"标题和文本"）。

（2）选择第二张幻灯片，在幻灯片区域中，将其标题改为"实习内容"（楷体_GB2312、倾斜、48 磅、阴影、红色）；将文本改为"相关知识的学习"、"具体实践内容"、"结果与讨论"（隶书、加粗、40 磅），行距设为 1.5 行。设置完成后效果如图 5-1-17 所示。

**✳小提示：**关于此幻灯片的项目符号，可通过选中"文本"占位符，然后单击菜单"格式"→"项目符号和编号"来改变其样式。

（3）按回车键新增一张幻灯片。选中第三张幻灯片，将其版式改为"标题和表格"。

（4）选择第三张幻灯片，在幻灯片区域中，将其标题改为"一、相关知识的学习"（黑体、倾斜、44 磅、阴影、红色）。

（5）在"双击此处添加表格"处双击添加一个 2 列 4 行的表格，并输入如图 5-1-18 所示的内容。

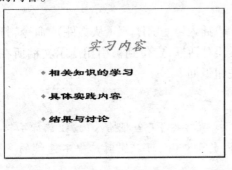

图 5-1-17　第二张幻灯片效果　　　　　图 5-1-18　第三张幻灯片效果

（6）在第三张幻灯片之后添加第四张幻灯片。选中第四张幻灯片，将其版式改为"标题和图表"。

（7）将第四张幻灯片的标题改为"相关知识的学习图表"（黑体、44 磅、加粗、倾斜、红色）。

（8）在"双击此处添加图表"处双击添加一个图表，并输入如图 5-1-19 所示的内容。设置完成后效果如图 5-1-20 所示。

（9）在第四张幻灯片之后添加第五张幻灯片，将其版面设置为"标题和四项内容"。

| 样本ppt.ppt - 数据表 | | | | | |
|---|---|---|---|---|---|
| | | A | B | C | D |
| | | 第一阶段(CAD) | 第二阶段(3D) | 第三阶段(Vary) | 第四阶段（PS） |
| 1 | 时间（天数 | 5 | 8 | 4 | 4 |
| 2 | 作品（个数 | 4 | 6 | 3 | 2 |
| 3 | | | | | |
| 4 | | | | | |

图 5-1-19　图表数据

（10）将第五张幻灯片的标题改为"作品展示"（宋体、44 磅、加粗、蓝色）。

（11）在四个内容区域分别添加四幅作品图示，并调整合适的大小与位置。

（12）单击菜单"插入"→"文本框（水平/垂直）"对作品加以注释。效果如图 5-1-21 所示。

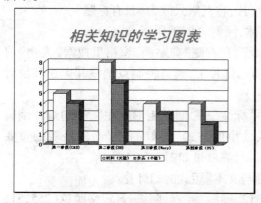

图 5-1-20　第四张幻灯片效果

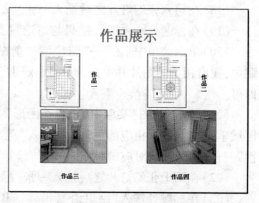

图 5-1-21　第五张幻灯片效果

（13）在第五张幻灯片之后插入一张新幻灯片，将其版式改为"标题和图示或组织结构图"。

（14）在标题处输入"二、具体实践内容"（黑体、倾斜、44 磅、阴影、红色）。

（15）双击"双击添加图示或组织结构图"占位符，打开"图示库"对话框，在"选择图示类型"选项区中选择第 1 行第 1 列的"组织结构图"，单击"确定"按钮。

（16）在工作界面上将会自动打开一个"组织结构图"工具栏，如图 5-1-22 所示。

图 5-1-22　"组织结构图"工具栏

✱小提示：若没有"组织结构图"工具栏，可以通过菜单"视图"→"工具栏"→"自定义"打开一个自定义对话框，在"工具栏"选项卡里找到"组织结构图"即可。

（17）单击"单击此处添加文本"占位符，输入如图 5-1-23 所示的文字内容，选中制作好的组织结构图的外框线，在"组织结构图"工具栏（见图 5-1-22）中单击"自动套用格式"按钮，启动组织结构图样式对话框，选择图示样式为"三维颜色"。

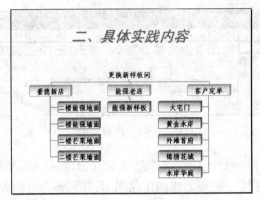

图 5-1-23    第六张幻灯片效果

（18）在第六张幻灯片之后插入一张新幻灯片，将其版式改为"只有标题"。

（19）在标题处输入"三、结果与讨论"（黑体、倾斜、44 磅、阴影、红色）。

（20）单击菜单"插入"→"图片"→"剪贴画"，在右侧"剪贴画"窗格里搜索"人物"剪贴集，找出相关的图片并单击，即可插入到当前幻灯片上，通过控制点调整其大小和位置即可。

（21）单击"绘图"菜单中的"自选图形"→"标注"→"圆角矩形标注"，在幻灯片编辑区域里拖拉出一个相应的区域，并输入"为人处事的方式"、"好的心态"、"经验的重要性"三段文字，加载对应的"项目符号与编号"。最终效果如图 5-1-24 所示。

（22）在第七张幻灯片之后插入一张"标题与文本"版式的幻灯片。

（23）在标题处输入"结束语"（楷体_GB2312、倾斜、54 磅、阴影、自定义颜色（255，51，0）），在文本处输入："实习就是自己不断学习与总结经验的一个过程，在此阶段遇到很多困难与挫折。我们都会自己努力解决，不断地改进才能成熟进步，努力做到更好。经过这段时间的学习，掌握了很多知识，积累了很多经验，为自己以后的工作奠定坚实的基础！以上就是我的实习内容，我的演讲完毕。谢谢大家！再见。"（楷体_GB2312、26 磅、加粗）。调整文本框的大小和位置可以使整个幻灯片的布局更合理、样式更美观。其效果如图 5-1-25 所示。

图 5-1-24    第七张幻灯片效果            图 5-1-25    第八张幻灯片效果

❀小提示:

(1)若在"颜色"对话框的"标准"选项卡中未能找到合适的颜色,则可选择"自定义"选项卡,可自行设置合适的颜色。

(2)当文字超出文本框的容量时,超出部分将无法显示。要显示全部的文字,必须调整文本框的大小和位置。

**练一练**

1. 打开助教系统光盘项目5任务1中的演示文稿yswg11. ppt,如图5-1-26所示,按照下列要求完成对此文稿的修饰并保存。

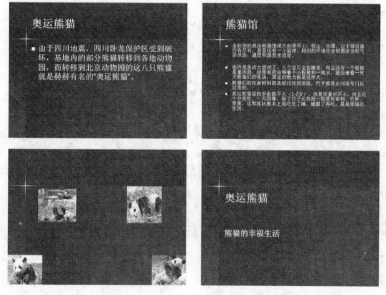

**图5-1-26　yswg11. ppt 演示文稿**

(1)全部幻灯片切换效果设为"盒状展开"。

(2)将第一张幻灯片的版式改为"垂直排列标题与文本",文本设置为黑体、41磅字。第三张幻灯片前插入版式为"标题,两项内容与文本"的新幻灯片,将第二张幻灯片的第1、2段文本移到新幻灯片的文本区域,将第四张幻灯片上部两张图片移到新幻灯片的内容区域。将第四张幻灯片的版式改为"标题和两项内容在文本之上",两张图片移入内容区,将第二张幻灯片的文本移到第四张幻灯片的文本区域,插入备注"熊猫饮食"。删除第二张幻灯片,将第四张幻灯片移到第一张幻灯片之前。

2. 打开助教系统光盘项目5任务1中的演示文稿yswg12. ppt,如图5-1-27所示,按照下列要求完成对此文稿的修饰并保存。

(1)在第一张幻灯片前插入一张新幻灯片,幻灯片版式为"标题幻灯片",主标题区域输入"两岸货运包机首航",并设置字体为楷体_GB2312、加粗,字号为63磅,颜色为红色

（请用自定义标签的红色250、绿色0、蓝色0），副标题区域输入"新华社7月20日电"，并设置字体为仿宋_GB2312、字号为43磅。移动第三张幻灯片，使之成为第二张幻灯片。

　　（2）将第一张幻灯片的背景填充设置为"花束"纹理，全部幻灯片切换效果为"溶解"。

图 5-1-27　　yswg12.ppt 演示文稿

# 任务 2　美化幻灯片处理

## 5.2.1　教学目标

　　以任务1的"毕业答辩演讲稿.ppt"设计成果为基础，掌握幻灯片应用设计模板、协调文字与图片搭配等技能，使得经过美化后的幻灯片更加漂亮、直观，更具有说服力。

## 5.2.2　主要知识点

　　（1）应用设计模板。
　　（2）应用配色方案。
　　（3）应用幻灯片母版。
　　（4）背景颜色设置。
　　（5）动画实现。
　　（6）幻灯片的放映与控制。

## 5.2.3　实现步骤

### 操作1　应用设计模板

　　通常情况下，新建的演示文稿使用的是黑白幻灯片方案，如果需要使用其他方案，一般可以通过应用其内置的设计方案来快速添加。

　　例如：将 CCONTNTL.POT 应用于"毕业答辩演讲稿.ppt"的所有幻灯片，步骤如下。

　　双击打开"毕业答辩演讲稿.ppt"文件，在菜单栏中选择"格式"→"幻灯片设计"命令，打开"幻灯片设计"任务窗格（如图5-2-1所示）。在"幻灯片设计"任务窗格的下方单击"浏览"命令,找到文件夹"2052"下的"CCONTNTL. POT"模板文件,则所有的幻灯片均应用了该模板。

❋小提示:"幻灯片设计"任务窗格打开方法有以下几种。
方法一:在幻灯片的空白处右击,从弹出的快捷菜单中选择"幻灯片设计"命令。
方法二:单击菜单"格式"→"幻灯片设计"命令。
方法三:在窗口右侧任务窗格(如图5-2-2所示)中选择"幻灯片设计"命令。

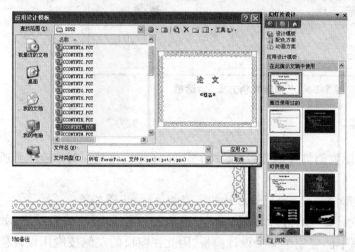
图 5-2-1  "幻灯片设计"任务窗格

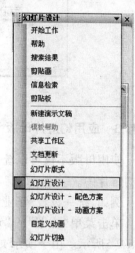
图 5-2-2  右侧任务窗格

### 操作2  应用配色方案

若对"幻灯片设计"模板的色彩搭配不满意,可以利用配色方案解决这个问题。
例如:将一种配色方案应用于"毕业答辩演讲稿. ppt"的所有幻灯片,步骤如下。
在"幻灯片设计"任务窗格中单击"配色方案",如图5-2-3所示。单击任选一种配色方案,所有的幻灯片背景、标题、文本等颜色均发生了改变。

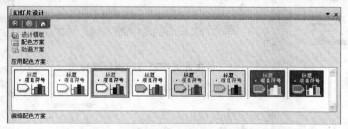
图 5-2-3  "配色方案"任务窗格

❋小提示:在任务窗格底部单击"编辑配色方案"按钮,弹出"编辑配色方案"对话框,如图5-2-4所示。在"自定义"选项卡的"配色方案颜色"中,更改任一种对象的颜色(如背景),再单击"更改颜色"按钮,进行颜色更改,最后单击"应用"按钮即可。

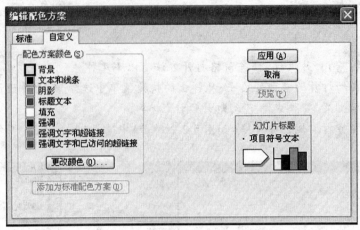

图 5-2-4　"编辑配色方案"对话框

**操作 3　应用幻灯片母版**

使用母版不仅可以统一设置幻灯片的背景、文本样式等,还可以将某一对象应用到所有幻灯片中。

例如,统一设置"毕业答辩演讲稿.ppt"幻灯片的页脚和页码,步骤如下。

单击菜单"视图"→"母版"→"幻灯片母版"命令,进入幻灯片母版的编辑状态,如图 5-2-5 所示。由于演示文稿中已应用了 2 个设计模板,因此在窗口的左侧按应用设计模板的先后顺序出现了"幻灯片母版"和"标题母版"。当前的幻灯片区域显示的母版为基于 CCONTNTL.POT 模板的幻灯片母版。

图 5-2-5　母版的编辑状态

(1)在"幻灯片母版"的"页脚区"输入一行文字,如"山西水利职业技术学院 2011 届毕业生"。

（2）在幻灯片母版的"数字区"插入"幻灯片编号"（单击"插入"→"幻灯片编号"命令，弹出如图 5-2-6 所示的对话框，进行相应设置即可）。

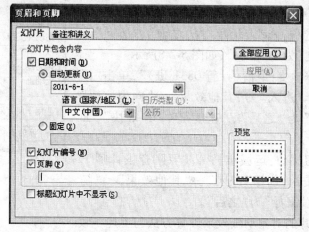

图 5-2-6　"页眉和页脚"对话框

（3）在"幻灯片母版视图"工具栏中，单击"关闭母版视图"按钮，返回到普通视图中，可以看到除第一张幻灯片外的所有幻灯片都有"山西水利职业技术学院 2011 届毕业生"、当前日期和幻灯片编号。

❈**小提示**：若要在幻灯片中不显示页眉和页脚内容，可以单击"视图"→"页眉和页脚"命令，打开"页眉和页脚"对话框，如图 5-2-6 所示，去掉对象前面的对钩即可。

**操作 4　背景颜色设置**

如果需要修改其背景颜色，可以这样设置：执行"格式"→"背景"命令，打开"背景"对话框，设置一种颜色，单击"确定"按钮返回即可。

**操作 5　动画实现**

动画是演示文稿的精华，在动画中尤其以"进入"动画最为常用。

1. 调用预置的动画方案

PowerPoint 中新增了动画方案功能，可以将一组预定义的动画和切换效果应用于幻灯片的文本，适用于标题、项目符号或段落文本。直接套用动画方案，可以大大加快幻灯片中动画效果的设计进程。

方法：单击"幻灯片设计"→"动画方案"命令（如图 5-2-7 所示），选择任意一种动画效果应用于选定的幻灯片或所有的幻灯片。

2. 自定义动画效果

单击"幻灯片放映"→"自定义动画"命令，切换到"自定义动画"任务窗格，可以看到自定义动画列表。自定义动画列表显示的是当前幻灯片中所有应用了动画效果的对象元素。

（1）打开"毕业答辩演讲稿.ppt"，选中"顶岗实习答辩"文本，选择菜单"幻灯片放映"→"自定义动画"命令，打开"自定义动画"任务窗格，单击"添加效果"按钮，选择"进入"→"飞入"选项，修改"开始"为"之前"、"方向"为"自右上部"、"速度"为"非常快"，如图5-2-8所示。

图5-2-7　动画方案

（2）选中"答辩学生：卢倩（计管0831班）"，单击"添加效果"按钮，选择"进入"→"其他效果"→"向内溶解"选项，修改"开始"为"之后"、"速度"为"非常快"，如图5-2-9所示。

（3）选中"实习岗位：运城市马可波罗陶瓷设计师"，单击"添加效果"按钮，选择"进入"→"其他效果"→"随机效果"选项，修改"开始"为"之后"。

（4）其余幻灯片的对象动画效果设置方法与上述一致。

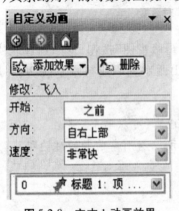

图5-2-8　文本1动画效果

图5-2-9　文本2动画效果

❋**小提示**：动画效果就是当放映幻灯片时，幻灯片中的各个主要对象不是一次全部显示，而是按某种规律，以动画的效果逐个显示。在幻灯片中使用动画效果将使演示文稿看起来更生动形象。

3. 幻灯片切换

为了增强PowerPoint幻灯片的放映效果，我们可以为每张幻灯片设置切换方式，以丰富其过渡效果。切换效果是添加在幻灯片上的一种特殊的播放效果。在演示文稿放映过程中，切换效果可以通过各种方式将幻灯片切入屏幕，还可以在切换时播放声音。

选择菜单"幻灯片放映"→"幻灯片切换"命令，打开"幻灯片切换"任务窗格，依次选中每张幻灯片，分别设置幻灯片切换方式为"盒状展开"、"新闻快报"、"中央向左右扩展"、"加号"、"圆形"、"顺时针回旋，8根轮辐"、"水平百叶窗"、"向下擦除"。分别为每张幻灯片在任务窗格中选择效果、速度、声音及换片方式，如图5-2-10所示。

**4. 动作按钮的应用**

在 PowerPoint 演示文稿中经常要用到链接功能，我们可以用"动作按钮"功能来实现。

选中要添加动作按钮的幻灯片，选择"幻灯片放映"→"动作按钮"命令，弹出级联菜单，选中相应的动作按钮，待鼠标指针变为十字形时，在目标位置拖动鼠标绘制完成后，会自动弹出"动作设置"对话框，单击"超链接到"的下拉列表按钮，选择要跳转的目标幻灯片，再单击"确定"按钮即可。

**5. 设置文字或图片超链接**

我们在 PowerPoint 演示文稿的放映过程中，若希望从某张幻灯片中快速切换到另外一张不连续的幻灯片中，可以通过"超链接"来实现。

选中用于超链接的文本或图片，单击"插入"→"超链接"命令，弹出"插入超链接"对话框，如图 5-2-11 所示。在对话框的左窗格里选择"链接到"所需的项目，在中部区域选择目标对象，单击"确定"。

（1）打开"毕业答辩演讲稿 . ppt"，选中第二张幻灯片。

（2）选中"相关知识的学习"，右键单击选择"超链接"，弹出"插入超链接"对话框。

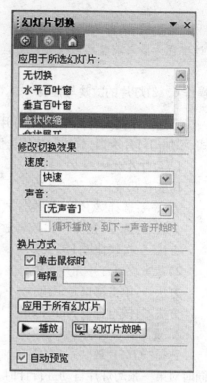

图 5-2-10　"幻灯片切换"
任务窗格

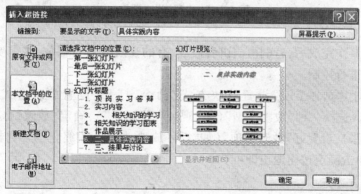

**图 5-2-11　"插入超链接"对话框**

（3）在左窗格里选择"本文档中的位置"，在中部区域选择"3. 一、相关知识的学习"幻灯片。

（4）用同样的方法，将第二张幻灯片的"具体实践内容"超链接到"6. 二、具体实践内容"幻灯片。

（5）将第二张幻灯片的"结果与讨论"超链接到"7. 三、结果与讨论"幻灯片。

❋**小提示**:在放映幻灯片时,超链接的文字自动用其他颜色添加了下划线(可以通过配色方案来调整颜色设置),当鼠标移到该处时会出现小手图标。

### 操作6　幻灯片的放映与控制

上述操作完成后,一般为幻灯片增加其他效果,主要包括设置放映时间、设置放映方式、添加幻灯片旁白、放映时使用绘图笔、交互式演示文稿放映等。

**1. 幻灯片放映**

1)直接从第一张开始放映

方法一:选择"幻灯片放映"→"观看放映"命令。

方法二:选择"视图"→"观看放映"命令。

方法三:按快捷键 F5。

2)从当前幻灯片开始放映

方法一:单击窗口左下角。

方法二:按组合键 Shift + F5。

**2. 设置自动放映**

选择"幻灯片放映"→"排练计时"命令,在弹出"预演"对话框(如图 5-2-12 所示)的同时对第一张幻灯片自动进行计时,单击"下一项"按钮开始对第二张幻灯片进行计时,再单击继续对第三张幻灯片进行计时,直到放映结束。

**图 5-2-12　"预演"对话框**

**3. 设置放映方式**

演示文稿制作完成后,有的由演讲者播放,有的让观众自行播放,这需要通过设置幻灯片放映方式进行控制。

执行"幻灯片放映"→"设置放映方式"命令,打开"设置放映方式"对话框,如图 5-2-13所示。选择一种"放映类型"(如"观众自行浏览"),确定"放映幻灯片"范围(如第 3 张至第 8 张),设置好"放映选项"(如"循环放映,按 Esc 键终止")。再根据需要设置好其他选项,单击确定按钮退出即可。

1)设置换片方式

选择"幻灯片放映"→"设置放映方式"命令,在弹出的"设置放映方式"对话框(见图 5-2-13)的"换片方式"区域中,选择手动或自动,单击"确定"按钮即可。

2)设置自定义放映

选择"幻灯片放映"→"自定义放映方式"命令,在弹出的对话框中单击"编辑"按钮,选择要参加放映的幻灯片,单击"添加"按钮即可。

3)设置幻灯片循环放映

选择"幻灯片放映"→"设置放映方式"命令,在弹出对话框(见图 5-2-13)的"放映选

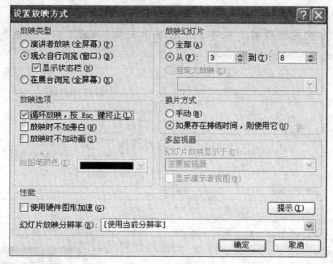

**图 5-2-13　"设置放映方式"对话框**

项"选区中选中"循环放映,按 Esc 键终止",单击"确定"按钮即可。

4. 添加幻灯片旁白

选择"幻灯片放映"→"录制旁白"命令,在弹出的"录制旁白"对话框中选择"设置话筒级别",单击"确定"按钮。单击"更改质量"按钮,在"名称"列表框内选择样式,单击"确定"按钮即可。

5. 放映时使用绘图笔

在放映视图方式下右击鼠标,选择"指针选项"中所需的绘图笔类型。当幻灯片出现墨点后,拖动鼠标即可留下痕迹。放映结束后,选择"保留"或"放弃"带绘图笔的幻灯片。

## 练一练

1. 打开助教系统光盘项目 5 任务 2 中的演示文稿 yswg21. ppt,如图 5-2-14 所示,按照下列要求完成对此文稿的修饰并保存。

**图 5-2-14　yswg21. ppt 演示文稿**

(1)将第一张幻灯片主标题文字的字体设置为黑体、46 磅、加粗、下划线;将第二张幻灯片的文本动画设置为"进入"、"劈裂"、"中央向左右展开",图片动画设置为"进入"、"螺旋飞入";将第三张幻灯片的背景填充预设为"雨后初晴",底纹样式为"斜下"。

(2)第二张幻灯片的动画出现顺序为先图片后文本,使用"Blend. pot"模板修饰全文,放映方式为"观众自行浏览"。

2. 打开助教系统光盘项目 5 任务 2 中的演示文稿 yswg22. ppt,如图 5-2-15 所示,按照下列要求完成对此文稿的修饰并保存。

图 5-2-15　yswg22. ppt 演示文稿

(1)对第一张幻灯片,主标题文字输入"郑和下西洋",其字体为楷体_GB2312,字号为 63 磅,加粗,红色(请用自定义标签的红色 250、绿色 0、蓝色 0)。副标题输入"开辟人类大航海时代",其字体为仿宋_GB2312,字号为 30 磅。将第四张幻灯片的图片插到第二张幻灯片的剪贴画区域。在第三张幻灯片的剪贴画区域插入 Office 收藏集中"运输"类的剪贴画,且剪贴画动画设置为"进入"、"随机线条"、"垂直"。将第一张幻灯片的背景填充预设为"雨后初晴",底纹样式为"水平"。

(2)删除第四张幻灯片。全部幻灯片放映方式设置为"观众自行浏览"。

# 任务 3　制作计算机等级考试讲稿

## 5.3.1　教学目标

通过设计制作计算机等级考试讲稿完整案例,掌握制作多媒体课件的具体方法,即可以制作出包含文字、图片、声音、视频、动画等元素的图文并茂的多媒体演示文稿,并设计幻灯片中的各类元素动画特效。本任务完成后效果如图 5-3-1 所示。

## 5.3.2　主要知识点

(1)利用模板建立新演示文稿。
(2)在幻灯片中插入图表和表格并设置对象。
(3)母版、超链接和动作按钮的设置。

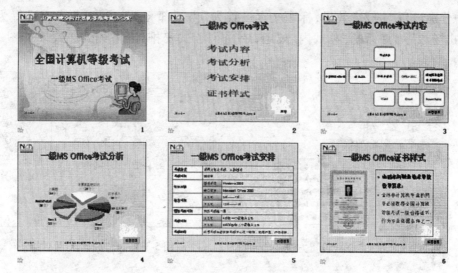

图 5-3-1　"计算机等级考试讲稿"效果图

## 5.3.3　实现步骤

**操作 1　利用模板建立新演示文稿**

（1）启动 PowerPoint 演示文稿软件,单击菜单"文件"→"新建",在右侧弹出的"新建演示文稿"任务窗格中选择"根据设计模板",选择"砖雕艺术 . pot"模板。同时单击菜单"文件"→"保存",将文件保存到 D：\PowerPoint\任务 3\制作计算机等级考试讲稿 . ppt。

（2）第一张幻灯片采用"标题幻灯片"版式,主标题填写"全国计算机等级考试"（宋体、60 磅、加粗、阴影）,副标题填写"一级 MS Office 考试"（加粗）；然后,插入图中所示的"人物"剪贴画,将剪贴画的高度设置为 6 厘米；最后,在"自定义动画"任务窗格中将剪贴画的进入效果设置为菱形。效果如图 5-3-2 所示。

图 5-3-2　第一张幻灯片效果

（3）第二张幻灯片采用"只有标题"版式,标题填写"一级 MS Office 考试",在该张幻灯片中插入四组艺术字,内容分别为"考试内容"、"考试分析"、"考试安排"、"证书样式"。并将每个艺术字的形式改为"双波形 1"（见图 5-3-3）。最后,在"自定义动画"任务窗格中分别设置"进入"效果,标题文本设置为"由顶部飞入";四组艺术字设置为"回旋"。出场顺序为:标题、考试内容、考试分析、考试安排、证书样式。效果如图 5-3-4所示。

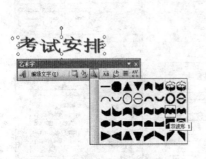

图 5-3-3　艺术字形式设置方法

图 5-3-4　第二张幻灯片效果

(4)第三张幻灯片采用"标题和图示或组织结构图"版式,标题填写"一级 MS Office考试内容",组织结构如 5-3-5 所示。将组织结构图中的文字字号设置为 16 磅,本幻灯片的"动画方案"采用"向内溶解"方式。

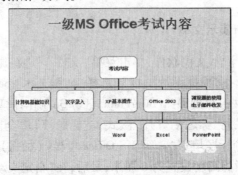

图 5-3-5　第三张幻灯片效果

**操作 2　在幻灯片中插入图表和表格并设置对象**

(1)第四张幻灯片采用"标题和图表"版式,标题填写"一级 MS Office 考试分析",图表对应的数据如图 5-3-6 所示。在幻灯片中以"分离型三维饼型图"的方式显示数据,而且显示具体的数值,效果如图 5-3-7 所示。

| | | B | C | D | E | F | G |
|---|---|---|---|---|---|---|---|
| | | 汉字录入 | XP基本操作 | Word | Excel | PowerPoint | 上网题 |
| 1 | 三维饼图 | 10 | 10 | 25 | 15 | 10 | 10 |
| 2 | | | | | | | |
| 3 | | | | | | | |

图 5-3-6　一级 MS Office 考试分析表

(2)第五张幻灯片采用"标题和表格"版式,标题填写"一级 MS Office 考试安排",表格的内容如图 5-3-8 所示。选择需要改变填充颜色的单元格,右击选择"边框和填充",打开"设置表格格式"对话框,单击"填充"选项卡,更改对应的颜色即可。

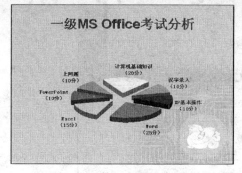

图 5-3-7　第四张幻灯片效果

图 5-3-8　第五张幻灯片效果

　　(3)第六张幻灯片采用"标题、内容与文本"版式,将标题改为"一级 MS Office 证书样式",在内容处插入"一级证书 . jpg"图片,在文本处填写如图 5-3-9 所示的内容即可。

图 5-3-9　第六张幻灯片效果

**操作 3　母版、超链接和动作按钮的设置**

　　(1)将第二张幻灯片中的"考试内容"、"考试分析"、"考试安排"、"证书样式"分别超链接到第三、四、五、六张幻灯片中。选中艺术字"考试内容",右键单击选择"超链接",弹出"插入超链接"对话框,如图 5-3-10 所示。在左侧选择"本文档中的位置",在中部区域找到对应的第三张幻灯片并选中,单击"确定"按钮即可。用同样的方法分别对"考试分析"、"考试安排"、"证书样式"做对应的超链接。

　　(2)在第二张幻灯片右下角制作自定义动作按钮　退出　,且单击该按钮超链接到"结束放映"。单击"幻灯片放映"→"动作按钮"→"自定义"(如图 5-3-11 所示),在当前幻灯片右下角绘制一个按钮的区域,随后弹出"动作设置"对话框(如图 5-3-12 所示),设置"超链接到"为"结束放映"即可。

图 5-3-10　插入超链接

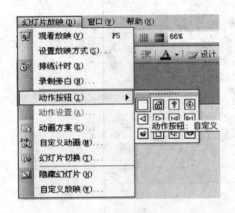

图 5-3-11　"自定义"动作按钮

图 5-3-12　"动作设置"对话框

✿**小提示**：创建"动作按钮"还可以通过在"绘图"工具栏中单击"自选图形"→"动作按钮"→"自定义"实现，如图 5-3-13 所示。

（3）分别在第三、四、五、六张幻灯片右下角插入自定义动作按钮 返回目录 ，并且单击该动作按钮能够超链接到第二张幻灯片，方法同上。

（4）选择"视图"→"母版"→"幻灯片母版"命令，在普通母版的下方"页脚区"写入"山西水院全国计算机等级考试办公室"。选择"插入"→"日期和时间"命令，选定"自动更新"单选框，单击"全部应用"按钮。在左上角插入图片"计算机等级考试图标.jpg"，如图 5-3-14 所示。

（5）单击左侧的标题母版，在标题母版顶部插入水平文本框，在文本框中写入"山西水院全国计算机等级考试办公室"（隶书、32 磅、加粗、阴影、白色），并在左上角插入图片"计算机等级考试图标.jpg"，效果如图 5-3-15 所示。

图 5-3-13　"绘图"工具栏"自定义"动作按钮

图 5-3-14　"幻灯片母版"样式

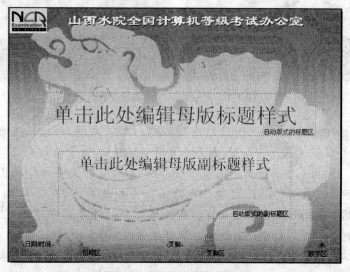

图 5-3-15　"标题母版"样式

（6）在"幻灯片母版视图"工具栏中，单击"关闭母版视图"按钮，如图5-3-16所示。

图5-3-16　"幻灯片母版视图"工具栏

（7）单击菜单"文件"→"保存"，即可完成任务。

**练一练**

1. 打开助教系统光盘项目5任务3中的演示文稿yswg31.ppt，如图5-3-17所示，按照下列要求完成对此文稿的修饰并保存。

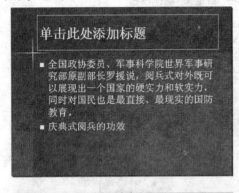

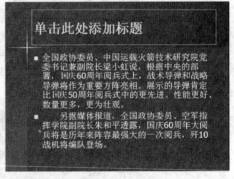

图5-3-17　yswg31.ppt演示文稿

（1）在第一张幻灯片前插入一版式为"标题幻灯片"的新幻灯片，主标题输入"国庆60周年阅兵"，并设置为黑体、65磅、红色（请用自定义选项卡的红色230、绿色0、蓝色0），副标题输入"代表委员揭秘新中国成立60周年大庆"，并设置为仿宋_GB2312、35磅。第二张幻灯片的版式改为"标题、文本与剪贴画"，文本设置为23磅字，将第三张幻灯片中的图片移入第二张幻灯片的剪贴画域。删除第三张幻灯片。移动第三张幻灯片，使之成为第四张幻灯片。在第四张幻灯片备注区插入文本"阅兵的功效"。

（2）在第二张幻灯片的文本"庆典式阅兵的功效"上设置超链接，链接对象是第四张幻灯片。在忽略母版的背景图形的情况下，第一张幻灯片背景设置为"碧海青天"预设颜色、"角部辐射"底部样式。全部幻灯片切换效果为"圆形"。

2. 打开助教系统光盘项目 5 任务 3 中的演示文稿 yswg32. ppt,如图 5-3-18 所示,按下列要求完成对此文稿的修饰并保存。

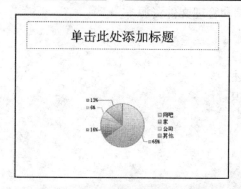

**图 5-3-18　yswg32. ppt 演示文稿**

(1)将第二张幻灯片版式改为"标题、文本与图表",在图表位置插入第三张幻灯片中的图表,在文本位置录入:"2006 年以前,新网民第一次上网的主要场所是网吧。自 2006 年开始,家庭成了新网民上网的主要场所。"其字体为黑体,字号为 33 磅,加粗,颜色为红色(请用自定义标签的红色 245、绿色 0、蓝色 0);图表动画设置为"进入"、"缩放"、"外",文本动画设置为"进入"、"随机线条"、"垂直",动画顺序为先文本后图片。

(2)在第一张幻灯片的下方插入如下所示的表格:

| 网吧 | 家 | 公司 | 其他 |
|---|---|---|---|
| 1214 人 | 299 人 | 107 人 | 256 人 |

(3)在第一张幻灯片前插入新幻灯片,版式为"空白",并插入形状为"右牛角形"的艺术字"网民第一次上网的地点"(艺术字"位置"设置为水平:6 厘米,度量依据:左上角;垂直:10 厘米,度量依据:左上角)。

(4)删除第四张幻灯片,并使用"Blends. pot"模板修饰全文。

# 项目 6　网络应用与安全

## 任务 1　网络应用基础

### 6.1.1　教学目标

通过本任务主要熟悉网络的基本操作,掌握浏览网页的方法,学会选用适当的途径和方法有效下载信息、存储和管理文件资源。

### 6.1.2　主要知识点

(1)计算机网络概述。
(2)因特网基本知识。
(3)浏览网页。
(4)搜索工具。
(5)下载工具。
(6)电子邮件。
(7)网络应用。
(8)网上漫游。
(9)下载信息。

### 6.1.3　实现步骤

**要点 1　计算机网络概述**

1. 认识互联网

互联网产生于 1969 年初,它的前身是 ARPA 网(阿帕网),是美国国防部高级研究计划管理局为准军事目的而建立的,开始时只连接了 4 台主机,这便是只有 4 个网点的"网络之父";到了 1972 年公开展示时,由于学术研究机构及政府机构的加入,这个系统已经连接了 50 所大学和研究机构的主机;1982 年 ARPA 网又实现了与其他多个网络的互联,从而形成了以 ARPANET 为主干网的互联网。

1983 年,美国国家科学基金会(NSF)提供巨资,建造了全美五大超级计算中心。为使全国的科学家、工程师能共享超级计算机的设施,又建立了基于 IP 协议的计算机通信网络 NSFNET。最初的 NSF 使用传输速率为 56 Kbps 的电话线进行通信,但根本不能满足需要。于是 NSF 便在全国按地区划分计算机广域网,并将它们与超级计算中心相联,最后又将各超级计算中心互联起来,通过连接各区域网的高速数据专线,而连接成为 NS-

FNET 的主干网。1986 年,NSFNET 建成后取代了 ARPA 网而成为互联网的主干网。以 ARPANET 为主干网的互联网只对少数的专家以及政府要员开放,而以 NSFNET 为主干网的互联网则向社会开放。到了 20 世纪 90 年代,随着电脑的普及和信息技术的发展,互联网迅速地商业化,以其独有的魅力和爆炸式的传播速度成为当今的热点。商业利用是互联网前进的发动机,一方面,网点的增加以及众多企业商家的参与使互联网的规模急剧扩大,信息量也成倍增加;另一方面,用户的增加更刺激了网络服务的发展。

互联网从硬件角度讲是世界上最大的计算机互联网络,它连接了全球不计其数的网络与电脑,也是世界上最为开放的系统。但这并不确切,它也是一个实用而且有趣的巨大信息资源,允许世界上数以亿计的人们进行通信和共享信息。互联网仍在迅猛发展,并于发展中不断得到更新且被重新定义。

互联网在中国起步时间虽然不长,但却保持着惊人的发展速度。

2. 计算机网络分类

按覆盖范围分类,计算机网络的基本构成如下。

1)局域网

局域网(Local Area Network,简称 LAN)局限于较小的范围内,一般小于 10 km,通常采用有线的方式连接起来。局域网是组成其他两种类型计算机网络(城域网、广域网)的基础。

局域网有许多种类,按照组网方式、通信模式即网络中计算机之间的地位和关系的不同,局域网分为对等网和客户/服务器网两种。

对等网(Peer-to-Peer Networks)指的是网络中没有专用的服务器(Server)、每一台计算机的地位平等、每一台计算机既可充当服务器又可充当客户机(Client)的网络。对等网是小型局域网最常用的联网方式,对等网组建简单,不需要架设专用的服务器,不需要过多的专业知识,一般应用于计算机数量在十台至几十台的场合。客户/服务器网与对等网不同,网络中必须至少有一台采用网络操作系统(如 Windows NT/2000 Server、Linux、Unix 等)的服务器。服务器可以扮演多种角色,有文件和打印服务器、应用服务器、电子邮件服务器等。基于服务器的网络适用于联网计算机数量在几十台、几百台甚至上千台以上的场合。

局域网的常用设备有:

(1)网卡(NIC)。插在计算机主板插槽中,负责将用户要传递的数据转换为网络上其他设备能够识别的格式,通过网络介质传输。它的主要技术参数为带宽、总线方式、电气接口方式等,如图 6-1-1 所示。

(2)集线器(Hub)。是单一总线共享式设备,提供很多网络接口,负责将网络中多个计算机联在一起。所谓共享,是指集线器所有端口共用一条数据总线,因此平均每用户(端口)传递的数据量、速率等受活动用户(端口)总数量的限制。它的主要性能参数有总带宽、端口数、智能程度(是否支持网络管理)、扩展性(可否级联和堆叠)等。

(3)交换机(Switch)。也称交换式集线器,如图 6-1-2 所示。它同样具备许多接口,可供多个网络节点互联。但它的性能却较共享集线器大为提高:相当于拥有多条总线,使各端口设备能独立地进行数据传递而不受其他设备影响,表现在用户面前即是各端口有独立、固定的带宽。此外,交换机还具备集线器欠缺的功能,如数据过滤、网络分段、广播控制等。

图 6-1-1　网卡　　　　　　　　　　　图 6-1-2　交换机

(4)线缆。局域网的距离扩展需要通过线缆来实现,不同的局域网有不同连接线缆,如光纤、双绞线、同轴电缆等。双绞线如图 6-1-3 所示。

2)城域网

城域网(Metropolis Area Network,简称 MAN),规模局限在一座城市的范围内,一般在 10 ~ 100 km。

3)广域网

广域网(Wide Area Network,简称 WAN)的典型代表是 Internet 网。

广域网常用设备有:

(1)路由器(Router)。广域网的通信过程是根据地址来寻找到达目的地的路径的,这个过程在广域网中称为"路由(Routing)"。路由器负责在各段广域网和局域网间根据地址建立路由,将数据送到最终目的地,其外形如图 6-1-4 所示。

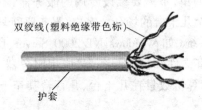 

双绞线(塑料绝缘带色标)

护套

图 6-1-3　双绞线　　　　　　　　　　图 6-1-4　路由器

(2)调制解调器(Modem)。作为末端系统和通信系统之间信号转换的设备,是广域网中必不可少的设备之一。调制解调器分为同步和异步两种,分别用来与路由器的同步和异步串口相连接,同步可用于专线、帧中继、X. 25 等,异步用于 PSTN 的连接。

3. 计算机网络体系结构

在 Internet 出现之前,各个国家甚至大公司都建立了自己的网络,这些网络体系结构各不相同,协议也不一致。不同体系结构的产品难以实现互联,为网络的互联互通带来困难。

20 世纪 80 年代开始,人们着手寻找统一网络结构和协议的途径。国际标准化组织 ISO 下属的计算机信息处理标准化技术委员会为研究网络的标准化专门成立了一个分委员会,1984 年正式颁布了开放系统互联基本参考模型(简称 OSI 模型)。这里的开放系统是针对当时各个封闭的网络系统而言的。该模型分为 7 个层次,故又称为 OSI 7 层模型。它构成了计算机网络体系结构的基础。1990 年最终形成世界范围内的 Internet。

计算机网络体系采用分层配对结构,它定义和描述了一组用于计算机及其通信设施之间互联的标准和规范的集合,是管理两个实体(实体是通信时能发送和接收信息的任何硬件设施)之间通信的规则集合。遵循这组规范可以方便地实现计算机设备之间的通信,如图 6-1-5 所示。

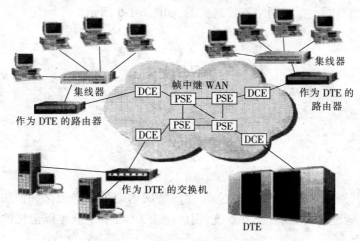

**图 6-1-5　计算机网络体系结构**

4. 计算机网络的功能

(1)数据通信。这是计算机网络最基本的功能,也是实现其他功能的基础,如电子邮件、传真、远程数据交换等。

(2)资源共享。计算机网络的主要目的是共享资源。共享资源有硬件资源、软件资源、数据资源,其中共享数据资源是计算机网络最重要的目的。

(3)提高可靠性。计算机网络一般都属分布式控制方式,如果有单个部件或少数计算机失效,网络可通过不同路由来访问这些资源。

**要点 2　因特网基本知识**

Internet 是 20 世纪末人类最成功的发明。Internet 规范的中文译名叫因特网,也叫互联网。Internet 本身不是一种具体的单个物理网络,它通过路由器和 TCP/IP 协议集进行数据通信,把世界各地的各种广域网和局域网连接在一起,形成跨越世界范围的庞大的互联网络。中国于 1994 年 4 月联入 Internet。尽管互联网上连接了无数的服务器和客户机,但它们并不是处于杂乱无章的无序状态,而是每一个主机都有唯一的地址,作为该主机在 Internet 上的唯一标志,我们称之为 IP 地址(Internet Protocol Address)。

1. IP 地址

IP 地址与身份证号码一样,它是网络上一台计算机的唯一标志(这相当于身份证号码,但这号码不易记忆,于是后来就出现了域名的概念,它与 IP 地址唯一对应,实际就是网络世界的门牌号码)。IP 地址具有固定、规范的格式:由 32 位二进制数组成,这 32 位二进制数分成 4 段(4 个字节),每段 8 位,再将它们用十进制数表示,段与段之间用"."分割,书面表达形式为:×××.×××.×××.×××,例如 162. 105. 137. 107。所有的 IP 地址都由国际组织 NIC(Network Information Center)统一分配。

2. TCP/IP 协议

TCP/IP 是因特网的基础协议,它是"传输控制协议/网间协议"(Transmit Control Protocol/Internet Protocol)的简称,用以把不同类型的网络连接起来。Internet 就是靠 TCP/IP 把分布在全球的不同类型的网络连接起来的,如图 6-1-6 所示。

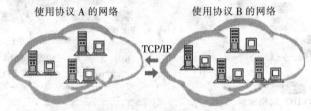

图 6-1-6    TCP/IP 协议

3. 域名

域名是因特网地址的文字格式。为了使因特网的地址容易记忆和使用,人们用文字形式来代替 IP 地址,引入域名服务系统,用以解决 IP 数字地址难以记忆的困难,这就产生了域名。

域名系统定义了一套命名的规则,把域名高效率地转换成 IP 地址。命名规则:采用分层次方法命名域名,每一层构成一个子域名,子域名之间用点号分隔,自右至左逐渐具体化。

域名的表示形式为:计算机名. 网络名. 机构名. 顶级域名。

域名与 IP 地址的关系是一个合法域名一定唯一对应着一个 IP 地址,但并不是每一个 IP 地址都有一个域名与之对应。

4. 接入因特网的方式

一般来讲,接入因特网的方式有局域网接入和单机接入。

5. 因特网的常用服务项目

(1)浏览全球信息:全球信息网(WWW,World Wide Web),是目前 Internet 上最热门、最具规模的服务项目。它拥有非常友善的图形界面、简单的操作方法,以及图文并茂的显示方式,使 Internet 用户能迅速方便地连接到各个网址下,浏览从文本、图形到声音,甚至动画等不同形式的信息。

(2)电子邮件 E-mail:是 Internet 应用最广泛的服务。通过电子邮件,用户可以方便快速地交换信息。

(3)网络电话 Internet Phone:基于 Internet 的信息传递,将声音转化为数字信号,传送到对方后再还原为声音信号的通信手段,而费用上实现"花市内电话费,打国际长途"。

(4)远程登录协议 Telnet:用户利用电话拨接以模拟终端方式进入远方计算机,此时用户可以用自己的计算机直接操纵远方计算机,用户端电脑相当于远方计算机的一个显示输入端,既可把远方计算机上的开放资源下载到本地,又可将本地信息拷贝到远方计算机。

(5)网络论坛 Uesnet:是利用电脑网络,为使用者提供专题讨论服务。目前 Usenet 中至少有 5000 多个讨论专题,称为讨论群组(News Groups),其中包罗了世界上参与者最多的讨论区。

(6)文件传输服务 FTP:FTP 网站可以让用户连接到远程计算机上,查看并可下载上面的丰富资源,包括各种文档、技术报告、学术论文,以及各种公用、共享、免费软件。使用 FTP 最大的问题是,必须预先知道所需文件在哪个 FTP 服务器上。

**要点 3　浏览网页**

浏览网页,就是我们通常说的上网了。上网前首先应了解一些常识,明确几个概念。

**1. WWW**

WWW 是 World Wide Web(全球信息网,"布满世界的蜘蛛网")的缩写,也可以简称为 Web(网)、W3,中文名字为"万维网"。WWW 与 Gopher(基于菜单驱动的 Internet 信息查询工具,在 WWW 出现之前,Gopher 软件是 Internet 上最主要的信息检索工具,Gopher 站点也是最主要的站点。在 WWW 出现后,Gopher 失去了昔日的辉煌。尽管如此,Gopher 仍很实用,因为 Gopher 站点能够容纳大量的信息,供用户查询)、News、FTP、Archie、BBS 等都是因特网上的一项资源服务。不同的是,它以文字、图形、声音、动态图像等多媒体的表达方式,结合超链接(Hyperlink)的概念,让网友可以轻易地取得因特网上各种各样的资源。它起源于 1989 年 3 月,是由欧洲量子物理实验室 CERN(the European Laboratory for Particle Physics)所开发出来的主从结构分布式超媒体系统。通过万维网,人们只要通过简单的方法,就可以很迅速方便地取得丰富的信息资料。

WWW 是 Internet 上的多媒体信息查询工具,也是发展最快和目前用得最广泛的服务。正是因为有了 WWW 工具,才使得近年来 Internet 迅速发展,且用户数量飞速增长。

❈**小提示**:因特网与 WWW 的区别:基本上因特网是指不同网络之间相连接的一个统称,而 WWW 只是在因特网上的一项服务而已。世界上各种各样的最新信息,可通过 WWW 以多媒体的声光特效方式一一呈现出来,并将通过因特网传输至世界各地,以供查阅与存取,并让因特网更生活化。

**2. WWW 浏览器**

常见的 WWW 浏览器有两种:一个是 Netscape(网景)公司的 Navigater 和 Communicator;另一个是 Windows 附送的 Internet Explorer,它的中文名称是"因特网探索者",通常人们把它叫做 IE。两种浏览器的使用方法差不多,性能上各有优缺点。

**3. IE 主页与网站主页**

浏览网页要用一个软件,一般用的是微软的 IE 浏览器,IE 打开后的起始页叫做 IE 的主页。主页是用户使用浏览器进入 WWW 系统后,访问 Web 站点时首先看到的信息页。主页也是某一个 Web 站点的起始点,它就像一本书的封面或目录。每一个 Web 站点都有一个主页,进入某个网站时看到的第一个网页即为该网站的主页,而且这个主页拥有一个被称为"统一资源定位器"(URL,Universal Resource Location)的唯一地址。在浏览网站的过程中,要返回到起始页,可以通过 IE 工具栏上的"主页"按钮直接返回。

网页中的内容主要包括文字、图片、动画、声音。

### 4. 超级链接(超链接)

在访问一个页面的时候,在一般的情况下,鼠标是一个向左上方翘起的箭头,而当鼠标移动到某些文字或图片上时,鼠标就会变成一个小手的形状,这时候你用鼠标点一下,由于其中内嵌了 Web 地址,就会打开另外一个页面,这就是网页上的超级链接。

超级链接是指站点内不同网页之间、不同站点之间的链接关系,它可以使站点内的网页成为有机的整体,还能够使不同站点之间建立联系。

一般来说,超级链接分为文本链接与图像链接两大类。就是说,网页中的超级链接可以是文字,也可以是图片。

## 要点4　搜索工具

互联网上的资源是非常丰富的,我们在上网查询资料的时候,为了方便快捷,常要用到搜索工具。最常用的搜索工具是搜索引擎。

搜索引擎是一个为你提供信息"检索"服务的网站,是 WWW 环境中的信息检索系统。它使用某些程序把因特网上的所有信息进行归类,以帮助人们在茫茫网海中搜寻到所需要的信息。

从搜索工具所提供的服务形式来看,网络搜索工具是位于某服务器上,具有搜集、储存、分类等功能的处理程序。

搜索引擎包括目录服务和关键字检索两种服务方式。目录服务可以帮助用户按一定的结构条理清晰地找到自己感兴趣的内容;关键字检索服务可以查找包含一个或多个特定关键字或词组的 WWW 站点。

目前著名的搜索引擎服务商有 Yahoo、Google、Sohu、百度等,如图 6-1-7 所示。

图 6-1-7　百度

### 要点 5　下载工具

在网上找到的一些资料要保存下来,就要用到下载工具,最常用的网络下载工具有迅雷、网际快车(FlashGet)(1999 年)、网络蚂蚁(NetAnts)、网络吸血鬼(Net Vampire,简称 NV)等。

对于所需要的软件,我们可以从 Web 网站直接下载,也可以从 FTP 网站上下载。

### 要点 6　电子邮件

电子邮件(Electronic Mail)是 Internet 最普遍、最基本的应用。电子邮件的英文简称是 E-mail,有人把它叫做"伊妹儿"。据互联网信息中心(NIC)统计,Internet 上 30% 以上的信息流量用于电子邮件。

**1. E-mail 地址的通用格式**

对于接收和发送电子邮件来说,入网服务商的邮件主机就相当于一个邮局,在这台计算机上,服务商为每一个用户都设立了一个电子邮件信箱,用户可以经常查看信箱,确定是否有人给自己发来电子邮件,也可以通过信箱给别人发信。一般情况下,用户的电子邮件信箱名就是用户的用户名。用户名与域名的组合必须是唯一的。比如有这样一个用户,他的用户名是 fox,它的这个信箱存放在一台名为 yahoo. com. cn 的计算机上,所以他的 E-mail 地址就是 fox@ yahoo. com. cn。

所有 E-mail 地址的通用格式是:用户名@ 邮件服务器名(主机域名)。

**2. 特点**

(1)电子邮件与传统邮件相比最大的优势是它的速度。发一份电子邮件给美国的一位朋友,通常来说,几分钟之内他就能收到,最慢的也不会超过几个小时。如果选用传统邮件,发一封航空信需要一两个星期,即使发特快专递也需要一两天! 难怪用惯电子邮件的人把传统邮件称为"蜗牛邮件"了。

(2)向对方发送电子邮件时,并不要求对方开机。当然,发送方一定要开机,并且要联入因特网(在写邮件内容的时候可以不联网)。

(3)邮件的主题可以省略不写。

(4)可以一信多发,通过邮件目录(Mailing List)发信到几千几万个人,只需要一两分钟。

(5)可用电子邮件发送附件,邮寄实物以外的任何东西,内容可以包括文字、图形、声音、电影或软件。

**3. 常用软件**

收发电子邮件常用的软件有 Outlook、Foxmail(1996 年)、Netscape Mail 等。

**4. 电子信箱**

加入因特网的每个用户通过申请都可以得到"电子信箱"。

在一台计算机上申请的"电子信箱",以后可以通过其他计算机上网收发信件,并且一个人可以申请多个电子信箱。

**操作 1　网络应用**

1. 在网络上共享文件夹

1）启用来宾账户。

单击"控制面板"→"用户账户"→"启用来宾账户"，如图 6-1-8 所示。

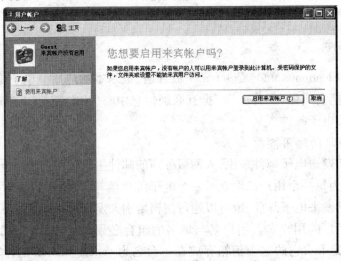

图 6-1-8　启用来宾账户

2）安装 NetBEUI 协议

查看"网上邻居"属性，查看"本地连接"属性，点击"安装"，查看"协议"，看其中 NetBEUI 协议是否存在。如果存在，则安装这个协议；如果不存在，则表明已经安装了该协议。在 Windows XP 系统默认的情况下，该协议是已经安装好了的。

3）查看本地安全策略设置是否禁用了 Guest 账号

点击"控制面板"→"管理工具"→"本地安全策略"→"用户权利指派"，查看"拒绝从网络访问这台计算机"项的属性，看里面是否有 Guest 账户，如果有就把它删除掉。

4）设置共享文件夹

如果不设置共享文件夹，网内的其他机器无法访问到你的机器。设置文件夹共享的方法有三种，第一种是：点击"工具"→"文件夹选项"→"查看"→"使用简单文件夹共享"。这样设置后，其他用户只能以 Guest 用户的身份访问你共享的文件或者是文件夹。第二种方法是：点击"控制面板"→"管理工具"→"计算机管理"，在"计算机管理"对话框中，依次点击"文件夹共享"→"共享"，然后右键单击选择"新建共享"即可。第三种方法最简单，直接在你想要共享的文件夹上单击右键，通过"网络共享和安全"选项即可设置共享，如图 6-1-9 所示。

5）建立工作组

在 Windows 桌面上用右键点击"我的电脑"，选择"属性"，然后单击"计算机名"选项卡，看看该选项卡中有没有出现你的局域网工作组名称，如"WORKGROUP"等。然后单击"网络 ID"按钮，开始"网络标识向导"；单击"下一步"，选择"本机是商业网络的一部分，用它连接到其他工作着的计算机"；单击"下一步"，选择"公司使用没有域的网络"；单击"下一步"按钮,然后输入你的局域网工作组名,再次单击"下一步"按钮,最后单击"完成"按钮完成设置。

重新启动计算机后,局域网内的计算机就可以互访了,如图 6-1-10 所示。

6)查看"计算机管理"是否启用来宾账户

点击"控制面板"→"计算机管理"→"本地用户和组"→"用户"→"启用来宾账户",机器重新启动后就可以了。

如果想提高访问别人机器的速度,还可以做一些相关操作:点击"控制面板"→"管理工具"→"服务"→"Task Scheduler"→"属性",将启动方式改为手动,这样就可以了。

7)用户权利指派

点击"控制面板"→"管理工具"→"本地安全

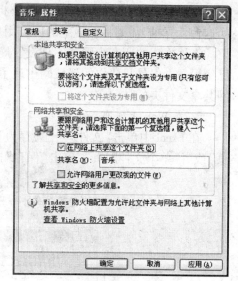

图 6-1-9　共享文件夹

图 6-1-10　建立工作组

策略",在"本地安全设置"对话框中,依次选择"本地策略"→"用户权利指派",如图 6-1-11所示。在右边的选项中依次对"从网络访问此计算机"和"拒绝从网络访问这台计算机"这两个选项进行设置。

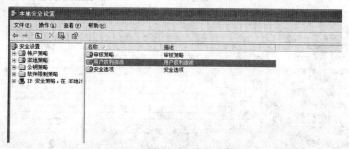

图 6-1-11　本地安全设置

"从网络访问此计算机"选项需要将 Guest 用户和 everyone 添加进去;"拒绝从网络访问这台计算机"需要将被拒绝的所有用户删除掉,默认情况下,Guest 是被拒绝访问的。

上述方法的所有步骤并不是设置局域网都必须进行的,因为有些步骤在默认情况下已经设置。但是只要你的局域网出现了不能访问的现象,通过上述设置肯定能保证局域网共享文件夹的访问。

2. 在 Web 上发布成绩册

在 Execl 中单击"文件"→"另存为",打开"另存为"对话框,在"保存类型"中选择"网页"或者"单个文件网页",单击"保存"按钮即可,如图 6-1-12 所示。

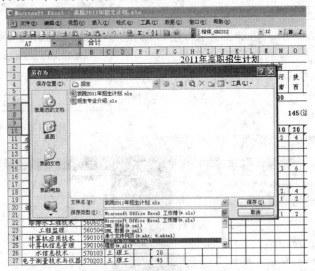

图 6-1-12 "另存为"对话框

把生成网页格式的文件上传,即可完成在 Web 上发布,如图 6-1-13 所示。

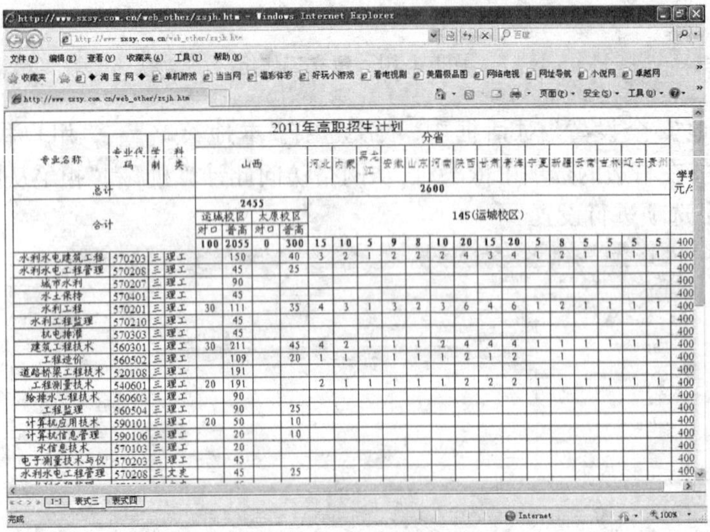

图 6-1-13 在 Web 上发布

对于一般 Office 格式的文件,都可以采用上述方法保存为网页格式。

**操作 2　网上漫游**

（1）单击 Windows 桌面上的 Internet Explorer(简称 IE)图标,如图 6-1-14 所示。

（2）启动浏览器, 在地址栏中输入网址: http://www. taobao. com/,如图 6-1-15 所示。

（3）按回车键进入淘宝拍卖会网站首页,如图 6-1-16所示。

图 6-1-14　IE 图标

（4）点击"珍品拍"进入,如图 6-1-17 所示。

图 6-1-15　在地址栏中输入网址

图 6-1-16　淘宝拍卖会网站首页

（5）单击工具栏中的后退按钮,又回到淘宝拍卖会网站首页。

（6）单击工具栏中的前进按钮,即可前进到"珍品拍"主页。

浏览过的网页过多,还可以单击后退(或前进)按钮右侧的列表框,在列表中选择浏览过的网页。

**图 6-1-17　"珍品拍"页面**

### 操作 3　下载信息

1. 图片的下载

(1)在找到的图片上单击右键。

(2)在弹出的菜单中单击"图片另存为"项,如图 6-1-18 所示。

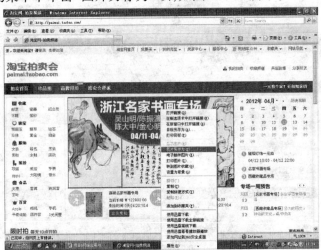

**图 6-1-18　图片另存为**

(3)在弹出的"保存图片"窗口中选择图片的保存位置(如桌面:\新建文件夹),输入图片的名字,单击"保存"按钮,如图 6-1-19 所示。

2. 文字的下载

(1)在网页上选中需要下载的文字,单击右键。

(2)在弹出的菜单中选择"复制"项。

(3)在 Word 等文字处理软件中执行"粘贴"命令。

(4)如果下载的文字被表格分割,可在 Word 中单击"表格"→"转换"→"表格转换成文本"命令,去掉表格,如图 6-1-20 所示。

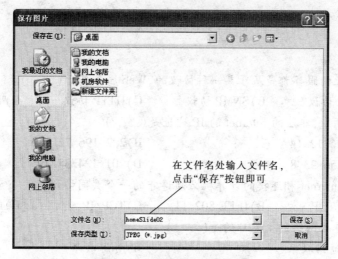

**图 6-1-19　存储并修改文件名**

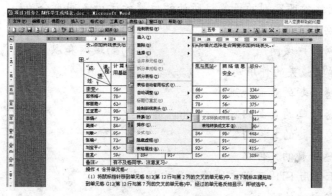

**图 6-1-20　文字下载**

（5）在 Word 中选择"文件"→"另存为"选项，将修改后的内容保存到指定的分类文件中，如图 6-1-21 所示。

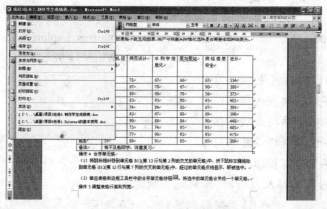

**图 6-1-21　文件另存为**

## 练一练

### 一、选择题

1. 因特网上的服务都是基于某一种协议的,Web 服务基于(　　　)。

　A)SMTP 协议　　　　B)SNMP 协议　　　　C)HTTP 协议　　　　D)TELNET 协议

2. 下列各项中,非法的 Internet 的 IP 地址是(　　　)。

　A)202.96.12.14　　　　　　　　　　B)202.196.72.140

　C)112.256.23.8　　　　　　　　　　D)201.124.38.79

3. 所有与 Internet 相连接的计算机必须遵守的一个共同协议是(　　　)。

　A)MAP/TOP　　　　B)IEEE 802.11　　　　C)TCP/IP　　　　　D)IP

4. 组成计算机网络的主要目的是(　　　)。

　A)进行通话联系　　　　　　　　　　B)资源共享

　C)发送电子函件　　　　　　　　　　D)能使用更多的软件

5. 计算机网络按照联网的计算机所处的位置的远近不同可分为(　　　)。

　A)城域网和远程网　　　　　　　　　B)局域网和广域网

　C)远程网和广域网　　　　　　　　　D)局域网和以太网

6. IE 浏览器收藏夹的作用是(　　　)。

　A)收集感兴趣的页面地址

　B)记忆感兴趣的页面内容

　C)收集感兴趣的文件内容

　D)收集感兴趣的文件名

7. 下列关于使用 FTP 下载文件的说法中错误的是(　　　)。

　A)FTP 即文件传输协议

　B)使用 FTP 协议在因特网上传输文件,必须使用同样的操作系统

　C)可以使用专用的 FTP 客户端下载文件

　D)FTP 使用客户/服务器模式工作

8. 下列软件中,不是 WWW 浏览器软件的是(　　　)。

　A)Netscape　　　　　　　　　　　　B)Internet Explorer

　C)Mosaic　　　　　　　　　　　　　D)Windows 98

9. 调制解调器的功能是(　　　)。

　A)将数字信号转换成模拟信号

　B)将模拟信号转换成数字信号

　C)将数字信号转换成其他信号

　D)在数字信号与模拟信号之间进行转换

10. 利用电话线路接入因特网,客户端必须具有(　　　)。

　A)路由器　　　　B)调制解调器　　　　C)声卡　　　　　D)鼠标

### 二、操作题

1. 请运行 Internet Explorer,并完成如下操作:某网站的网址是:http://

www. hao123. com,打开此主页,将该网页设置为 IE 的默认主页。

2. 在 IE 地址栏输入如下内容:http://www. 163. com,打开此网站,浏览"新闻"页面,并将它的内容以文本文件的格式保存到"D:\网络安全与应用\任务 1"中。

# 任务 2 Outlook Express 的使用

## 6.2.1 教学目标

通过本任务主要掌握 Outlook Express 的使用。Outlook Express 界面如图 6-2-1 所示。

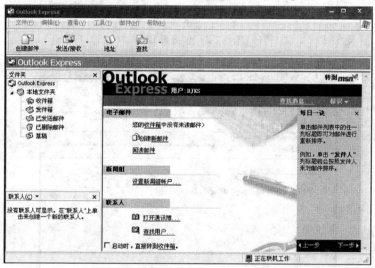

图 6-2-1 Outlook Express 界面

## 6.2.2 主要知识点

(1)撰写与发送邮件。
(2)插入附件。
(3)接收阅读邮件。
(4)阅读保存。
(5)回信与转发。

## 6.2.3 实现步骤

**操作 1 撰写与发送邮件**

(1)启动 Outlook Express,点击"创建新邮件",如图 6-2-2 所示。
(2)在弹出的发送邮件对话框中输入相关内容,如图 6-2-3 所示。
(3)点击"发送"即可。

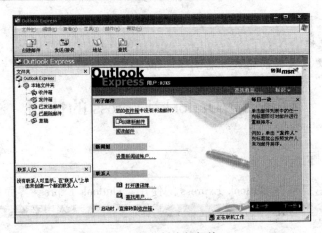

图 6-2-2　创建新邮件

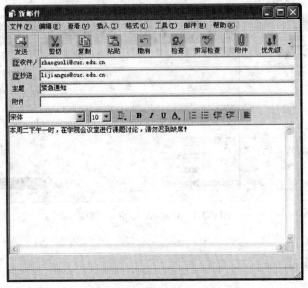

图 6-2-3　输入内容

**操作 2　插入附件**

打开新邮件窗口,从"插入"菜单中选择"文件附件",或者按工具栏上的曲别针图标,从"插入附件"对话框中选择要插入的文件,然后单击"附件"按钮,如图 6-2-4 所示。这时"主题"下面会增加一行"附件",它的右面会显示刚才加入的文件名称,如图 6-2-5 所示。用同样的方法,可以在一个邮件中插入多个附件。

**操作 3　接收阅读邮件**

(1)每次启动 Outlook Express 时都会自动检测邮箱中是否有邮件,检测完毕后单击"收件箱",Outlook Express 会显示已阅读和未阅读的邮件列表。粗体显示的是已下载但未阅读的邮件,点击即可阅读其内容,如图 6-2-6 所示

图 6-2-4　插入附件

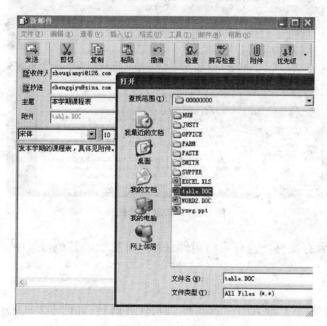

图 6-2-5　添加附件

（2）查看邮件附件，如图 6-2-7 所示。

①在邮件窗口底部双击文件附件的图标，图标的形状因附件的文件类型不同而不同。

②在预览窗格中，单击邮件标题中的文件附件图标（像一个曲别针），然后单击文件名。

③打开"文件"菜单，选中"保存附件"，在级联菜单中选中附件名，打开"附件另存

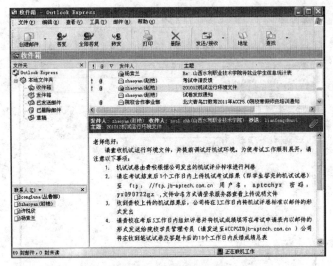

图 6-2-6　接收阅读邮件

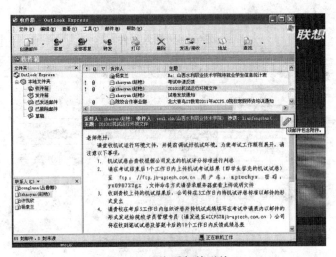

图 6-2-7　查看邮件附件

为"对话框,然后保存文件。这样可将附件保存到计算机的其他目录中。

**操作 4　阅读保存**

选择菜单"文件"→"导入"→"邮件",即可保存邮件,如图 6-2-8 所示。

**操作 5　回信与转发**

Outlook Express 提供了比较方便的回信操作,你只要选中需要回复的邮件,然后单击工具条上的"回复"按钮,Outlook Express 就会自动开启一个新邮件撰写窗口,其中收件人地址和主题均已填好,原信也用大于号(" > ")逐行标出,方便你回信,如图 6-2-9 所示。

除回复他人的邮件外,我们还经常需要把某封邮件转发给其他人,这时你就可以利用 Outlook Express 的转发功能来完成这一操作。首先选中所要转发的邮件,然后单击工具

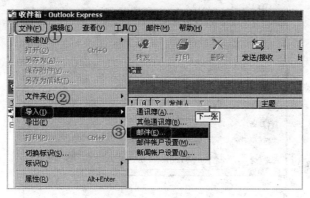

图 6-2-8 导入邮件

条上的"转发邮件"按钮,这时会弹出一个新邮件撰写窗口,你只要在收件人一栏中填入你要转发的对象地址即可,Outlook Express 会自动为你填写好主题与邮件正文,如图 6-2-10所示。

图 6-2-9 回复邮件

## 练一练

### 一、选择题

1. 以下关于电子邮件的说法,不正确的是( )。

A)电子邮件的英文简称是 E-mail

B)加入因特网的每个用户通过申请都可以得到一个电子信箱

C)在一台计算机上申请的电子信箱,以后只有通过这台计算机上网才能收信

D)一个人可以申请多个电子信箱

2. 某人的电子邮件到达时,若他的计算机没有开机,则邮件( )。

图 6-2-10　转发邮件

　　A)退回给发件人　　　　　　　　　　B)开机时对方重发

　　C)该邮件丢失　　　　　　　　　　　D)存放在服务商的 E-mail 服务器中

3. 某人 E-mail 地址是 lee@ sohu. com,则邮件服务器地址是(　　　)。

　　A)lee　　　　　　B) lee@　　　　　　C) sohu. com　　　　　D)lee@ sohu. com

4. 电子邮件是 Internet 应用最广泛的服务项目,通常采用的传输协议是(　　　)。

　　A)SMTP　　　　　B)TCP/IP　　　　　C)CSMA/CD　　　　D)IPX/SPX

5. 使用 Outlook Express 操作电子邮件,下列说法正确的是(　　　)。

　　A)发送邮件时,一次发送操作只能有一个接收者

　　B)可以将任何文件作为邮件附件发送给收件人

　　C)接收方必须开机,发送方才能发送邮件

　　D)只能发送新邮件、回复邮件,不能转发邮件

6. E-mail 邮件本质上是一个(　　　)。

　　A)文件　　　　　　B)传真　　　　　　C)电话　　　　　　D)电报

7. 某用户在域名为 mail. nankai. edu. cn 的邮件服务器上申请了一个账号,账号名为 wang,那么下面(　　　)为该用户的电子邮件地址。

　　A)mail. nankai. edu. cn@ wang　　　　B)wang@ mail. nankai. edu. cn

　　C)wang% mail. nankai. edu. cn　　　　D)mail. nankai. edu. cn% wang

8. 电子邮箱的地址由(　　　)。

　　A)用户名和主机域名两部分组成,它们之间用符号"@"分隔

　　B)主机域名和用户名两部分组成,它们之间用符号"@"分隔

　　C)主机域名和用户名两部分组成,它们之间用符号"."分隔

　　D)用户名和主机域名两部分组成,它们之间用符号"."分隔

**二、操作题**

1. 发送电子邮件。发送对象"李军",主题"问题",正文"什么时候放假?",发送到李军的邮箱 lijun@sina.com,同时抄送至王静的邮箱 wangjing@sohu.com。

2. 接收电子邮件。打开并阅读对象"李军"的邮件,并把邮件的附件存放在"李军的文件"文件夹中。

# 任务3  电子商务的应用

## 6.3.1  任务目标

通过本任务学会网上贸易、预订和求职。

## 6.3.2  主要知识点

(1)网上贸易。
(2)网上预订。
(3)网上求职。

## 6.3.3  实现步骤

**操作1  网上贸易**

网上贸易其实就是在网上买卖。例如,在淘宝网上买东西,其步骤如下:

(1)在淘宝网上注册成为会员后,选择搜索"宝贝"、"店铺"等来查找您要的商品。当您找到自己需要的商品后,点击购买,如图6-3-1 所示。

**图 6-3-1  购买页面**

(2)确认订单信息页面如图6-3-2 所示。
(3)进入支付页面,选择支付方式,然后点击"确认无误,购买",如图6-3-3 所示。
(4)等待收货。在收到货物时,请检查商品后再签收。

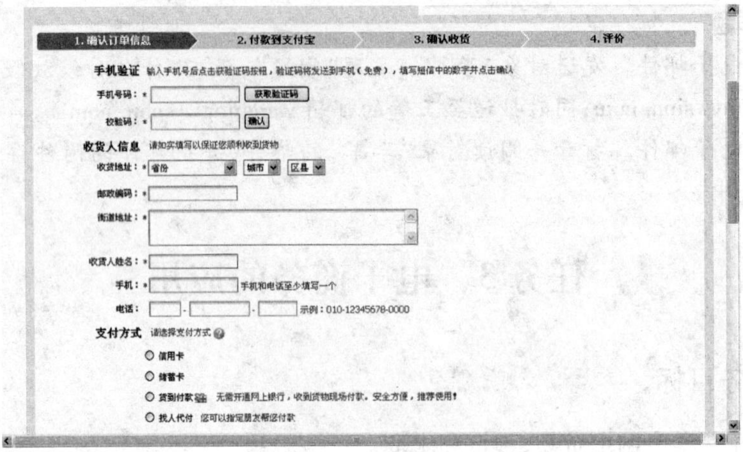

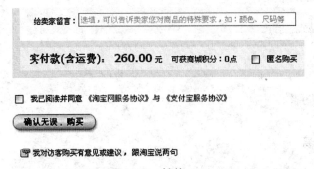

图 6-3-2　确认购买

给卖家留言：选填,可以告诉卖家您对商品的特殊要求,如：颜色、尺码等

**实付款(含运费)：260.00 元** 可获商城积分：0点　□ 匿名购买

□ 我已阅读并同意 《淘宝网服务协议》与《支付宝服务协议》

确认无误,购买

我对访客购买有意见或建议,跟淘宝说两句

图 6-3-3　付款

**操作 2　网上预订**

网上预订其实很简单,例如,在网上预订火车票,其步骤如下。

1. 车票查询

进入火车票预订平台,在火车票代购框里输入出发地、到达地及出行日期后,点击"查询"按钮,符合用户要求的所有车次、席位、余票、票价等信息随即出现在查询结果中,如图 6-3-4 所示。

2. 用户下单

如图 6-3-5 所示。

3. 车票代购

用户下单完成后,票务预订平台将依据用户订单要求配票及反馈信息。对于预售期之内 16:00 之前提交的订单,下单成功两小时内反馈有无车票;16:00 之后的订单最晚在次日上午的 10:00 之前反馈信息;预售期之外的订单,到预售期开始的第 1 天晚 18:00 之前进行反馈。所有反馈信息,将通过短信形式发送给用户,用户也可以通过登录网站后在自己的用户管理中心查看订单状态及进行订单跟踪。如果没有订到票,24 小时内订票费用将退至支付宝公司,支付宝公司会统一安排将款项退到客户的账户。

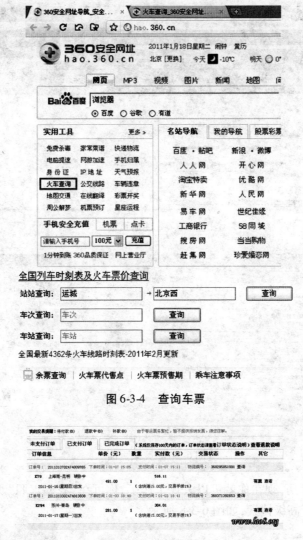

图 6-3-4    查询车票

图 6-3-5    用户下单

4. 物流配送

对于订票成功的,票务平台将依据用户的物流地址及配送方式,用快递送票上门。

5. 票到签收

送票到指定地址,收件人签字取票确认。

**操作 3    网上求职**

(1)到中华英才网、各地的人事人才网等注册成为个人求职会员,取得一个账号(用户名)及密码,如图 6-3-6 所示。

(2)登录进入个人求职管理系统,然后注册电子简历,包括个人基本情况、受教育情况、工作经历、个人能力及自我评价、照片上传、专业证书及设计作品上传、设置简历样式等,如图 6-3-7 所示。

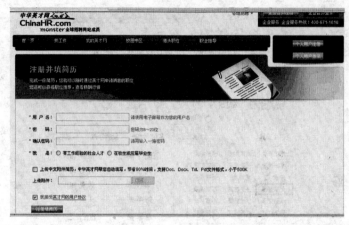

图 6-3-6　注册页面

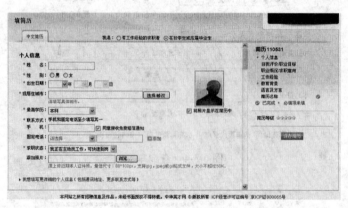

图 6-3-7　登录页面

（3）有了个人简历，现在你就可以去找工作了，你可在"我要求职"页面中快速搜索相关职位，也可以进行高级搜索，如图 6-3-8 所示。

图 6-3-8　搜索

（4）找到合适的职位后，你可以根据招聘单位的应聘方式应聘，发送邮件或发送应聘意向等。

（5）参加面试前，应通过多种途径了解公司背景，比如从网上搜索企业相关信息，有时甚至可以搜索出某些企业的诈骗信息；请确认对方信息是否属实，是否带有欺骗性质等，确认面试地点，以免上当受骗。根据相关法律规定，你可以拒交招聘单位向你收取的任何费用。

**练一练**

1. 网上购物属于电子商务结构中的（　　　）。
   A）电子商务应用　　　　B）网络平台　　　　C）网络银行　　　　D）电子商务平台

2. 按参与交易的对象分，网上商店最适合于（　　　）。
   A）B2C　　　　　　　　　　　　　　　　B）C2C
   C）企业内部的电子商务　　　　　　　　D）B2B

3. 电子商务的两种基本流程是（　　　）。
   A）无认证中心的网络商品直销和认证中心存在下的网络商品直销
   B）网络商品直销的流程和网络商品中介交易的流程
   C）企业间网络交易的流程和网络商品中介交易的流程
   D）网络商品直销的流程和网络商品非直销的流程

4. 下列关于电子商务与传统商务的描述，说法不正确的是（　　　）。
   A）电子商务的物流配送方式和传统商务的物流配送方式有所不同
   B）电子商务活动可以不受时间、空间的限制，而传统商务做不到这一点
   C）电子商务与传统商务的广告模式不同之处在于：电子商务可以根据更精确的个
      性差别将客户进行分类，并有针对性地分别投放不同的广告信息
   D）用户购买的任何商品都只能通过人工送达，采用计算机技术，用户无法收到其
      购买的产品

5. 在进行电子商务时，顾客可以利用（　　　）等网上工具，进行网上咨询洽谈。
   A）电子邮件　　　　　B）电报　　　　C）信函　　　　D）传真

6. 电子商务是指（　　　）。
   A）上网
   B）消费者网上购物
   C）企业间接无纸交易
   D）以通信网络为基础的计算机系统支持下的网上商务活动

7. 网上零售是典型的电子商务在（　　　）的应用。
   A）企业—企业　　　B）企业—消费者　　C）企业—政府　　D）消费者—政府

8. 超文本标注语言的英文缩写是（　　　）
   A）ASP　　　　　B）XML　　　　C）HTML　　　　D）SCML

9. 一级域名 gov 的含义是（　　　）
   A）教育机构　　　　B）军事机构　　　C）团体组织　　　D）政府机构

10. 电子现金系统具备四个基本特点，其中保证电子现金不被轻易地复制或篡改，属
于（　　　）
   A）可交换性　　　　B）货币价值　　　C）安全性　　　D）储存查询性

# 任务 4　网络安全设置

## 6.4.1　教学目标

(1)掌握计算机网络安全的相关知识。

(2)能运用各种方法和措施保护自己的信息资源。

(3)了解计算机病毒的相关知识。

(4)学会瑞星杀毒软件的安装、设置、杀毒、自定义安全方案。

(5)掌握使用 Windows 防火墙、天网防火墙以及防止垃圾邮件。

## 6.4.2　主要知识点

(1)计算机病毒给用户带来的危害。

(2)黑客/病毒的攻击渠道与重点。

(3)杀毒软件的使用。

(4)系统维护。

(5)TCP/IP 端口筛选设置。

## 6.4.3　实现步骤

### 要点 1　计算机病毒给用户带来的危害

计算机"病毒"援引于病理学"病毒"。计算机"病毒"就像"流感病毒"一样,以快速传播、大量繁殖为主要特征,借此达到破坏计算机正常运行直至造成瘫痪的目的。而"木马"虽然也有快速传播特性,但是在"中招"的计算机内只是悄然潜伏、伺机而动,绝对不会在"肉鸡"体内"大量繁殖"(有一个就足以达到目的):它是植入"客户端"的运行程序,通过与"接收端"("木马"驾驭者)的通信,窃取用户的有关资料特别是密码。

将"病毒"和"木马"屏蔽于计算机之外,主要靠两条:一是加强网络安全防范意识,不上"高危"网站,不点击"钓鱼"界面,不盲目下载安装破解软件。二是安装网络安全防范软件。只要计算机硬件配置允许,就应当做到反病毒、反间谍(木马)、防火墙"三管齐下",合理搭配,切忌"裸奔"逞匹夫之勇。以上两个方面,相辅相成,缺一不可。借用一句大家都很熟悉的政治术语,那就是:"两手都要抓,两手都要硬"。

### 要点 2　黑客/病毒的攻击渠道与重点

基础网络应用成为黑客/病毒的攻击重点。随着互联网各种应用的不断发展,大量的基础网络应用成为黑客/病毒制造者的攻击目标。目前主流的基础网络应用包括电子邮件、网页浏览、网上银行和证券、网络游戏、下载(迅雷/BT/电驴)等,都存在各种安全隐患。一方面,这些网络应用自身的安全成为严重问题,特别是各大厂商都趋于将自己的产品发展成为社区、支付/交易平台,因此其账号、密码成为电脑病毒的直接窃取目标;另一方面,这些基础网络应用也成为病毒传输、黑客攻击的主要渠道。

(1)网络应用丰富,可供病毒传播利用的途径越来越复杂。例如:随着网络视频和音乐的发展,U 盘、MP3 等可移动介质被黑客广泛利用来传播病毒,通过 U 盘传播的病毒占据总病毒数的比例,从 2006 年的不足 10%,上升到 2007 年上半年的 35% 左右。

(2)IM 聊天软件,仍然是重要的病毒传播渠道和被害对象。自 2006 年以来,IM 厂商在安全性上做出了一定的改善,但由于此类软件的某些功能,在初始设计上就违背了安全性原则,从而导致 IM 病毒的传播和泛滥。

(3)网络游戏是黑客和病毒侵害的重灾区。网络游戏的虚拟账号是互联网上可以任意交易的重要物品,多数网游玩家缺乏基本的安全意识和技能,网游厂商不但缺乏安全保护专业技术,而且在保护玩家利益上投入的精力远远不够,这些因素都使得网游玩家饱受病毒和黑客侵袭,束手无策。

(4)网络银行和网络证券交易日益火爆,大量缺乏基本安全意识和防护措施的股民面临极大安全风险。自 2006 年下半年以来,针对网络银行和证券的木马、后门程序暴增,相对应的是,大量新股民连基本的杀毒软件都未安装,这其中的安全风险不言而喻。

互联网用户安全威胁分析如图 6-4-1 所示。

### 互联网用户安全威胁分析示意图
数据来源:瑞星互联网攻防实验室

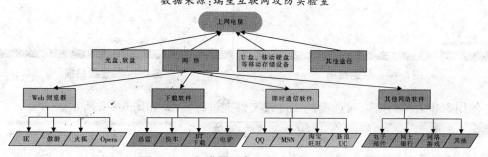

图 6-4-1 互联网用户安全威胁分析示意

### 操作1 杀毒软件的使用

1. 杀毒软件功能

杀毒软件具有实时病毒防护和手动扫描功能。以 360 杀毒软件为例,其界面如图 6-4-2 所示。

杀毒软件实时病毒防护功能用来在文件被访问时对文件进行扫描,及时拦截活动的病毒。在发现病毒时会通过提示窗口警告,如图 6-4-3 所示。

360 提供了四种手动扫描方法:快速扫描、全盘扫描、指定位置扫描及右键扫描。

(1)快速扫描:扫描 Windows 系统目录及 Program Files 目录,如图 6-4-4 所示。

(2)全盘扫描:扫描所有磁盘,如图 6-4-5 所示。

(3)指定位置扫描:扫描指定的目录,如图 6-4-6 所示。您可以根据个人需求选取要扫描的位置。

(4)右键扫描:集成到右键菜单中,当您在文件或文件夹上点击鼠标右键时,可以选

图 6-4-2　360 杀毒

图 6-4-3　警告提示

图 6-4-4　快速扫描

图 6-4-5　全盘扫描

择"使用 360 杀毒扫描",对选中的文件或文件夹进行扫描,如图 6-4-7 所示。

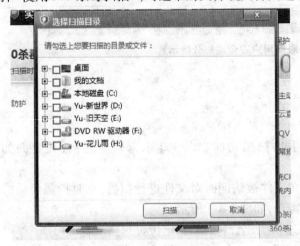

图 6-4-6　指定位置扫描

图 6-4-7　右键扫描

2. 升级病毒库

(1) 自动升级。360 杀毒具有自动升级功能,如果您开启了自动升级功能,360 杀毒会在有升级可用时自动下载并安装升级文件。自动升级完成后会通过气泡窗口提示您。

（2）手动升级。如果想手动进行升级，在 360 杀毒主界面点击"产品升级"标签，进入升级界面，并点击"更新"按钮，升级程序会连接服务器，检查是否有可用更新，如果有的话，就会下载并安装升级文件。

**3. 处理病毒**

对被感染的文件杀毒有多种方式：清除、删除、禁止访问、隔离、不处理。

（1）清除。清除被病毒感染的文件，清除后文件恢复正常。

（2）删除。删除病毒文件。这类文件不是被感染的文件，本身就含毒，无法清除，可以删除。

（3）禁止访问。禁止访问病毒文件。在发现病毒后用户如选择不处理，则杀毒软件可能将病毒文件禁止访问。用户打开时会弹出错误对话框，内容是"该文件不是有效的 Win32 文件"。

（4）隔离。病毒删除后转移到隔离区。用户可以从隔离区找回被删除的文件。隔离区的文件不能运行。

（5）不处理。如果用户暂时不知道是不是病毒可以暂时先不处理。

在处理过程中，由于情况不同，有些感染文件可能无法被处理，可参见表 6-4-1 的说明，采用其他方法进行处理。

**表 6-4-1　操作失败的原因及处理方法**

| 错误类型 | 原　因 | 建　议　操　作 |
|---|---|---|
| 清除失败<br>（压缩文件） | 由于感染病毒的文件存在于 360 杀毒无法处理的压缩文档中，因此无法对其中的文件进行病毒清除。360 杀毒对于 RAR、CAB、MSI 及系统备份卷类型的压缩文档目前暂时无法支持 | 使用针对该类型压缩文档的相关软件将压缩文档解压到一个目录下，然后使用 360 杀毒对该目录下的文件进行扫描及清除，完成后使用相关软件重新压缩成一个压缩文档 |
| 清除失败<br>（密码保护） | 对于有密码保护的文件，360 杀毒无法将其打开进行病毒清理 | 去除文件的保护密码，然后使用 360 杀毒进行扫描及清除。如果文件不重要，您也可以直接删除该文件 |
| 清除失败<br>（正被使用） | 文件正在被其他应用程序使用，360 杀毒无法清除其中的病毒 | 退出使用该文件的应用程序，然后使用 360 杀毒重新对其进行扫描清除 |
| 删除失败<br>（压缩文件） | 由于感染病毒的文件存在于 360 杀毒无法处理的压缩文档中，因此无法对其中的文件进行删除 | 使用针对该类型压缩文档的相关软件将压缩文档中的病毒文件删除 |
| 删除失败<br>（正被使用） | 文件正在被其他应用程序使用，360 杀毒无法删除该文件 | 退出使用该文件的应用程序，然后手动删除该文件 |
| 备份失败<br>（文件太大） | 由于文件太大，超出了文件恢复区的大小，文件无法被备份到文件恢复区 | 删除系统盘上的无用程序和数据，增加可用磁盘空间，然后再次尝试。如果文件不重要，也可选择删除文件，不进行备份 |

**✽小提示：**

**计算机反复感染病毒怎么办？**

　　当杀毒软件在电脑中连续拦截到同一病毒家族的病毒时，通常表明电脑存在严重安全漏洞，病毒可以轻易入侵电脑。遇到这种情况时，杀毒软件会提示您尽快修复电脑中的安全漏洞，阻断病毒入侵。

　　注意：大部分杀毒软件是滞后于计算机病毒的（像东方微点之类的第三代杀毒软件可以查杀未知病毒，但仍需升级）。所以，在及时更新升级软件版本和定期扫描的同时，还要注意充实自己的计算机安全以及网络安全知识，做到不随意打开陌生的文件或者不安全的网页，不浏览不健康的站点，注意更新自己的隐私密码，配套使用安全助手与个人防火墙等。这样才能更好地维护自己的电脑以及网络安全！

**操作2　系统维护**

　　电脑系统维护指的是，为保证计算机系统能够正常运行而进行的定期检测、修理和优化。系统维护主要应从硬件和软件两方面入手，硬件包括计算机主要部件的保养和升级，软件包括计算机操作系统的更新和杀毒。

　　1. 硬件系统的安全防护

　　硬件的安全问题可以分为两种，一种是物理安全，一种是设置安全。

　　1）物理安全

　　物理安全是指防止意外事件或人为破坏具体的物理设备，如服务器、交换机、路由器、机柜、线路等。机房和机柜的钥匙一定要管理好，不要让无关人员随意进入机房，尤其是网络中心机房，防止人为的蓄意破坏。

　　2）设置安全

　　设置安全是指在设备上进行必要的设置（如服务器、交换机的密码等），防止黑客取得硬件设备的远程控制权。比如许多网管往往没有在服务器或可网管的交换机上设置必要的密码，懂网络设备管理技术的人可以通过网络来取得服务器或交换机的控制权，这是非常危险的。因为路由器属于接入设备，必然要暴露在互联网黑客攻击的视野之中，因此需要采取更为严格的安全管理措施，比如口令加密、加载严格的访问列表等。

　　2. 软件系统的安全防护

　　同硬件系统相比，软件系统的安全问题是最多的，也是最复杂的。

　　现在TCP/IP协议广泛用于各种网络，但是TCP/IP协议起源于Internet，而Internet在早期是一个开放的为研究人员服务的网际网，是完全非盈利性的信息共享载体，所以几乎所有的Internet协议都没有考虑安全机制。网络不安全的另一个因素是人们很容易从Internet上获得相关的核心技术资料，特别是有关Internet自身的技术资料及各类黑客软件，很容易造成网络安全问题。

　　软件系统的安全防护措施如下：

　　（1）保存好所有的驱动程序安装盘。原装的虽然不是最好的，但它一般都是最适用的。最新的驱动，不一定能更多地发挥老硬件的性能，不要过分追求最新版的驱动。

（2）每周维护。删除垃圾文件，整理硬盘里的文件，用杀毒软件深入查杀一次病毒。一个月左右做一次碎片整理，运行硬盘查错工具。

（3）删除不需要的文件。

（4）备份重要文件。将"我的文档"的存放路径转移到非系统盘里。方法：在桌面"我的文档"图标上点击右键，选择"属性"，里面可以更改"我的文档"的存放路径。这样做的最大好处就是哪天若需要格式化系统盘重装系统，也不会丢失文件。

3. 系统维护技巧

（1）不要在机箱上放很多东西，特别是机箱后面，放太多东西会影响计算机散热。

（2）一般情况下不要在计算机工作的时候移动机箱。

（3）不要让音箱与显示器靠太近，也不要让计算机靠近带电磁辐射的家电，尽量让手机远离计算机。

（4）定期清空回收站。

（5）删除 Internet 临时文件。

（6）桌面上不要放太多东西，也不要放太多的快捷方式，快速启动栏也是一样。

（7）如果有其他备份方式，尽可能禁用系统还原。

（8）定制好自动更新。自动更新可以为你计算机的许多漏洞打上补丁，可以让电脑免受一些利用系统漏洞攻击的病毒。

（9）定期清理系统垃圾，如图 6-4-8 所示。

**图 6-4-8　清理系统垃圾**

**操作 3　TCP/IP 端口筛选设置**

TCP/IP 端口筛选设置可以让用户根据自己的需要限制计算机所能处理的网络通信量。特别要提到的是，通过设置 TCP/IP 端口筛选可以限制网络客户不能从特定的 TCP 端口和用户数据报协议（UDP）端口传输数据，而只能使用特定的网际协议来传输。虽然 TCP/IP 端口筛选设置主要用来限制与三个端口中任意一个相关的访问和故障诊断，但它还有另外一个用途,即在高通信量传输的网络里加快主机网络的操作速度。

对于个人用户来说,你可以限制所有的端口,因为你根本不必让你的机器对外提供任何服务;而对于对外提供网络服务的服务器来说,我们需把必须利用的端口(比如 WWW 端口 80、FTP 端口 21、邮件服务端口 25、110 等)开放,其他的端口则全部关闭。

这里,对于采用 Windows 2000/ Windows 2003/Windows XP 的用户来说,不需要安装任何其他软件,可以利用"TCP/IP 筛选"功能限制服务器的端口。具体设置如下:

(1)右键单击桌面右下角"本地连接"图标,选择"状态"。

(2)在弹出的"本地连接状态"对话框中单击"属性"按钮。

(3)在"本地连接属性"对话框中,选择"Internet 协议(TCP/IP)",双击打开,如图 6-4-9所示。

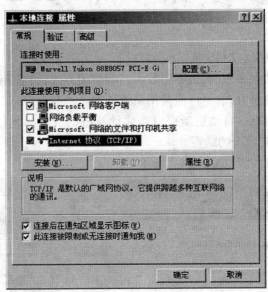

图 6-4-9　本地连接属性

(4)在弹出的"Internet 协议(TCP/IP)属性"对话框中,单击"高级"按钮。

(5)在出现的"高级 TCP/IP 设置"对话框中,选择"选项"选项卡,单击"属性"按钮。

(6)在弹出的"TCP/IP 筛选"对话框中,选择"启用 TCP/IP 筛选"。

(7)在左边的 TCP 端口设置中,单击"添加"按钮。

(8)在弹出的"添加筛选器"对话框中,输入端口号"80",单击"确定"按钮。

(9)根据自己的端口筛选需要,输入要筛选的端口,单击"确定"按钮。

(10)在返回的对话框中,单击"确定"按钮,弹出提示对话框,重启计算机,使设置生效。

## 练一练

1. 加强网络安全最重要的基本措施是(　　　　)。

　　A)设计有效的网络安全策略　　　　B)安装杀毒软件

　　C)加强安全教育　　　　　　　　　D)A + B + C

2. 杀毒软件是针对(    )的软件。

    A)木马病毒        B)蠕虫病毒        C)源码型病毒        D)计算机病毒

3. 绝大多数 Web 站点的请求使用(    )TCP 端口?

    A)21             B)25             C)80             D)1028

4. 杀毒软件的作用是(    )。

    A)消除电脑病毒                B)消除人体病毒

    C)消除动物病毒                D)以上都不正确

5. 杀毒软件现在对被感染的文件杀毒有(    )方式。

    A)清除           B)删除           C)禁止访问         D)以上都是

6. 下列(    )不是杀毒软件提供的升级方式?

    A)定时升级                B)自动升级

    C)手动升级                D)送货上门升级

7. 防范黑客入侵的主要手段有(    )

    A)法律手段        B)技术手段        C)管理手段        D)强制手段

8. 目前计算机病毒的主要传播途径是(    )。

    A)软盘           B)硬盘           C)可移动式磁盘        D)网络

9. 下面正确的说法是(    )。

    A)购买原版的杀毒软件后可以直接使用,不需要升级

    B)安装实时杀毒软件,计算机就会绝对安全

    C)安装实时杀毒软件可以有效防止计算机病毒的攻击

    D)在一台计算机中非常有必要同时使用两个杀毒软件

10. 蠕虫病毒的主要特性有自我复制能力、很强的传播性和潜伏性、很大的破坏性等。与其他病毒不同,蠕虫(    )将其自身附着到宿主程序上。

    A)需要           B)不需要           C)可以不需要        D)不一定

# 附　录

## 附录 1　ASCII 码表

信息在计算机上是用二进制表示的,为保证人类和设备、设备和计算机之间能进行正确的信息交换,人们编制了统一的信息交换代码,这就是 ASCII 码,它的全称是"美国信息交换标准代码"。

第 0～32 号及第 127 号(共 34 个)是控制字符或通信专用字符,如控制符:LF(换行)、CR(回车)、DEL(删除)等;第 33～126 号(共 94 个)是字符,其中第 48～57 号为 0～9 十个阿拉伯数字,65～90 号为 26 个大写英文字母,97～122 号为 26 个小写英文字母,其余为一些标点符号、运算符号等。

| 十进制 | ASCII 字符 | 十进制 | ASCII 字符 | 十进制 | ASCII 字符 | 十进制 | ASCII 字符 |
|---|---|---|---|---|---|---|---|
| 0 | NUL | 22 | SYN | 44 | , | 66 | B |
| 1 | SOH | 23 | ETB | 45 | – | 67 | C |
| 2 | STX | 24 | CAN | 46 | . | 68 | D |
| 3 | ETX | 25 | EM | 47 | / | 69 | E |
| 4 | EOT | 26 | SUB | 48 | 0 | 70 | F |
| 5 | ENQ | 27 | ESC | 49 | 1 | 71 | G |
| 6 | ACK | 28 | FS | 50 | 2 | 72 | H |
| 7 | BEL | 29 | GS | 51 | 3 | 73 | I |
| 8 | BS | 30 | RS | 52 | 4 | 74 | J |
| 9 | HT | 31 | US | 53 | 5 | 75 | K |
| 10 | LF | 32 | SP | 54 | 6 | 76 | L |
| 11 | VT | 33 | ! | 55 | 7 | 77 | M |
| 12 | FF | 34 | " | 56 | 8 | 78 | N |
| 13 | CR | 35 | # | 57 | 9 | 79 | O |
| 14 | SO | 36 | $ | 58 | : | 80 | P |
| 15 | SI | 37 | % | 59 | ; | 81 | Q |
| 16 | DLE | 38 | & | 60 | < | 82 | R |
| 17 | DC1 | 39 | ´ | 61 | = | 83 | S |
| 18 | DC2 | 40 | ( | 62 | > | 84 | T |
| 19 | DC3 | 41 | ) | 63 | ? | 85 | U |
| 20 | DC4 | 42 | * | 64 | @ | 86 | V |
| 21 | NAK | 43 | + | 65 | A | 87 | W |

续表

| 十进制 | ASCII 字符 | 十进制 | ASCII 字符 | 十进制 | ASCII 字符 | 十进制 | ASCII 字符 |
|---|---|---|---|---|---|---|---|
| 88 | X | 98 | b | 108 | l | 118 | v |
| 89 | Y | 99 | c | 109 | m | 119 | w |
| 90 | Z | 100 | d | 110 | n | 120 | x |
| 91 | [ | 101 | e | 111 | o | 121 | y |
| 92 | \ | 102 | f | 112 | p | 122 | z |
| 93 | ] | 103 | g | 113 | q | 123 | { |
| 94 | ∧ | 104 | h | 114 | r | 124 | \| |
| 95 | _ | 105 | i | 115 | s | 125 | } |
| 96 | ` | 106 | j | 116 | t | 126 | ~ |
| 97 | a | 107 | k | 117 | u | 127 | DEL |

# 附录2　全国计算机等级考试
## 一级 MS Office 全真模拟题及答案(第一套)

**一、选择题**(每小题 1 分,共 20 分)

(1)天气预报能为我们的生活提供良好的帮助,它应该属于计算机的( )应用。

　　A)科学计算　　　　　B)信息处理　　　　　C)过程控制　　　　　D)人工智能

(2)已知某汉字的区位码是 3222,则其国标码是( )。

　　A)4252D　　　　　　B)5242H　　　　　　C)4036H　　　　　　D)5524H

(3)二进制数 101001 转换成十进制整数等于( )。

　　A)41　　　　　　　B)43　　　　　　　C)45　　　　　　　D)39

(4)计算机软件系统包括( )。

　　A)程序、数据和相应的文档　　　　　B)系统软件和应用软件

　　C)数据库管理系统和数据库　　　　　D)编译系统和办公软件

(5)若已知一汉字的国标码是 5E38H,则其内码是( )。

　　A)DEB8　　　　　　B)DE38　　　　　　C)5EB8　　　　　　D)7E58

(6)汇编语言是一种( )。

　　A)依赖于计算机的低级程序设计语言

　　B)计算机能直接执行的程序设计语言

　　C)独立于计算机的高级程序设计语言

　　D)面向问题的程序设计语言

(7)用于汉字信息处理系统之间或者与通信系统之间进行信息交换的汉字代码是( )。

　　A)国标码　　　　　B)存储码　　　　　C)机外码　　　　　D)自行码

(8)构成 CPU 的主要部件是( )。

　　A)内存和控制器　　　　　　　　　B)内存、控制器和运算器

　　C)高速缓存和运算器　　　　　　　D)控制器和运算器

(9)用高级程序设计语言编写的程序,要转化成等价的可执行程序,必须经过( )。

　　A)汇编　　　　　　B)编辑　　　　　　C)解释　　　　　　D)编译和连接

(10)下列各组软件中,全部属于应用软件的是( )。

　　A)程序语言处理、操作系统、数据库管理系统

　　B)文字处理系统、编辑程序、UNIX 操作系统

　　C)财务处理软件、金融软件、WPS Office 2003

　　D)Word 2000、Photoshop、Windows 98

(11)RAM 的特点是( )。

　　A)海量存储器

B)存储在其中的信息可以永久保存

C)一旦断电,存储在其中的信息将全部消失,且无法恢复

D)只是用来存储数据的

(12)将高级语言编辑的程序翻译成机器语言程序,采用的两种翻译方式是(　　)。

A)编译和解释　　　B)编译和汇编　　　C)编译和连接　　　D)解释和汇编

(13)下列关于显示器的叙述中,正确的一项是(　　)。

A)显示器是输入设备　　　　　　　　B)显示器是输入/输出设备

C)显示器是输出设备　　　　　　　　D)显示器是存储设备

(14)下列关于多媒体系统的描述中,不正确的是(　　)。

A)多媒体系统一般是一种多任务系统

B)多媒体系统是对文字、图像、声音、活动图像及其资源进行管理的系统

C)多媒体系统只能在微型计算机上运行

D)数字压缩是多媒体处理的关键技术

(15)计算机之所以能按人们的意图自动进行工作,最直接的原因是采用了(　　)。

A)二进制　　　　　　　　　　　　B)高速电子元件

C)程序设计语言　　　　　　　　　　D)存储程序控制

(16)一个汉字的机内码与国标码之间的差别是(　　)。

A)前者各字节的最高位二进制数各为1,而后者为0

B)前者各字节的最高位二进制数各为0,而后者为1

C)前者各字节的最高位二进制数各为1、0,而后者为0、1

D)前者各字节的最高位二进制数各为0、1,而后者为1、0

(17)二进制数1100100转化成十进制整数等于(　　)。

A)96　　　　　　　B)100　　　　　　　C)104　　　　　　　D)112

(18)写邮件时,除发件人地址外,另一项必须要填写的是(　　)。

A)信件内容　　　B)收件人地址　　　C)主题抄送　　　D)抄送

(19)一台微型计算机要与局域网连接,必须安装的硬件是(　　)。

A)集线器　　　　B)网关　　　　　　C)网卡　　　　　　D)路由器

(20)域名 MH. BIT. EDU. CN 中,主机名是(　　)。

A)MH　　　　　　B)EDU　　　　　　C)CN　　　　　　D)BIT

## 二、基本操作题(10 分)

Windows 基本操作题,不限制操作的方式。

注意:下面出现的所有文件必须保存在考生文件夹下。

本题型共有5 小题。

1. 将考生文件下 QUEN 文件夹中的 XINGMING. TXT 文件移动到考生文件夹下的 WANG 文件夹中,并改名为 SUI. DOC。

2. 在考生文件夹下创建文件夹 NEWS,并设置属性为"隐藏"并取消"存档"属性。

3. 将考生文件夹下 WATER 文件夹中的 BAT. BAS 文件复制到考生文件夹下的

SEEE 文件夹中。

　　4. 将考生文件夹下 KING 文件夹中的 THINK. TXT 文件删除。

　　5. 将考生文件夹下 DENG 文件夹中的 ME. XLS 文件建立名为 MEKU 的快捷方式。

### 三、汉字录入题(10 分)

　　请在"答题"菜单下选择"汉字录入"命令,启动汉字录入测试程序,输入汉字:神舟五号、神舟六号飞船的成功,在某种程度上告诉世界:中国,不只是一个能生产鞋子、袜子、打火机的国家,她还有实力制造宇宙飞船。在神舟飞船的研制中,中国依靠的完全是自己的技术、自己的制造业,神舟的成功,可以增强国际上对中国技术和产品的信赖,"中国制造"在世界上的底气会变得更足。

### 四、Word 操作题(25 分)

　　请在"答题"菜单下选择"字处理"命令,然后按照题目要求打开相应的命令,完成下面的内容,具体要求如下:

　　注意:下面出现的所有文件都必须保存在考生文件夹下。

　　1. 在考生文件夹下,打开文档 WORD1. DOC,按照要求完成下列操作并以该文件名(WORD1. DOC)保存文档。

　　(1)将文中所有错词"地求"替换为"地球";将标题段文字("嫦娥工程的三步走")设置为红色、三号、阴影、黑体、居中,并添加蓝色底纹。

　　(2)将正文第 4 段文字("第 2 步为'落'……自动巡视勘测技术")移至第 3 段文字("第 3 步为'回'……自动返回地球的技术。")之前,正文各段文字("据栾恩杰介绍……自动返回地球的技术。")设置为五号、楷体_GB2312;各段落左右各缩进 1.5 字符、首行缩进 2 字符。

　　(3)设置纸型为 16 开(18.4 厘米 × 26 厘米)、横向,上、下页边距各为 2.5 厘米,左、右页边距各为 1.5 厘米;在页面底端(页脚)居中位置插入页码。

　　2. 在考生文件夹下,打开文档 WORD2. DOC,按照要求完成下列操作并以该文件名(WORD2. DOC)保存文档。

　　(1)将表格标题("欧洲探月计划")设置为小四号、红色、仿宋_GB2312、居中;将文中后 4 行文字转换为一个 4 行 2 列的表格,表格居中;表中的内容设置为小五号宋体。

　　(2)设置表格列宽为 5 厘米,表格外框线为 1.5 磅蓝色双实线、内框线为 0.75 磅红色单实线。

### 五、Excel 操作题(15 分)

　　请在"答题"菜单下选择"电子表格"命令,然后按照题目要求再打开相应的命令,完成下面的内容,具体要求如下:

　　注意:下面出现的所有文件都必须保存在考生文件夹下。

　　1. (1)在考生文件夹下打开 EXCEL. XLS 文件,将 Sheet1 工作表的 A1：N1 单元格合并为一个单元格,内容水平居中;计算"全年平均"列的内容(数值型,保留小数点后两位);计算"最高值"和"最低值"行的内容(利用 MAX 函数和 MIN 函数,数值型,保留小数点后两位);将工作表命名为"销售额同期对比表"。

(2)选取"销售额同期对比表"的 A2: M5 数据区域的内容建立"数据点折线图"(系列产生在"行"),标题为"销售额同期对比图",x 轴为主要网格线,y 轴为次要网格线,图例靠左显示;将图插入到表 A9: I22 单元格区域内,保存 EXCEL. XLS 文件。

2. 打开工作簿文件 EXC. XLS,对工作表"某商场服务态度考评表"内数据清单的内容进行自动筛选,条件为日常考核、抽查考核、年终考核三项成绩均大于或等于 75 分;对筛选后的内容按主要关键字"平均成绩"的降序和次要关键字"部门"的升序排序,保存EXC. XLS 文件。

### 六、PowerPoint 操作题(10 分)

请在"答题"菜单下选择"演示文稿"命令,然后按照题目要求再打开相应的命令,完成下面的内容,具体要求如下:

注意:下面出现的所有文件都必须保存在考生文件夹下。

打开考生文件夹下的演示文稿 yswg. ppt,按照下列要求完成对此文稿的修饰并保存。

1. 使用"Capsules"演示文稿设计模板修饰全文,幻灯片切换效果全部设置为"切出"。

2. 将第二张幻灯片版式设置为"标题和内容在文本之上",把这张幻灯片移为第三张幻灯片;将第二张幻灯片的文本部分动画效果设置为"进入"效果基本型"飞入"、"自底部"。

### 七、上网题(10 分)

请在"答题"菜单下选择相应的命令,完成下面的内容。

注意:下面出现的所有文件都必须保存在考生文件夹下。

1. 某考试网站的主页地址是:HTTP://NCRE/1JKS/INDEX. HTML。打开此主页,浏览"计算机考试"页面,查找"NCRE 二级介绍"页面内容,并将它以文本文件的格式保存到考生文件夹下,命名为"1jswks01. txt"。

2. 向财务部主任张小莉发送一个电子邮件,并将考生文件夹下的一个 Word 文档ncre. doc 作为附件一起发出,同时抄送总经理王先生,具体内容如下:

【收件人】zhangxl@ 163. com

【抄送】wangqiang@ sina. com

【主题】差旅费统计表

【邮件内容】"发去全年差旅费统计表,请审阅。具体计划见附件。"

**参考答案**

一、选择题

(1) ~ (5) ACABA　　(6) ~ (10) AADDC　　(11) ~ (15) CACCD　　(16) ~ (20) ABBCA

二、基本操作题

1. 移动文件和文件夹命令

①打开考生文件夹下 QUEN 文件夹,选定 XINGMING. TXT;②选择"编辑"→"剪切"命令,或按快捷键 Ctrl + X;③打开考生文件夹下 WANG 文件夹;④选择"编辑"→"粘贴"命令,或按快捷键 Ctrl + V;⑤选定移动来的 XINGMING. TXT;⑥按 F2 键,此时文件的名字处呈现蓝色可编辑状态,直接编辑名称 SUI. DOC,按回车键完成操作。

2. 创建文件夹和设置文件夹的属性

①打开考生文件夹;②选择"文件"→"新建→"文件夹"命令,或单击鼠标右键,弹出快捷菜单,选择"新建"→"文件夹"命令,即可生成新的文件夹,此时文件夹的名字处呈现蓝色可编辑状态,编辑名称为 NEWS;③选定新建成的文件夹;④选择"文件"→"属性"命令,或单击鼠标右键弹出快捷菜单,选择"属性"命令,即可打开"属性"对话框;⑤在"属性"对话框中勾选"隐藏"属性,并单击"高级"按钮,弹出"高级属性"对话框,从中勾销"可以存档文件"选项,单击"确定"按钮。

3. 复制文件

①打开考生文件夹下 WATER 文件夹,选定文件 BAT. BAS;②选择"编辑"→"复制"命令,或按快捷键 Ctrl + C;③打开考生文件夹下 SEEE 文件夹;④选择"编辑"→"粘贴"命令,或按快捷键 Ctrl + V。

4. 删除文件

①打开考生文件夹下 KING 文件夹,选定要删除的文件 THINK. TXT;②按 Delete 键,弹出确认对话框;③单击"确定"按钮,将文件删除到回收站。

5. 创建文件的快捷方式

①打开考生文件夹下 DENG 文件夹,选定要生成快捷方式的文件 ME. XLS;②选择"文件"→"创建快捷方式"命令,或单击鼠标右键弹出快捷菜单,选择"创建快捷方式"命令,即可在同文件夹下生成一个快捷方式文件;③移动这个文件到考生文件夹下,并按 F2 键改名为 MEKU。

三、汉字录入题(略)

四、Word 操作题

本题分为两小题:第 1 小题是文档排版题(对应 WORD1. DOC),第 2 小题是表格题(对应 WORD2. DOC)。

1. 第 1 小题

首先在"考试系统"中选择"答题"→"字处理题"→"WORD1. DOC"命令,将文档"WORD1. DOC"打开。

(1)替换错词。

当考生在编辑 Word 文档的过程中,如果文档中某个词语输入错误,可直接用"替换"功能将其替换,具体操作如下:

步骤 1:选择"编辑"→"替换"命令,弹出"查找和替换"对话框。

步骤 2:在"查找和替换"对话框的"查找内容"中输入"地求",在"替换为"中输入"地球"。

步骤3:单击"全部替换"按钮,会弹出提示对话框,在该对话框中直接单击"确定"按钮即可完成对错词的替换工作。

(2)设置标题段的格式。

步骤1:选择标题文本,选择"格式"→"字体"命令,在弹出的"字体"对话框的"中文字体"中选择"黑体"(西文字体设为"使用中文字体"),在"字号"中选择"三号",在"字体颜色"中选择"红色",在"效果"中勾选"阴影"。

步骤2:单击"确定"按钮返回到编辑界面中,单击工具栏上的"居中"图标,设置标题段居中对齐。

步骤3:继续选择"格式"→"边框和底纹"命令,在"边框和底纹"对话框中"底纹"的"填充"里选择"蓝色"。

注意:在"应用范围"栏中选择"文字",否则设置好的底纹将应用于整个段落。

(3)设置正文各段的格式。

正文是Word文档中最重要的部分,这里主要考核正文各段的字符格式和段落格式,具体操作如下:

步骤1:选择正文中的第4段文字,按住鼠标左键不放将其拖动到第3段文字之前,松开鼠标左键即完成段落的移动。

步骤2:选择所有的正文文本(标题段不要选),设置字体为"楷体_GB2312",字号为"五号"。

步骤3:保持文本的选中状态,单击鼠标右键,在弹出的快捷菜单中选择"段落"命令,在弹出的"段落"对话框的"左"中输入"1.5字符","右"中输入"1.5字符";在"特殊格式"中选"首行缩进",在"度量值"中输入"2字符",单击"确定"按钮即可完成设置。

(4)页面设置。

页面设置就是设置纸张大小、文本的排列方式等,其具体操作如下:

步骤1:选择"文件"→"页面设置"命令,在弹出的"页面设置"对话框的"页边距"中的"上"和"下"中分别输入"2.5厘米",在"左"和"右"中分别输入"1.5厘米"。

步骤2:在"纸张"对话框的"纸张大小"中选择"16开(18.4×26厘米)",在"页边距"对话框的"方向"中选择"横向",最后单击"确定"按钮完成页面的设置。

(5)插入页码。

选择"插入"→"页码"命令,在弹出的"页码"对话框的"位置"中选择"页面底端(页脚)",在"对齐方式"中选择"居中"(注意题目要求是中部位置),最后单击"确定"按钮即可完成页码的添加。

2. 第2小题

首先在"考试系统"中选择"答题"→"字处理题"→"WORD2.DOC"命令,将文档"WORD2.DOC"打开。

(1)设置标题并转换格式。

首先选定标题文字,然后对其进行设置,再选择后4行文字,将其转换并设置表格内文本样式,具体操作如下:

步骤1:设置字体为"仿宋_GB2312",字号为"小四号",颜色为"红色"并居中对齐。

步骤2:选择正文中的最后4行文本,选择"表格"→"转换"→"文本转换成表格"命令,在弹出的"将文字转换成表格"对话框中选择"文字分隔位置"为"制表符",直接单击"确定"按钮转换表格。

(2)设置表格属性。

步骤1:选择表格,选择"表格"→"表格属性"命令,在弹出的"表格属性"对话框的"表格"的"对齐方式"中选择"居中";在"列"中勾选"指定宽度",设置其值为"5厘米"。

步骤2:选中整个表格,单击鼠标右键,在弹出的快捷菜单中选择"边框和底纹"命令,在弹出的"边框和底纹"对话框"线型"中选择"双窄线",在"颜色"中选择"蓝色",在"宽度"中选择"1.5磅",这时,我们在"预览"区域中发现整个表格的内外两类框线都被设置成蓝色、1.5磅的双窄线了。

步骤3:在我们设置内框线之前,必须要做的一项重要操作是:单击"边框和底纹"对话框中的"自定义"按钮。

步骤4:在"线型"中选择"单实线",在"颜色"中选择"红色",在"宽度"中选择"0.75磅",将鼠标光标移动到"预览"的表格中心位置,单击鼠标添加内框线。

五、Excel 操作题

本题分为两小题:第1小题是基本题、函数题、图表题(对应 EXCEL. XLS),第2小题是数据处理题(对应 EXC. XLS)。

1. 第1小题

首先在"考试系统"中选择"答题"→"电子表格题"→"EXCEL. XLS"命令,将文档"EXCEL. XLS"打开。

(1)计算平均值。

步骤1:选中工作表 Sheet1 中的 A1: N1 单元格,单击工具栏中的"合并及居中"按钮。这样一下完成两项操作:选中的单元格合并成一个单元格,单元格中的内容水平居中对齐。

步骤2:在 N3 中输入公式" = AVERAGE(B3: M3)",将自动计算出 B8 至 M3 所有区域内所有单元格的数据平均值,该值出现在 N3 单元格中,注意:这里的公式形式不限于一种,还可以表达为" = SUM(B3: M3)/12"或是" = (B3 + C3 + … + M3)/12"。虽然形式不同,但其计算结果是一样的。如果题目没有明确要求使用公式计算,我们还可以自己口算,然后将结果填入到 N3 中即可。

步骤3:将鼠标移动到 N3 单元格的右下角,按住鼠标左键不放向下拖动即可计算出其他行的平均值。这里其实是将 N3 中的公式复制到 N4、N5 中了。

步骤4:选定 N3: N5,选择"格式"→"单元格"命令,在弹出的"单元格格式"对话框"数字"选项卡的"分类"中选择"数值",在"小数位数"中输入"2"。

(2)使用 MAX/MIN 函数计算最大值和最小值。

步骤1:在 B6 中输入公式"MAX(B3: B5)",将自动寻找出 B3 至 B5 区域内所有单元格中最大的一个数据,并将数据显示在 B6 单元格中;同理,在 B7 中输入公式"MIN(B3: B5)"即可求出 B 列的最小值。MAX 是求最大值的函数,MIN 是求最小值的函数。

步骤2:选定 B6、B7 两个单元格,将鼠标移动到 B7 单元格的右下角,按住鼠标左键不放向右拖动即可计算出其他列的最大值和最小值,这里完成的其实就是将 B6、B7 中的公式复制到其他单元格的过程。

步骤 3:选定 B6: B7,选择"格式"→"单元格"命令,在弹出的"单元格格式"对话框"数字"选项卡的"分类"中选择"数值",在"小数数位"中输入"2"。

步骤 4:将鼠标光标移动到工作表下方的表名处,单击鼠标右键,在弹出的快捷菜单中选择"重命名"命令,直接输入表的新名称"销售额同期对比表"。

(3)建立和编辑图表。

选择工作簿中需要编辑的表单,为其添加图表,其具体操作如下:

步骤 1:选取"销售额同期对比表"的 A2: M5 数据区域,选择"插入"→"图表"命令,在弹出的"图表向导"对话框"标准类型"选项卡的"图表类型"中选择"折线图",在"子图表类型"中选择"数据点折线图"。

步骤 2:单击"下一步"按钮,在弹出的对话框的"系列产生在"中选中"行"单选按钮。

步骤 3:单击"下一步"按钮,在弹出的对话框的"图表标题"中输入文本"销售额同期对比图"。

步骤 4:单击"网格线",在"分类(x 轴)"中选择"主要网格线",在"分类(y 轴)"中选择"次要网格线"。

步骤 5:单击"图例",在"位置"中勾选"靠左"。

步骤 6:单击"下一步"按钮,在弹出的对话框中选中"作为其中的对象插入"单选按钮。

步骤 7:单击"完成"按钮,图表将插入表格中,拖动图表到 A9: I22 区域内。注意,不要超过这个区域,如果图表过大,无法放下的话,可以将图表缩小,放置入内。

2. 第 2 小题

首先在"考试系统"中选择"答题"→"电子表格题"→"EXC. XLS"命令,将文档"EXC. XLS"打开。

(1)自动筛选。

打开需要编辑的工作簿文件 EXC. XLS,首先对其进行筛选操作,再设置排序。其具体操作如下:

步骤 1:单击工作表中带数据的单元格(任意一个),选择"数据"→"筛选"→"自动筛选"命令,在第一行单元格的列表中将出现按钮。

步骤 2:单击"日常考核"列的按钮,在下拉菜单中选择"自定义"命令,在"自定义自动筛选方式"的"日常考核"中选择"大于或等于",在其后输入"75"。

步骤 3:用相同的方法设置"抽查考核"和"年终考核"列的筛选条件,其设置方法和设置值与"日常考核"列相同,完成自动筛选的效果。

(2)排序。

步骤 1:单击工作表中带数据的单元格,选择"数据"→"排序"命令。在"排序"的"主要关键字"中选择"平均成绩",在其后选中"降序";在"次要关键字"中选择"部门",在其后选择"升序"。

步骤 2:保存文件 EXC. XLS。

六、PowerPoint 操作题

1. 步骤 1：选择"格式"→"幻灯片设计"命令，在屏幕右侧弹出"幻灯片设计"任务窗格，单击窗格下方的"浏览"按钮，打开"应用设计模板"对话框，打开"Presentation Designs"文件夹，选择对应的模板单击"应用"按钮即可。

步骤 2：选择"幻灯片放映"→"幻灯片切换"命令，在弹出的"幻灯片切换"任务窗格下单击"切出"的切换效果名，即可将此切换效果应用到当前幻灯片上，如果单击"应用于所有幻灯片"按钮，即将切换效果应用到全部幻灯片上。

2. 步骤 1：选择文稿中的第二张幻灯片，选择"格式"→"幻灯片版式"命令，在弹出的"幻灯片版式"任务窗格中单击"标题和内容在文本之上"，即可完成幻灯片版式的修改。

步骤 2：在左侧幻灯片大纲窗格选中第二张幻灯片的缩略图，按住它不放，将其拖动到第三张幻灯片下方。

步骤 3：使第二张幻灯片成为当前幻灯片，选定要设置动画的文本框后，选择"幻灯片放映"→"自定义动画"命令，弹出"自定义动画"任务窗格，在"添加效果"中选择"进入"→"飞入"，在"方向"中选择"自底部"。

七、上网题

1. IE 题

(1)在"考试系统"中选择"答题"→"上网题"→"Internet Explorer"命令，将 IE 浏览器打开。

(2)在 IE 浏览器的"地址栏"中输入网址 HTTP://NCRE/1JKS/INDEX. HTML，按回车键打开页面，从中单击"计算机考试"页面，再选择"NCRE 二级介绍"，单击打开此页面。

(3)单击"文件"→"另存为"命令，弹出"保存网页"对话框，在"保存在"中定位到考生文件夹，在"文件名"中输入"1jswks01. txt"，在"保存类型"中选择"文本文件(＊. txt)"，单击"保存"按钮完成操作。

2. 邮件题

(1)在"考生系统"中选择"答题"→"上网"→"Outlook Express"命令，启动 Outlook Express 6.0。

(2)在 Outlook Express 6.0 工具栏上单击"创建邮件"按钮，弹出"新邮件"对话框。

(3)在"收件人"中输入"zhangxl @ 163. tom"；在"抄送"中输入"wangqiang @ sina. com"；在"主题"中输入"差旅费统计表"；在窗口中央空白的编辑区域内输入邮件的主体内容。

(4)选择"插入"→"文件附件"命令，弹出"插入附件"对话框，在考生文件夹下选择文件 ncre. doc，单击"附件"按钮返回"新邮件"对话框，单击"发送"按钮完成邮件发送。

# 附录3 全国计算机等级考试
## 一级 MS Office 全真模拟题及答案(第二套)

一、选择题(每小题1分,共20分)

(1)世界上公认的第1台电子计算机诞生的年份是(    )。

　　A)1943　　　　　B)1946　　　　　C)1950　　　　　D)1951

(2)计算机最早的应用领域是(    )。

　　A)信息处理　　　B)科学计算　　　C)过程控制　　　D)人工智能

(3)以下正确的叙述是(    )。

　　A)十进制数可用10个数码,分别是1~10

　　B)一般在数字后面加一个大写字母B表示十进制数

　　C)二进制数只有两个数码1和2

　　D)在计算机内部都是用二进制编码形式表示的

(4)下列关于ASCII编码的叙述中,正确的是(    )。

　　A)国际通用的ASCII码是8位码

　　B)所有大写英文字母的ASCII码值都小于小写英文字母"a"的ASCII码值

　　C)所有大写英文字母的ASCII码值都大于小写英文字母"a"的ASCII码值

　　D)标准ASCII码表有256个不同的字符编码

(5)汉字区位码分别用十进制的区号和位号表示,其区号和位号的范围分别是(    )。

　　A)0~94,0~94　　B)1~95,1~95　　C)1~94,1~94　　D)0~95,0~95

(6)在计算机指令中,规定其所执行操作功能的部分称为(    )。

　　A)地址码　　　　B)源操作数　　　C)操作数　　　　D)操作码

(7)1946年首台电子数字计算机ENIAC问世后,冯·诺依曼在研制EDVAC计算机时,提出两个重要的改进,它们是(    )。

　　A)引入CPU和内存储器的概念

　　B)采用机器语言和十六进制

　　C)采用二进制和存储程序控制的概念

　　D)采用ASCII编码系统

(8)下列叙述中,正确的是(    )。

　　A)高级程序设计语言的编译系统属于应用软件

　　B)高速缓冲存储器(Cache)一般用SRAM来实现

　　C)CPU可以直接存取硬盘中的数据

　　D)存储在ROM中的信息断电后会全部丢失

(9)下列各存储器中,存取速度最快的是(    )。

　　A)CD-ROM　　　B)内存储器　　　C)软盘　　　　　D)硬盘

(10)并行端口常用于连接(　　　)。

　　　A)键盘　　　　　　　B)鼠标器　　　　　　C)打印机　　　　　　D)显示器

(11)多媒体计算机是指(　　　)。

　　　A)必须与家用电器连接使用的计算机

　　　B)能处理多种媒体信息的计算机

　　　C)安装有多种软件的计算机

　　　D)能玩游戏的计算机

(12)假设某台式计算机内存储器容量为256 MB,硬盘容量为20 GB。硬盘的容量是内存容量的(　　　)。

　　　A)40 倍　　　　　　B)60 倍　　　　　　C)80 倍　　　　　　D)100 倍

(13)ROM 中的信息是(　　　)。

　　　A)由生产厂家预先写入的

　　　B)在安装系统时写入的

　　　C)根据用户需求不同,由用户随时写入的

　　　D)由程序临时存入的

(14)显示器的(　　　)指标越高,显示的图像越清晰。

　　　A)对比度　　　　　　B)亮度　　　　　　C)对比度和亮度　　　D)分辨率

(15)下列叙述中,正确的是(　　　)。

　　　A)CPU 能直接读取硬盘上的数据

　　　B)CPU 能直接存取内存储器

　　　C)CPU 由存储器、运算器和控制器组成

　　　D)CPU 主要用来存储程序和数据

(16)计算机能直接识别的语言是(　　　)。

　　　A)高级程序语言　　　B)机器语言　　　　　C)汇编语言　　　　　D)C + +语言

(17)存储一个48×48 点阵的汉字字形码需要的字节个数是(　　　)。

　　　A)384　　　　　　　B)288　　　　　　　C)256　　　　　　　D)144

(18)以下关于电子邮件的说法,不正确的是(　　　)。

　　　A)电子邮件的英文简称是 E-mail

　　　B)加入因特网的每个用户通过申请都可以得到一个电子信箱

　　　C)在一台计算机上申请的电子信箱,以后只有通过这台计算机上网才能收信

　　　D)一个人可以申请多个电子信箱

(19)下列各项中,非法的 Internet 的 IP 地址是(　　　)。

　　　A)202. 96. 12. 14　　　　　　　　　　　B)202. 196. 72. 140

　　　C)112. 256. 23. 8　　　　　　　　　　　D)201. 124. 38. 79

(20)某人的电子邮件到达时,若他的计算机没有开机,则邮件(　　　)。

　　　A)退回给发件人　　　　　　　　　　　　B)开机时对方重发

　　　C)该邮件丢失　　　　　　　　　　　　　D)存放在服务商的 E-mail 服务器

## 二、基本操作题(10 分)

Windows 基本操作题,不限制操作的方式。

注意:下面出现的所有文件都必须保存在考生文件夹下。

本题型共有 5 小题。

1. 将考生文件夹下 SOCK 文件夹中的文件 XING. WPS 删除。

2. 在考生文件夹下 DULYISEED 文件夹中建立一个名为 WOMAN 的新文件夹。

3. 将考生文件夹下 WANG 文件夹中的 LIU 文件夹中的文件 CAR. DOC 复制到考生文件夹下 ZHANG 文件夹中。

4. 将考生文件夹下 TONG 文件夹中的文件 QUSSN. MAP 设置成"隐藏"和"存档"属性。

5. 将考生文件夹下 TESS 文件夹中的文件 LAO. DOC 移动到考生文件夹下 SANG 文件夹中,并改名为 YE. C。

## 三、汉字录入题(10 分)

请在"答题"菜单下选择"汉字录入"命令,启动汉字录入测试程序,按照题目上的内容输入以下汉字:

1682 年 8 月,天空中出现了一颗肉眼可以看到的亮彗星,它的后面拖着一条清晰可见、弯弯的尾巴。这颗彗星的出现引起了几乎所有天文学家的关注。当时,年仅 26 岁的英国天文学家哈雷惊讶地发现,这颗哈雷彗星好像不是初次光临地球的新客,而是似曾相识的老朋友。后来此类彗星被命名为哈雷彗星。

## 四、Word 操作题(25 分)

请在"答题"菜单下选择"字处理"命令,然后按照题目要求再打开相应的命令,完成下面的内容,具体要求如下:

注意:下面出现的所有文件都必须保存在考生文件夹下。

1. 在考生文件夹下,打开文档 WORD1. DOC,按照要求完成下列操作并以该文件名(WORD1. DOC)保存文档。

(1)将标题段"可怕的无声环境"设置为三号、红色、仿宋_GB2312、加粗、居中,段后间距设置为 0. 5 行。

(2)给全文中所有"环境"一词添加下划线(波浪线);将正文各段文字"科学家曾做过……身心健康"设置为小四号宋体,各段落左右各缩进 0. 5 字符,首行缩进 2 字符。

(3)将正文第一段"科学家曾做过……逐渐走向死亡的陷阱。"分为等宽两栏,栏宽 17 字符,栏间加分隔线。

2. 在考生文件夹下,打开文档 WORD2. DOC,按照要求完成下列操作并以该文件名(WORD2. DOC)保存文档。

(1)将文中后 7 行文字转换为一个 7 行 4 列的表格,表格居中;设置表格列宽为 3 厘米;表格中的所有内容设置为小五号宋体且水平居中。

（2）设置外框线为 1.5 磅蓝色双实线、内框线为 0.75 磅红色单实线，并按"负载能力"列降序排序表格内容。

### 五、Excel 操作题（15 分）

请在"答题"菜单下选择"电子表格"命令，然后按照题目要求再打开相应的命令，完成下面的内容，具体要求如下：

注意：下面出现的所有文件都必须保存在考生文件夹下。

1.（1）在考生文件夹下打开 EXCEL.XLS 文件，将 Sheet1 工作表的 A1: D1 单元格合并为一个单元格，内容水平居中；计算"总销量"和"所占比例"列的内容（所占比例 = 数量/总销量，"总销量"行不计，数字分类为"百分比"，保留两位小数）；按降序次序计算各配件的销售数量排名（利用 RANK 函数）；将工作表命名为"电脑城日出货统计表"。

（2）选取"配件"和"所占比例"两类内容建立"分离型三维饼图"（"总销量"行不计，系列产生在"列"），标题为"电脑城日出货统计图"，图例位置在底部，设置数据标志为显示"百分比"，将图插入到表的 E2: I13 单元格区域内，保存 EXCEL.XLS 文件。

2. 打开工作簿文件 EXC.XLS，对工作表"职称工资表"内数据清单的内容进行自动筛选，条件为"工资"在 2000 元以上且"职工编号"为 12 或 13 的，对筛选后的内容按主要关键字"工资"的降序次序和次要关键字"职工编号"的升序次序进行排序，保存 EXC.XLS 文件。

### 六、PowerPoint 操作题（10 分）

请在"答题"菜单下选择"演示文稿"命令，然后按照题目要求再打开相应的命令，完成下面的内容，具体要求如下：

注意：下面出现的所有文件都必须保存在考生文件夹下。

打开考生文件夹下的演示文稿 yswg.ppt，按照下列要求完成对此文稿的修饰并保存。

1. 对第一张幻灯片，设置主题文字为"计算机基础知识"，其字体为楷体_GB2312，字号为 63 磅，加粗，红色（请用自定义标签的红色 250、绿色 0、蓝色 0）。副标题输入"第一章"，其字体为仿宋_GB2312，字号为 30 磅。在第三张幻灯片的剪贴画区域内插入剪贴画"旅行"类的"飞机"，且剪贴画动画设置为"进入"效果基本型"飞入"、"自右侧"。将第一张幻灯片的背景填充预设为"雨后初晴"、"水平"。

2. 删除第四张幻灯片。全部幻灯片放映方式设置为"观众自行浏览"。

### 七、上网题（10 分）

请在"答题"菜单下选择相应的命令，完成下面内容。

注意：下面出现的所有文件都必须保存在考生文件夹下。

1. 某考试网站的主页地址是：HTTP://NCRE/1JKS/INDEX.HTML，打开此主页，浏览"英语考试"页面，查找"五类专升本考生可免试入学北外"页面内容，并将它以文本文件的格式保存到考生文件夹下，命名为"1jswks03.txt"。

2. 接收并阅读由 Qian@ 163.tom 发来的 E-mail，并立即回复，回复主题：准时接机。

回复内容是"我将准时去机场接您"。

**参考答案**

一、选择题

(1)～(5)BBDBC　(6)～(10)DCBBC　(11)～(15)BCADB　(16)～(20)BBCCD

二、基本操作题

1. 删除文件

(1)打开考生文件夹下 SOCK 文件夹,选定要删除的文件 XING. WPS;

(2)按 Delete 键,弹出"确认"对话框;

(3)单击"确定"按钮,将文件删除到回收站。

2. 创建文件夹

(1)打开考生文件夹下的 DULYISEED 文件夹,选择"文件"→"新建"→"文件夹"命令,或单击鼠标右键,弹出快捷菜单,选择"新建"→"文件夹"命令,即可生成新的文件夹;

(2)此时文件夹的名字处呈现蓝色可编辑状态,直接编辑名称 WOMAN,按回车键完成命名。

3. 复制文件

(1)打开考生文件夹下 WANG 文件夹中的 LIU 文件夹,选定 CAR. DOC;

(2)选择"编辑"→"复制"命令,或按快捷键 Ctrl + C;

(3)打开考生文件夹下的 ZHANG 文件夹;

(4)选择"编辑"→"粘贴"命令,或按快捷键 Ctrl + V。

4. 设置文件属性

(1)打开考生文件夹下的 TONG 文件夹,选定 QUSSN. MAP;

(2)选择"文件"→"属性"命令,或单击鼠标右键弹出快捷菜单,选择"属性"命令,即可打开"属性"对话框;

(3)在"属性"对话框中勾选"隐藏"属性,再单击"高级"按钮,弹出"高级属性"对话框,勾选"可以存档文件"。

5. 移动文件和为文件命名

(1)打开考生文件夹下的 TESS 文件夹,选定 LAO. DOC;

(2)选择"编辑"→"剪切"命令,或按快捷键 Ctrl + X;

(3)打开考生文件夹下的 SANG 文件夹;

(4)选择"编辑"→"粘贴"命令,或按快捷键 Ctrl + V;

(5)选定移动来的 LAO. DOC,按 F2 键,此时文件的名字处呈现蓝色可编辑状态,直接编辑名称为 YE. C,按回车键完成操作。

三、汉字录入题(略)

四、Word 操作题

本题分为两小题:第 1 小题是文档排版题(对应 WORD1. DOC),第 2 小题是表格题(对应 WORD2. DOC)。

1. 第 1 小题

首先在"考试系统"中选择"答题"→"字处理题"→"WORD1. DOC"命令,将文档"WORD1. DOC"打开。

(1)设置标题格式。

首先要设置标题文本,然后依次为"环境"添加下划线(波浪线),再设置正文的字符格式和段落格式,最后设置第一段的分栏效果,其具体操作如下:

步骤1:选择标题文本"可怕的无声环境",单击鼠标右键,在弹出的快捷菜单中选择"字体"命令,在弹出的"字体"对话框中分别设置字体、字号、字形和颜色。

步骤2:保持文本的选中状态,单击鼠标右键,在弹出的快捷菜单中选择"段落"命令,在弹出的"段落"对话框"对齐方式"中选择"居中",在"段后"中输入"0.5 行"。

(2)为"环境"添加下划线。

为全文中某个词添加下划线,这里可用的方法有很多。我们可以一个词一个词地设置,也可以设置一个词,然后用格式刷复制格式到其他词上。但文章如果过长,需要设置的词过多,这些的操作极容易出现失误。这里,我们使用高级替换的方式来解决问题。

步骤1:选择"编辑"→"替换"命令,在弹出的"查找和替换"对话框中的"查找内容"中输入"环境",单击"高级"按钮展开高级功能区。

步骤2:确保将鼠标光标置入到"替换为"输入框中,选择对话框下方的"格式"→"字体"命令,弹出"替换字体"对话框,在"下划线线型"中选择"波浪线",单击"确定"按钮返回到"查找和替换"对话框。

步骤3:这时,我们会发现,在"替换为"的下方出现了一行文字"格式:波浪线"。其实以上的设置就是要将"环境"替换为"带有波浪线的环境"。最后,单击"全部替换"按钮完成所有操作。

(3)设置正文各段格式。

选定正文各段,设置字体、字号等字符格式。保持正文部分的选中状态,单击鼠标右键,在弹出的快捷菜单中选择"段落"命令,在弹出的"段落"对话框"左"和"右"中分别输入"0.5 字符",在"特殊格式"中选择"首行缩进",在度量值中输入"2 字符"。

(4)分栏设置。

步骤1:将正文的第一段选中(标题段不算),选择"格式"→"分栏"命令,在弹出的"分栏"对话框"预设"中选择"两栏"(或在"栏数"中输入2),在"栏宽"中输入"17 字符",最后勾选"栏宽相等"和"分隔线"两个复选框。注意:在"应用范围"中只能选择"所选文字"。

步骤2:单击"确定"按钮完成对文本的分栏操作,返回到操作界面中即可查看分栏效果。

2. 第 2 小题

首先在"考试系统"中选择"答题"→"字处理题"→"WORD2. DOC"命令,将文档"WORD2. DOC"打开。

(1)转化并设置表格。

设置前首先需要选择要转换的文本,然后对其进行转换设置,并依次完成其他设置,其具体操作如下：

步骤1：将文本的后7行选中，选择"表格"→"转换"→"文本转换成表格"命令，在弹出的"将文字转换成表格"对话框中设置"文字分隔位置"为"制表符"。

步骤2：选定全表，选择"表格"→"表格属性"命令，在弹出的"表格属性"对话框的"表格"的"对齐方式"中选择"居中"；在"列"中选择"指定宽度"，设置其值为"3厘米"，单击"确定"按钮完成表格居中和列宽的设置。

步骤3：在选定全表的情况下，设置表格中字体为"宋体"，字号为"小五"。将鼠标光标移动到表格内部，按住鼠标左键不放，拖动鼠标选择所有的单元格，单击"居中"按钮，表格中的文本将居中对齐。

（2）设置边框线。

选择表格后即可对其边框进行设置，其具体操作如下：

步骤1：选中整个表格，单击鼠标右键，在弹出的快捷菜单中选择"边框和底纹"命令，在弹出的"边框和底纹"对话框"线型"中选择"双窄线"，在"颜色"中选择"蓝色"，在"宽度"中选择"1.5磅"。这时，我们在"预览"区发现整个表格的内外框都被设置成蓝色、1.5磅双窄线了。

步骤2：在设置内框线之前，必须要做的一项重要操作是：单击"边框和底纹"对话框的"自定义"按钮。

步骤3：下面开始设置内框线：在"线型"中选择"单实线"，在"颜色"中选择"红色"，在"宽度"中选择"0.75磅"，将鼠标光标移动到"预览"的表格中心位置，单击鼠标添加内框线。

步骤4：单击"确定"按钮完成对表格的设置。

（3）排序。

步骤1：将光标置入表格中，选择"表格"→"排序"命令，在弹出的"排序"对话框中设置如下：在"列表"中选择"有标题行"，在"依据"中选择"负载能力"，在"类型"中选择"数字"，并选择"降序"。

步骤2：单击"确定"按钮完成排序。

五、Excel操作题

本题分为两小题：第1小题是基本题、函数题、图表题（对应EXCEL.XLS），第2小题是数据处理题（对应EXC.XLS）。

1. 第1小题

首先在"考试系统"中选择"答题"→"电子表格题"→"EXCEL.XLS"命令，将文档"EXCEL.XLS"打开。

（1）合并单元格、计算总销量和所占比例、设置数字格式

合并单元格、计算数据是Excel必考的内容之一，其具体操作如下：

步骤1：选中工作表Sheet1中的A1：D1单元格，单击工具栏"合并及居中"按钮。这样一下完成两项操作：选中的单元格合并成一个单元格，单元格中的内容水平居中对齐。

步骤2：选择A13：B13单元格，单击工具栏上的"自动求和"按钮，将自动计算出选择单元格的合计值，该值出现在B13单元格中。

步骤3:在C3中输入公式"＝B3/ $B$13",将自动计算出CPU销量所占的比例,该值出现在C3单元格中。注意:这里公式中"$B$13"表示的是一种绝对地址形式,即不管如何复制公式,公式中的"$B$13"不会发生变化,这样就比较适合我们来复制C3中的公式了。

步骤4:将鼠标移动到C3单元格的右下角,按住鼠标左键不放向下拖动即可计算出其他行的所占比例值。这里其实是将C3中的公式复制到其他单元格中了。仔细观察,我们发现在C4中复制了C3的公式,但公式发生了变化,"B3/$B$13"中的B3变成了B4,而"$B$13"没有变化。这是因为公式中的B3是相对地址,它会随公式所在单元格位置的变化而变化:原公式在C3,现复制到C4,其行号增加一行,因此公式中的相对地址B3的也变为B4,而"$B$13"是绝对地址,不会变化。

步骤5:选定C3:C12,选择"格式"→"单元格"命令,在弹出的"单元格格式"对话框"数字"的"分类"中选择"百分比",在"小数位数"中输入"2"。

(2)使用RANK函数计算排名。

步骤1:在D3中输入公式"＝RANK(B3, $B$3:$B$12,0)",将对B3:B12中的数据进行对比,并将B3中的数据的排序结果显示出来。本题公式"RANK(B3, $B$3:$B$12,0)"中,RANK是排序函数,括号中由三部分组成:B3是本行参与比较大小的表格,相对于某个考生的分数;$B$3:$B$12是整个比较大小的区域,相对于有多个考生的考场;0表示降序排序,及最大数排名为1。如果将0变成大于0的数字,则为升序,即最小数的排名为1。

步骤2:选定B3列,将鼠标移动到D3单元格的右下角,按住鼠标不放向下拖动至D12即可计算出其他行的排名,这里完成的是将D3中的公式复制到其他单元格的过程。

步骤3:将鼠标光标移动到工作表下方的表名处,单击鼠标右键,在弹出的快捷菜单中选择"重命名"命令,直接输入表的新名称"电脑城日出货统计表"。

(3)建立和编辑图表。

选择工作簿中需要编辑的内容,为其添加图表,其具体操作如下:

步骤1:选取"电脑城日出货统计表"的"配件"和"所占比例"两列,选择"插入"→"图表"命令,在弹出的"图表向导"对话框"标准类型"中选择"饼图",在"子图表类型"中选择"分离型三维饼图"。

步骤2:单击"下一步"按钮,在弹出的对话框的"系列产生在"中选中"列"单选按钮。

步骤3:单击"下一步"按钮,在弹出的对话框的"图表标题"中输入文本"电脑城日出货统计图"。

步骤4:单击"图例",在"位置"中选择"底部"。

步骤5:单击"数据标志",在"数据标志"中勾选"百分比"。

步骤6:单击"完成"按钮,图标将插入到表格中,拖动图表到E2:I13区域内。注意,不要超过这个区域。

2. 第2小题

首先在"考试系统"中选择"答题"→"电子表格题"→"EXC. XLS"命令,将文档"EXC. XLS"打开。

（1）自动筛选。

步骤 1：单击工作表中带数据的单元格（任意一个），选择"数据"→"筛选"→"自动筛选"命令，在第一行单元格的列表中将出现下拉按钮。

步骤 2：单击"工资"列的按钮，在弹出的下拉菜单中选择"自定义"命令，在"自定义自动筛选方式"的"工资"中选择"大于"，在其后输入"2000"。

步骤 3：用相同的方式设置"职工编号"列的筛选条件，在"自定义自动筛选方式"的"职工编号"的第一组条件中选择"等于"，在其后输入"12"；勾选"或"后，设置第二组条件为"等于"、"13"。

（2）排序。

步骤 1：单击工作表中带数据的单元格，选择"数据"→"排序"命令。在"排序"的"主要关键字"中选择"工资"，在其后选中"降序"；在"次要关键字"中选择"职工编号"，在其后选择"升序"。

步骤 2：保存 EXC. XLS。

六、PowerPoint 操作题

步骤 1：在"考试系统"中选择"答题"→"演示文稿题"→"yswg. ppt"命令，将演示文稿"yswg. ppt"打开。在第一张幻灯片的标题部分输入文本"计算机基础知识"，选定文本后，选择"格式"→"字体"命令，在弹出的"字体"对话框"中文字体"中选择"楷体_GB2312"（西文字体设为"使用中文字体"），在"字形"中选择"加粗"，在"字号"中输入"63"。

步骤 2：在"颜色"中选择"其他颜色"命令，在"颜色"自定义的"红"中输入"250"，"绿"中输入"0"，"蓝"中输入"0"。

步骤 3：在第一张幻灯片的副标题部分输入文本"第一章"。选定文本后，单击工具栏上的"字体"、"字号"下拉框，设置字体为"仿宋_GB2312"、字号为"30"。

步骤 4：选定第三张幻灯片的剪贴画区域，选择"插入"→"图片"→"剪贴画"命令，在弹出的"剪贴画"任务表格内"搜索范围"中取消其他选择，勾选"Office 收藏集"中的"旅行"，在"搜索文字"中输入"飞机"，单击"搜索"按钮，在任务窗格空白处可显示搜索出的图片，单击此图片即可插入。

步骤 5：首先选定设置动画的图片，然后选择"幻灯片放映"→"自定义动画"命令，弹出"自定义动画"任务窗格，在"添加效果"中选择"进入"→"飞入"，在"方向"中选择"自右侧"。

步骤 6：选择第一张幻灯片，选择"格式"→"背景"命令，在弹出的"背景"对话框中单击"颜色"下拉列表，选择"填充效果"命令。在弹出的"填充效果"对话框"渐变"选项卡的"颜色"中选择"预设"，在"预设颜色"中选择"雨后初晴"，在"底纹样式"中选择"水平"。

步骤 7：单击"确定"按钮返回前一对话框，这里注意要单击"应用"按钮（指的是只应用于当前幻灯片）。

步骤 8：选择第四张幻灯片，选择"编辑"→"删除幻灯片"命令将其删除。

步骤 9：选择"幻灯片放映"→"设置放映方式"命令，在弹出的"设置放映方式"对话框的"放映类型"中选择"观众自行浏览(窗口)"。

七、上网题

1. IE题

(1)在"考试系统"中选择"答题"→"上网题"→"Internet Explorer"命令,将IE浏览器打开。

(2)在IE浏览器的"地址栏"中输入网址"HTTP://NCRE/1JKS/INDEX. HTML",按回车键打开页面,从中单击"英语考试"页面,再选择"五类专升本考生可免试入学北外",单击打开此页面。

(3)单击"文件"→"另存为"命令,弹出"保存网页"对话框,在"保存在"中定位到考生文件夹,在"文件名"中输入"1jswks03. txt",在"保存类型"中选择"文本文件( *. txt)",单击"保存"按钮完成操作。

2. 邮件题

(1)在"考生系统"中选择"答题"→"上网题"→"Outlook Express"命令,启动Outlook Express 6. 0。

(2)单击"发送/接收"邮件按钮,接收完邮件后,在"收件箱"右侧邮件列表窗格中将显示该邮件。单击此邮件,在下方窗格中可显示邮件的具体内容。单击工具栏上的"回复"按钮,弹出回复邮件的对话框。

(3)在"主题"中输入题目要求的内容,在窗口中央空白的编辑区域内输入邮件的内容,单击"发送"按钮完成邮件发送。

# 附录4　练一练部分参考答案

## 项目1

**任务1**

1~5　ADBAB　　　6~10　DADCB　　　11~15　CDDCB

**任务2**

1~5　BCAAC　　　6~10　BBCBA　　　11~15　CDCDC　　　16~20　ABDBD

21~25　ADADC　　　26~30　BAAAA　　　31~34　DCCD

**任务3**

1~5　ACAAA　　　6~10　BBABA　　　11~15　CBDBD　　　16~20　DBACA

21~25　BCBBD　　　26~30　DACCA　　　31~35　BABBC　　　36~40　ABCDA

41~45　AABDC　　　46~50　BAABD　　　51　A

**任务4**

1~5　DACBC　　　6~10　DCDDC　　　11~15　CBCCB　　　16~20　ABCAA

21　D

## 项目6

**任务1**

选择题

1~5　CCABB　　　6~10　ABCDB

**任务2**

选择题

1~5　CDCAB　　　6~8　ABA

**任务3**

1~5　AACDA　　　6~10　DBCDC

**任务4**

1~5　DDCAD　　　6~10　DBDCB

# 参 考 文 献

［1］王津. 计算机应用基础［M］. 北京:高等教育出版社,2008.

［2］教育部考试中心.全国计算机等级考试 一级 MS Office 教程［M］. 天津:南开大学出版社,2009.

［3］单继周. 计算机应用基础［M］. 成都:电子科技大学出版社,2010.

［4］岳延兵. 计算机应用基础［M］. 成都:电子科技大学出版社,2005.